制粒堆浸关键基础理论与过程调控技术

王雷鸣　尹升华　著

北　京
冶　金　工　业　出　版　社
2023

内 容 提 要

本书围绕制粒堆浸关键基础理论与过程调控技术，从矿石制粒影响因素及其响应、制粒矿堆静态持液行为表征、动态持液与反应传质规律、溶液渗流持液表征数学模型、渗流浸润三维可视化与模拟预测等方面开展了系统探讨与全面阐释。

本书可供溶浸采矿、湿法冶金、选矿、粉体加工等相关科研及生产人员阅读，也可供大专院校相关专业师生参考。

图书在版编目(CIP)数据

制粒堆浸关键基础理论与过程调控技术/王雷鸣，尹升华著．—北京：冶金工业出版社，2023.10

ISBN 978-7-5024-9511-4

Ⅰ.①制…　Ⅱ.①王…　②尹…　Ⅲ.①铜矿资源—制粒—堆浸—过程控制—研究　Ⅳ.①TD982

中国国家版本馆 CIP 数据核字(2023)第 089861 号

制粒堆浸关键基础理论与过程调控技术

出版发行　冶金工业出版社　　**电　　话**　(010)64027926

地　　址　北京市东城区嵩祝院北巷 39 号　　**邮　　编**　100009

网　　址　www.mip1953.com　　**电子信箱**　service@mip1953.com

责任编辑　杨　敏　美术编辑　吕欣童　版式设计　郑小利

责任校对　梁江凤　责任印制　窦　唯

北京建宏印刷有限公司印刷

2023 年 10 月第 1 版，2023 年 10 月第 1 次印刷

710mm×1000mm　1/16；12.5 印张；244 千字；190 页

定价 78.00 元

投稿电话　(010)64027932　投稿信箱　tougao@cnmip.com.cn

营销中心电话　(010)64044283

冶金工业出版社天猫旗舰店　yjgycbs.tmall.com

(本书如有印装质量问题，本社营销中心负责退换)

前　言

铜矿等战略金属矿产资源，是保障国民经济平稳快速发展与国防安全的“压舱石”，然而，以低品位硫化铜矿为代表的金属矿产，存在着资源禀赋性差、平均品位低（约 0.7%）、对外依存度高（>70%）的卡脖子难题，对于传统高成本、大规模开采方法难以有效适用。

在此背景下，20 世纪 80 年代美国 Chamberlin 等人率先提出并探究了制粒堆浸技术，凭借其基建成本低廉、孔隙结构发育、传质扩散充分的突出优势，已成为实现复杂低品位资源高效处置的有效手段。当前，该技术已在中国、美国、加拿大、澳大利亚、智利等矿业大国取得工业应用，有效推动了铜矿、红土镍矿、铀矿等战略矿产资源的低碳绿色开发。

然而，制粒矿堆具有表征难、预测难、复杂多变的突出特点，存在着孔隙结构复杂不清、渗流渗透调控困难、浸矿反应过程不明三大难题，严重制约反应传质与矿物浸出效率，相关基础理论仍存在较多空白，难以对工业过程调控形成良好指导。

对此，本书以改善多尺度孔裂结构、调控渗流持液行为、提高矿物浸出效率为目标，对制粒堆浸关键基础理论与过程调控技术进行了详细阐述。

本书共 8 章，内容包括：第 1 章绪论，系统探讨介绍了制粒堆浸理论技术的历史沿革、国内外研究现状与关键难题；第 2 章矿石制粒关键影响因素及条件优选，介绍了一种自主研发转速倾角可调矿石制粒装置，量化了矿石制粒效果表征及其影响因素响应；第 3 章制粒矿堆静态持液行为表征及影响因素，介绍了一种新型改良的非饱和矿堆持液行为原位监测实验系统，引入持液率、残余持液率、不可动液与可动液比等参量，精确表征了不同工况下制粒矿堆持液行为，探讨了循环喷淋下溶液渗流迟滞行为；第 4 章制粒矿堆动态持液行为及其与浸出过程关联机制，探讨了初始持液行为差异对浸矿效果的影响机制，揭示了基于停留时间分布曲线的制粒矿堆溶质扩散与停留规律；第 5 章制粒矿堆持液行为机理分析与数学表征，基于经典的 van Genuchten-Mualem（VGM）经验模型，确定了尺寸参量等参数，对原有渗流传质模型进行有效修正；第 6 章制粒矿堆持液行为及其影响因素数值模拟，基于 HeapSim 平台，介绍了不同堆孔隙率、喷淋强度、初始毛细水量、喷头间距等条件下制粒矿堆的持液行为模拟与三维表征结果；第 7 章基于持液调控的制粒矿堆强化浸出技术，以智利 Collahuasi 铜矿为案例，从制粒技术、分级筑堆、喷淋布液等方面给出了强化浸出过程的工程化建议；第 8 章未来展望，结合作者与前人研究成果进展，展望了制粒堆浸体系调控与浸出过程强化的新理论、新技术与新方法。

本书主要供溶浸采矿、湿法冶金、选矿、粉体加工等相关领域科研、设计和工程技术人员阅读，以期推动制粒堆浸理论发展以及过程调控与工业推广，同时，也可供大专院校相关专业的师生参考。

本书内容涉及的研究获得了国家自然科学基金青年项目（52204124）、国家博士后创新人才支持计划（BX20220036）、北京市自然科学基金面上项目（2232080）、中国博士后科学基金项目（2022M710356）、国家公派留学基金项目（201806460042）等的支持；本书在撰写过程中得到了北京科技大学吴爱祥教授、加拿大不列颠哥伦比亚大学 David Dreisinger 院士、Wenying Liu 教授、David Dixon 教授、莫纳什大学马来西亚分校 Saman Ilankoon 等专家的悉心指导与启发。此外，国内外相关单位与专家学者的一些宝贵研究成果，为本书撰写提供了重要参考和支撑，在此一并表示衷心的感谢。

由于作者水平所限，书中不足之处，敬请同行专家和广大读者批评指正。

作 者

2023 年 3 月于北京

目　　录

1 绪　　论

1.1 研究目的与意义

1.1.1 我国铜矿资源禀赋性差

矿产资源是支撑国民经济发展的支柱产业。数据显示，80%以上的工业原料、70%以上农业材料均依赖矿产资源[1,2]。由于优良的延展性、导电性和导热性，铜被广泛应用于电力、国防、航空航天、交通和建筑制造业，成为重要的战略金属资源。据统计，我国铜、铝和锌等十种有色金属的产量与消耗量连续十余年位居全球首位，如图 1-1 所示。

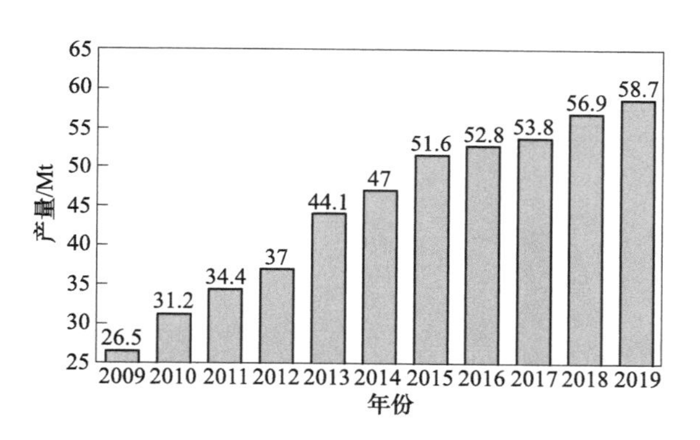

图 1-1　2009~2019 年我国十种有色金属产量

我国矿产资源总量位居全球第三，约占12%，仅次于美国、俄罗斯，但人均平均占有量仅居世界第 53 位，大宗矿产赋存不足，巨大的供需矛盾限制着经济发展（见图 1-2）。在我国139 种矿产资源中，约有 87 种共生、伴生等复杂矿产资源尚缺乏高效采选方法，表面易采选矿回采后，大量难采选的复杂矿产被滞留在原地，矿产破坏程度高，导致矿产资源品位下降、采选难度增强[3]。我国矿产资源总回收率仅为 30%，现有金属矿的采选回收率较低，比发达国家低

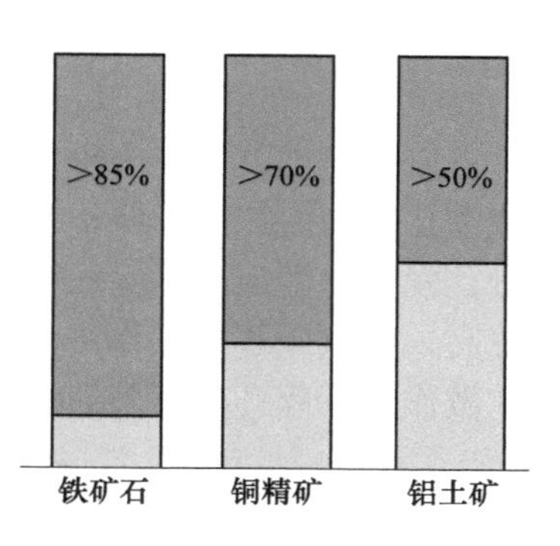

图 1-2　矿产对外依存度高

10%~20%，单位资源输出水平较低，相比发达国家差距较大，等效于日本的1/20，美国的1/10，德国的1/6。

1.1.2 堆浸技术可高效处置低品位铜矿资源

堆浸技术，是指将溶浸液喷淋至堆表，溶液自上而下渗透过程中有选择地浸出矿石中的有用成分，从堆底的富液中回收有用成分的采矿方法，其工艺简单，设备较少，能耗低且基建成本低[4,5]。按矿石品位，分为矿石堆浸和废石堆浸；按堆场地点，分为地表堆浸和地下堆浸。

堆浸工序主要包括矿石预处理、底垫铺设、矿石筑堆、溶浸液配制、布液、集液、浸矿富液加工处理，如图 1-3 所示。具体而言，向矿堆间歇喷淋的溶浸液并未充满矿石块之间的空隙，只在矿石块表面形成一层溶浸液薄膜。堆浸时，通过对流扩散作用（喷淋时）和分子扩散作用（停喷时），浸出矿石中的有用成分，汇入富液流，从堆底流出[6]。

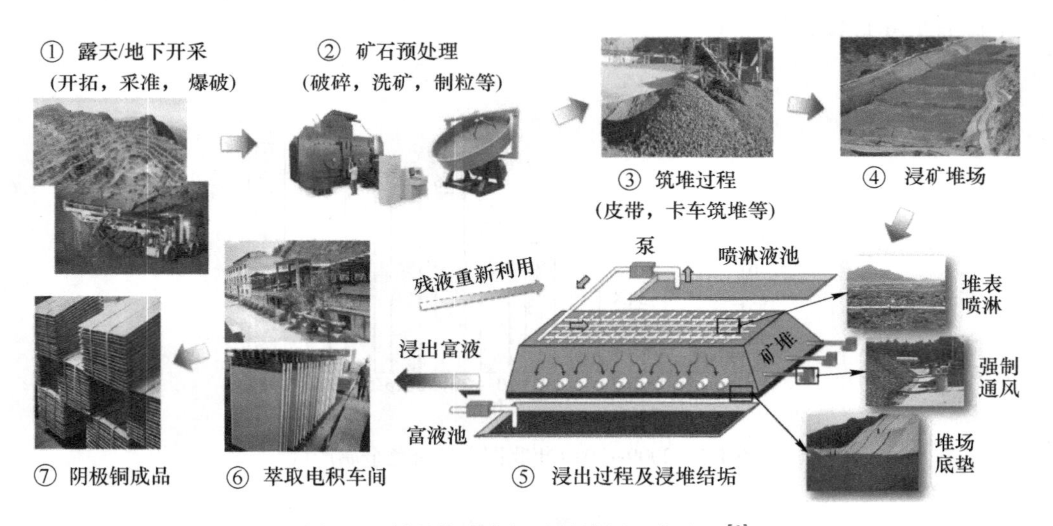

图 1-3 低品位硫化铜矿的堆浸工艺流程[8]

浸出过程可分为 3 个阶段[7]：第一阶段，溶浸液附着在矿石块表面，沿矿石裂隙和孔隙向内扩散，挤出裂隙和孔隙水；第二阶段，溶浸液与矿石内有价组分接触，发生化学反应，生成可溶化合物或配合物；第三阶段，浓度比矿石块表面的要高，通过分子扩散作用沿裂隙和孔隙向矿石块表面运动，并在重力作用和对流扩散作用下离开矿石表面向下运动，汇入富液流。

1.1.3 国内外堆浸技术应用现状

作为一种低成本、高效率、绿色的采矿技术，矿石堆浸技术被广泛应用于次生硫化铜矿等复杂多金属铜矿的开采作业，已经在美国、澳大利亚、中国、南非、加拿大、印度等国家得到了广泛应用。当前，全球超过1/4成品铜的获取依赖该技术。当前，国外已有几十座铜、金和铀矿采用了溶浸采矿进行规模化开采[9,10]。早在Pliny时代，采用铁还原铜，开始生产海绵铜。16世纪，西班牙力拓开始采用堆浸处理硫化铜矿。20世纪60年代，美苏两国就开始原地浸铀实验，建成首座地浸采铀矿山；微生物浸矿方面，美国Kennecott公司建成了堆浸厂，年处理量达3.6×10^9t，是当时全球最大的堆浸厂。智利Zaldivar铜矿年产1.48万吨铜，其中电极铜占98%。

中国是世界上最早开采铜资源的国家之一[11]。伴随着青铜冶炼技术的进步，铜资源回收技术取得巨大进步。早在先秦时期，我国《山海经·西山经》中便有“石脆之山，其阴多铜”的记载；西汉时期，淮南王刘安所著《淮南万毕术》中记述“曾青得铁即化为铜”，这是世界首次有关“胆水浸铜法”的记载。北宋时期我国技术水平、生产能力迅速提高，据《宋·文献通考》与《建炎以来系年要录》等文献记载，全国浸铜矿山50余处，工作矿工超过10万人，年产铜金属达几百万斤，占全国总产量的37%，领先世界其他国家近六百余年。元末明初，《浸铜要略序》中也有“用费少而收工博”相关记载。明清时期，铜矿生产被封建政府严格限制，浸铜技术革新与应用推广趋于停滞，逐步被西方矿业发达国家赶超。

20世纪50年代，我国铜矿堆浸技术研究率先在铜官山铜矿、大姚硫化铜矿等矿山展开，首次实现了利用细菌高效回收残矿中铜金属资源。20世纪90年代后，我国生物浸铜技术获得了突飞猛进的发展，中条山铜矿峪矿首次建成了地下就地破碎-酸浸-萃取-电积实验厂，年产电积铜500t；1997年，德兴铜矿建成了我国第一个大型工业级浸堆，年产电积铜2000t[12]。2005年，紫金山铜矿建成了我国首个万吨级生物浸铜矿山[13]。近年来，随着矿山开采深度的增加，深地原位浸出技术凭借高效化、无人化、绿色化等优势，成为未来深部开采的重要发展方向。

依据矿石颗粒尺寸、是否破碎、是否制粒、溶液喷灌强度、堆高和浸出周期等因素，溶浸采矿主要分为原地浸出、就地破碎浸出和堆浸技术[14]。可将上述技术继续细化，包括：原地浸出（In situ leaching，ISL）、废石堆浸（Dump leaching，DL）、矿石堆浸（Heap leaching，HL）、槽浸（Vat leaching，VL）和制粒浸出（Agglomerated fines heap leaching，AFHL），见表1-1[15]。

表 1-1 典型的溶浸采矿方法及其特征

类型	矿石粒径/mm	是否破碎	是否制粒	喷淋强度/L·m^{-2}·h^{-1}	堆高/m	浸出周期/年	浸出率/%
原位浸出（ISL）	>1000	否	—	—	—	Cu：>5；U：1~3	5~50
废石堆浸（DL）	1000~30	否	否	2~15	8~75	Cu：>10；Au：2~6	20~85
矿石堆浸（HL）	100~5	是	大部分	2~15	2~10	Cu：1~4；Ni：1~5；U：1~3；Au：0.1~2	40~97
制粒浸出（AFHL）	1~0.25	是	是	2~15	1~5	—	70~97
槽浸（VL）	10~0.5	是	或许	10~50	1~5	4~30d	80~97

1.1.4 制约堆浸技术发展的当前难题

当前，矿石堆浸技术已在全球众多硫化铜矿、金矿、红土镍矿等取得成功应用，但相关理论严重滞后于工业实践，导致实际生产过程中仍存在众多难题，极大地限制了堆浸技术的推广应用，主要包括：

（1）孔裂结构复杂。无论是废石堆浸还是矿石堆浸，均属于气液两相共存的非饱和浸出体系，孔裂结构异常复杂。其中，相邻矿石颗粒相互堆叠形成的孔隙，称为颗粒间孔隙（Inter-particle porosity）；单颗粒内部和颗粒表面的裂隙及小孔道，称为颗粒内孔隙（Intra-particle porosity）。颗粒间孔隙、颗粒内孔隙，共同组成了堆浸体系的复杂孔裂结构[16]，共同影响着重力驱动的溶液渗流过程和毛细作用驱动的溶液渗透过程。

由于非制粒矿堆往往采用多种颗粒尺寸的矿石筑堆，因此，颗粒尺寸分布、密度等差异较大，直接导致矿石颗粒偏析（Particle segregation）和颗粒分层（Particle stratification）问题普遍存在[17~19]，矿堆孔裂结构不均且异常复杂，造成了矿堆内部形成不良的溶液渗流和流动行为，最终导致较低的铜金属回收效率，如图 1-4 所示。

（2）矿堆渗透性差。矿堆渗透性与入堆矿石性质密切相关，不良的矿堆渗透性通常表现为大量溶液聚集在矿堆表面无法向下渗透，甚至溶液沿矿堆侧面直接汇入底部集液池，并未实际参与浸出反应过程[20]，直接影响了渗流路径的形成和演化过程，催生堆内溶液优先流、大量堆浸盲区和非饱和区。矿堆渗透性与

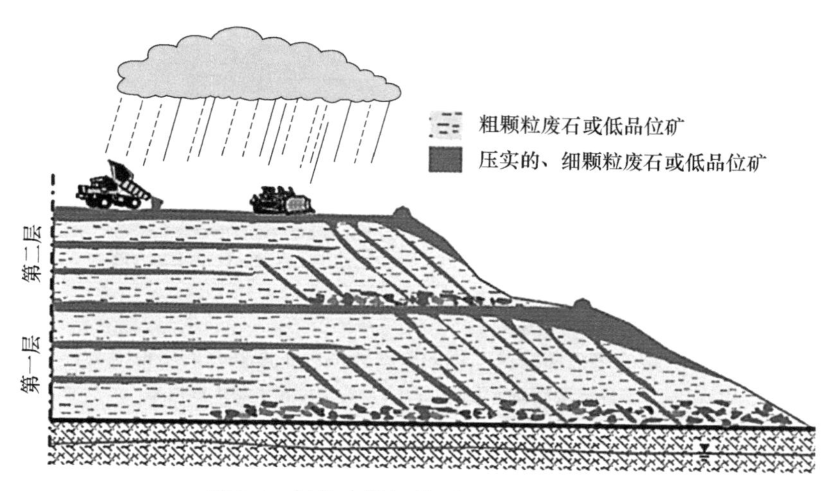

图 1-4 浸堆内部粗粒颗粒偏析分布模型

深度大致呈正相关关系（见图 1-5），最终导致了矿堆整体渗透性偏低、有价矿物的浸出效率不佳[21]。

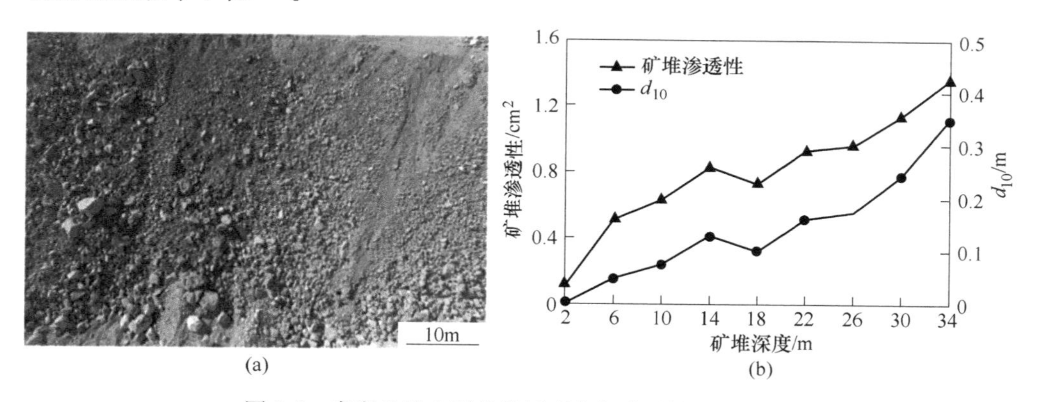

图 1-5 真实矿堆内颗粒偏析现象与渗透性变化规律

（a）无人机拍摄的矿堆偏析现象；（b）矿堆渗透性随深度变化规律

（3）溶液分布不均。溶浸液是包含浸矿菌、可溶性氧、金属离子和热量的重要介质，直接影响着堆浸体系的浸出效率。无论灌溉模式如何，通过颗粒床的溶液流可能通过含有滞留水分的颗粒簇之间的离散通道进行，扩散路径是特纳结构的侧支，其长度由停滞区的大小（和尺寸分布）所决定[22]，如图 1-6 所示。然而，特别是对于非制粒矿堆而言，入堆粒径跨度较大，矿堆体系孔裂结构复杂多变，导致堆内局部位置的溶液量、溶液流动特征明显不同。

对于非制粒矿堆而言，特别是高泥氧化矿[23,24]，其矿堆内部容易存在大量的细颗粒和黏土类物质，导致矿堆渗透性差，进而改变溶液流动轨迹，如图 1-7

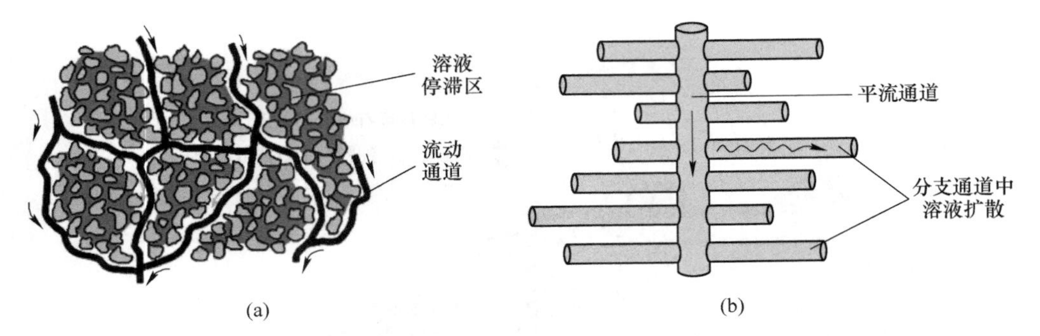

图 1-6　矿石堆内溶液停滞区、优先流动和毛细扩散共存的溶液流动体系
（a）堆内溶液流动行为模型；（b）特纳结构流动扩散模型

所示，溶浸液会绕过渗透区而非穿透，形成大量浸矿盲区，不利于堆内矿石的充分浸出[25]。

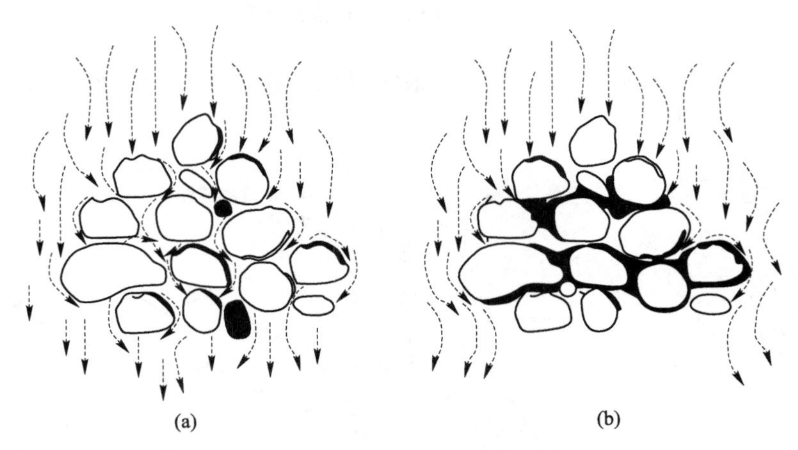

图 1-7　制粒矿堆与非制粒矿堆内溶液渗流路径的示意模型
（a）制粒矿堆；（b）未制粒矿堆

1.2　矿石制粒可有效突破当前堆浸技术瓶颈

1.2.1　制粒起源、定义及其突出优势

矿石制粒（Ore agglomeration）最早源于铁矿石烧结制粒，它是产生一种强度高、还原性好的较理想的豁结相矿物，黏结那些部分起反应或未起反应的残余矿石，最终来获得理想的准颗粒结构的方法。1980 年，Chamberlin[26] 提出，将铁矿制粒成团技术进行改良并应用至铜矿、金矿堆浸体系，结果表明该技术可改善孔隙结构均匀性和堆内溶液渗流状况，明显提高矿石浸出效率[27]。

目前，堆浸体系的制粒技术是指，利用皮带、转动鼓等矿石制粒装备（见

图 1-8)，粉矿和黏土等细粒物料在黏结剂的作用下包裹在粗颗粒矿石周边，颗粒间相互吸附黏结，形成孔隙发育、强度好的矿石球团。

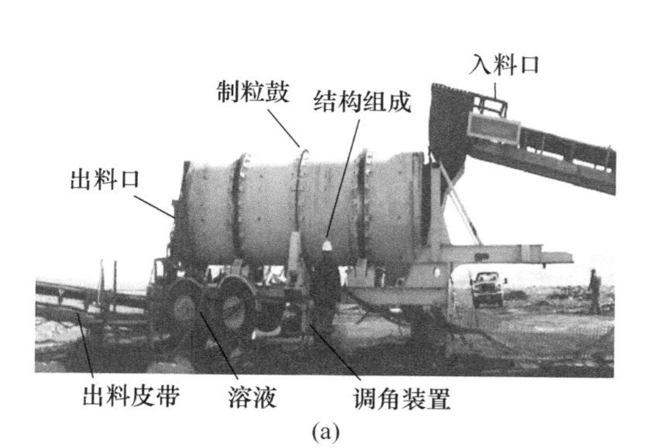

(a)

(b)

图 1-8 目前铜矿堆浸常用的矿石制粒方法
(a) 转动鼓制粒方法；(b) 皮带制粒方法

矿石制粒技术，具有改良矿堆孔裂结构、改善溶液渗流行为、强化溶质扩散与浸出反应 3 大技术优势[28]，对其进行如下阐释：

(1) 改善堆浸体系孔裂结构。非制粒矿堆以颗粒间孔隙为主，颗粒内孔隙通常欠发育；在制粒矿堆中，细颗粒吸附黏结在粗颗粒表面形成多孔介质层，催生了大量颗粒内孔隙，有效提高了孔隙率[29]。制粒后入堆矿石颗粒的尺寸均值化，消除了大量细颗粒，从源头上避免了筑堆过程中矿石颗粒偏析和颗粒分层等问题。

(2) 避免溶液优先流过早形成，提高溶液分布均匀化程度。由于制粒堆中细颗粒含量低，颗粒尺寸均质，使溶液流动轨迹分布较均匀[30,31]。堆内重力流与毛细流动同时存在且发育程度良好，制粒矿堆持液性能提升，直接影响了堆内氧气、离子、热等介质扩散和浸出效率。

(3) 强化传质，增大矿石浸出反应界面。在制粒过程中静电范德华力吸附和化学反应胶结作用，使得细颗粒黏结在粗颗粒表面形成了大量微细孔道[32]，为溶液的扩散渗入、浸矿细菌吸附和浸出反应的深入进行提供大量的反应界面和流动路径，最终获得较高的浸出效率。

1.2.2 制粒技术国内外应用现状

当前，矿石制粒技术凭借其基建成本低、可提高孔隙结构均匀性、强化溶液渗流和扩散过程等优势，已在美国、加拿大、澳大利亚和中国等国家取得应用，有效实现了红土镍矿、硫化铜矿、氧化铜矿和铀矿等战略矿产资源的高效回收。表 1-2 为铜、铀和红土镍矿制粒的关键参数[33]。

表 1-2 典型硫化铜矿制粒堆浸工业应用

参数	矿石类型			
	氧化铜矿	硫化铜矿	铀矿	红土镍矿
矿石品位/%	0. 45~1. 45	0. 8~1. 0	0. 015~0. 1	0. 3~2. 5
处理量/$Mt \cdot a^{-1}$	3~56	3~21	1. 4~36	0. 7~3
破碎粒度/mm	10~38	10~18		25~70
堆高/m	3~10	4~11	6	4~6
渗透性	好	好	好	差
浸出剂	H_2SO_4/NH_3	$Fe_2(SO_4)_3/H_2SO_4$	H_2SO_4/Na_2CO_3	H_2SO_4
浸出剂用量/$kg \cdot t^{-1}$	8~75	6~18	15~40	>300
喷淋强度/$L \cdot m^{-2} \cdot h^{-1}$	4~15	4~8	5~15	5~10
黏结剂	—	Nalco-Extract ore 9560;Nalco anonic 絮凝剂;OPTIMER 9960;灰泥;聚丙烯酰胺	水泥	高分子黏结剂(Hi-Tex 82200™;OPTIMER AA 182H™)
黏结剂用量/$kg \cdot t^{-1}$	2. 5~40	1~40	15~60	5~150
固化时间/h	—	24~240	14~336	24~168
生产成本 US$/lb	1. 05	0. 90	—	—
投资成本 US$/lb	30~40	35	26~75	160~350
浸出时间/d	40~180	200~600	40~100	120~250
浸出率/%	70~86	70~80	60~80	65~85

注:1lb=0. 45359237kg。

目前,对于硫化铜矿工业生产而言,依据制粒装备的不同,常用的矿石制粒方法可分为:转动鼓制粒法(Drum agglomeration,约占69%)和皮带制粒法(Conveyor agglomeration,约占31%)。世界上较为典型的硫化铜矿制粒堆浸情况[34],见表1-3。

表 1-3 典型硫化铜矿制粒堆浸工业应用

矿山	硫酸添加量/$kg \cdot t^{-1}$	添加水量/$kg \cdot t^{-1}$	固化时间/d	堆高/m	喷淋强度/$L \cdot m^{-2} \cdot h^{-1}$	浸出时间/d	浸出率/%
Quebrada Blanca	5~7	65	5	6~6. 5	6~9	>300	80
EI Abra	16~20	80~100	2	6~10	15	45	85
Zaldivar, Placer Dome Inc	12	—	15~30	9	8	300	80

续表 1-3

矿山	硫酸添加量 /kg·t^{-1}	添加水量 /kg·t^{-1}	固化时间 /d	堆高 /m	喷淋强度 /L·m^{-2}·h^{-1}	浸出时间 /d	浸出率 /%
Dona lnes de Collahuasi S. A.	28~35	80~100	1	5	10~15	60	68~85
Cerro Colorado	7	60	2	6	12	210	80

1.2.3　制粒矿堆的当前研究瓶颈

矿石制粒技术兴起于20世纪80年代，目前已在硫化铜矿、氧化铜矿和红土镍矿等矿山探索应用了30余年，但受限于研究手段、微细观研究装备，使得相关理论研究显著滞后于实际生产应用，现有理论难以实现其制粒孔隙结构、持液行为等规律的精确表征与有效调控，制约了矿山实际生产效率和该技术的推广应用。目前，矿石制粒技术仍面临以下几方面研究瓶颈：

（1）孔裂结构发育、可浸性高且结构稳定的矿石制粒的制备获取。在矿石制粒过程中，涉及颗粒运移与碰撞的机械活化、黏结剂-矿物间的化学反应、硫化矿细菌定植与群落演替的生物因素等多个方面。影响制粒的制粒机转速及倾角、黏结剂种类及含量、添加水量、固化时间等多因素考察及其最优条件选择，是工业制粒浸出的主要难题。

（2）制粒矿堆的孔裂结构精细表征及其对渗流通道的潜在影响。受限于微细观研究手段的制约，对于孔裂结构的研究直到近年来才得到长足发展。对于堆浸体系孔裂结构的研究多集中于矿石颗粒[35]，对于制粒颗粒的孔裂结构的表征研究较少，亟待科研攻关。

（3）不同条件下制粒矿堆的持液行为特征及其影响机制。相较于传统矿石浸出，制粒浸出较为发育，对于矿堆持液行为的研究多依赖无扰动探测装置，由于矿石中含有磁性物质、X-ray CT 扫描可降低浸矿微生物活性等原因[36]，导致难以对柱浸过程持液量进行实时探测与表征，无法考察持液行为对浸出过程的影响机制。

（4）制粒矿堆的过程调控与强化浸出机制。制粒矿堆工业应用通常基于现场参数与生产经验进行调控，而强化浸出基础理论研究显著滞后。比如：硫化铜矿制粒浸出方面，通过预先添加浸矿菌群或盐溶液，提高细菌活性、强化黄铜矿等难溶矿物浸出；此外，通过控制制粒尺寸与持液行为，调控制粒矿堆内部的溶液分布与矿石浸出效果。

1.3 国内外制粒堆浸理论研究现状

1.3.1 矿石制粒关键因素及其影响机制研究

矿石制粒是一个涉及粗细颗粒黏结、化学反应固化和微生物吸附的复杂过程，主要受矿物组成、颗粒粒径分布、制粒机转速及倾角、固化时间、添加水量、黏结剂种类及添加量等关键参数影响[37,38]。

其中，Velásquez-Yévenes 等人[39]探究了固化时间、添加 NaCl 溶液对次生硫化铜矿（主要为黄铜矿）制粒过程及其浸出效果的影响，发现调节固化时间、氯离子、酸液浓度条件，可提高硫化铜矿制粒浸出速率；Escobar 与 Lazo[40]开展硫化铜矿制粒与浸矿菌浸出研究，结果表明硫酸的固化作用不会杀死整个细菌群，细菌能够保持 Fe^{2+} 氧化能力，这代表了生物浸出过程有价值的前提，可通过改变浸矿菌液的化学组成，来强化硫化铜矿制粒的细菌活性与浸出效率；Hao 等人[41]比较潜在筑堆方法，包括分层筑堆、碎矿制粒筑堆和细尾矿制粒筑堆，对柱浸过程中浸矿细菌的浸出行为影响。

当前，主要采用制粒饱和浸泡实验、抗压强度、制粒矿堆渗透性等方式对制粒可浸性、结构稳定性进行评价。2008 年，Lewandowski 与 Kawatra[42]开展了浸泡实验和渗透性实验，结果表明使用这些黏合剂有助于通过提高水力传导率和降低堆积密度和细粒迁移来改善矿床的渗透性；Nosrati 等人[43]采用硅质针铁矿、针铁矿和腐泥土矿 3 种不同矿石类型，进行矿石制粒和柱浸实验研究，如图 1-9 所示，发现矿物学特征、平均粒径影响制粒过程中黏合剂用量、细颗粒-粗颗粒间黏聚行为、孔隙结构，结构强度和矿物浸出效率[44]。

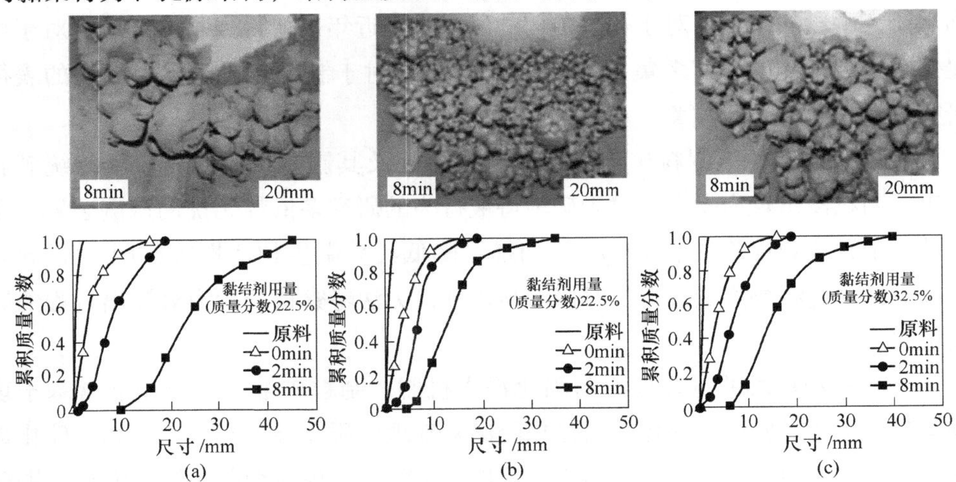

图 1-9 三种矿物制粒颗粒尺寸和形貌随时间变化规律

（a）硅质针铁矿；（b）针铁矿；（c）腐泥土

添加稀硫酸进行熟化是常用的制粒固化方法。Dreisinger 等人[45]采用添加浓度为 5kg/t、10kg/t、15kg/t 和 20kg/t 的稀 H_2SO_4 溶液对矿石制粒后进行酸液固化，添加水率为 6.5%。结果表明：较高的酸用量产生更多的水溶性铜、铁和锌。此外，硫酸与白云母，钠长石和珍珠陶土的反应可能发生在制粒表面上，硫酸与斜发沸石反应同时发生在制粒表面与内部。

Lewandowski 等人[46]尝试用聚丙烯酰胺作为制粒黏结剂，定义了细颗粒迁移指数，发现非离子聚丙烯酰胺可将堆内细粒迁移量减少多达 93%，但聚丙烯酰胺具有毒性，威胁周边环境安全；此外，Kodali 等人[47,48]探究了灰泥黏结剂对矿石制粒的影响机制，发现灰泥水化反应，可使相邻粗细矿石颗粒间相互黏结，形成多孔产物桥，有效增加了制粒尺寸、结构稳定性和孔隙率，如图 1-10 所示。我国金琪琳[49]也利用水泥用量 4kg/t、石灰用量 3kg/t、补加水至矿石水分 5.5%的条件进行金矿制粒，有效降低了-0.075mm 粉矿迁移与堵塞效应，可加快矿石的浸出速度，显著缩短生产周期。

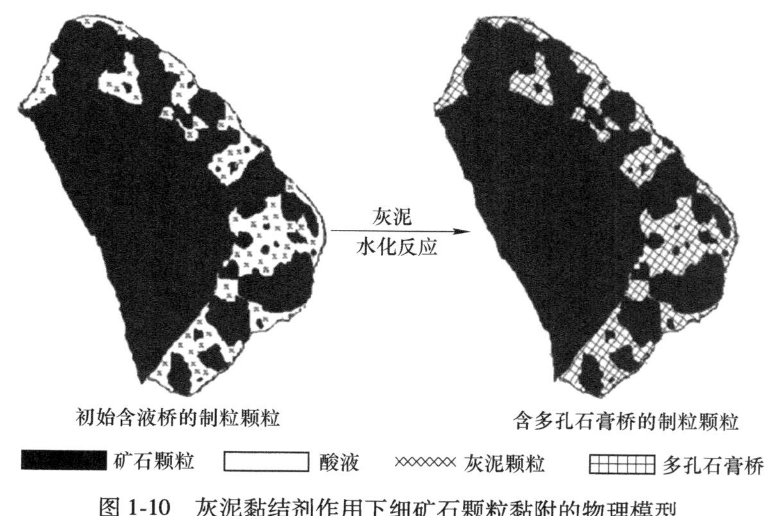

图 1-10 灰泥黏结剂作用下细矿石颗粒黏附的物理模型

1.3.2 制粒矿堆孔裂结构及其表征方法研究

相较于原矿，制粒颗粒内部含有大量的微细孔隙。即：制粒矿堆具有颗粒间孔隙、颗粒内孔隙共存的复杂孔裂结构[50]，可显著提高矿堆整体孔隙率和持液性能。随着计算机断层扫描等无扰动探测技术的引进，孔隙结构研究步入微细观层面。当前，利用 X-ray CT、XMT（又称 Micro CT）等无扰动断层扫描技术，实现了对堆浸体系的孔裂结构表征[51]。然而，针对矿石制粒的孔裂结构可视化与定量表征多集中在红土镍矿、铀矿、氧化铜矿和黏土矿物，在硫化铜矿制粒方面较为缺乏。

对于红土镍矿制粒而言，Nosrati 等人[52,53]研究红土镍矿石制粒行为和制粒颗粒的微观结构，揭示了制粒颗粒内多种矿物组分颗粒结构和孔体积空间分布。制粒内大部分孔隙和裂缝出现在接触区域中，干的制粒颗粒比湿的制粒颗粒的孔隙连通度和孔隙率更高；对于铀矿制粒而言，Hoummady 等人[54,55]研究了含水量、硫酸和添加聚丙烯酰胺黏合剂对铀矿制粒的多孔结构和机械强度的影响，结合 X-ray CT 技术，获取浸矿 0d、10d 制粒颗粒孔隙结构，证明低液固比可提高附聚物孔隙率。

对于硫氧混合矿而言，北京有色金属研究总院罗毅、温建康等人[56,57]，利用 Biometek-WLAG001 耐酸黏结剂进行矿石制粒，考察了黏结剂添加量、喷水量、转速、固化时间、熟化加酸量、熟化时间等因素对球团抗压强度等的影响机制，利用 X-ray CT 技术与 MATLAB，揭示了原矿和制粒颗粒堆的孔隙结构特征及其演化规律，证实了制粒颗粒堆良好孔隙结构对提高矿石浸出率的重要作用；Ghasemzadeh 等人[58]开展氧化铜矿制粒，对比研究了浸矿过程中制粒矿堆和原矿矿堆的孔隙结构堵塞行为，探究了矿石颗粒摩擦角、矿堆渗透率特征，初步分析了硫酸对氧化铜矿矿堆的水力学性质。

对于黏土矿物而言，南澳大学 Quaicoe 等人[59]探究了黏土矿物（高岭石和蒙脱石）和氧化矿物（赤铁矿和石英）的制粒团聚行为，利用 X-ray CT 扫描技术对制粒细观孔裂结构进行定量表征（见图 1-11），初步探索了抗压强度与孔隙结构之间的潜在关系。

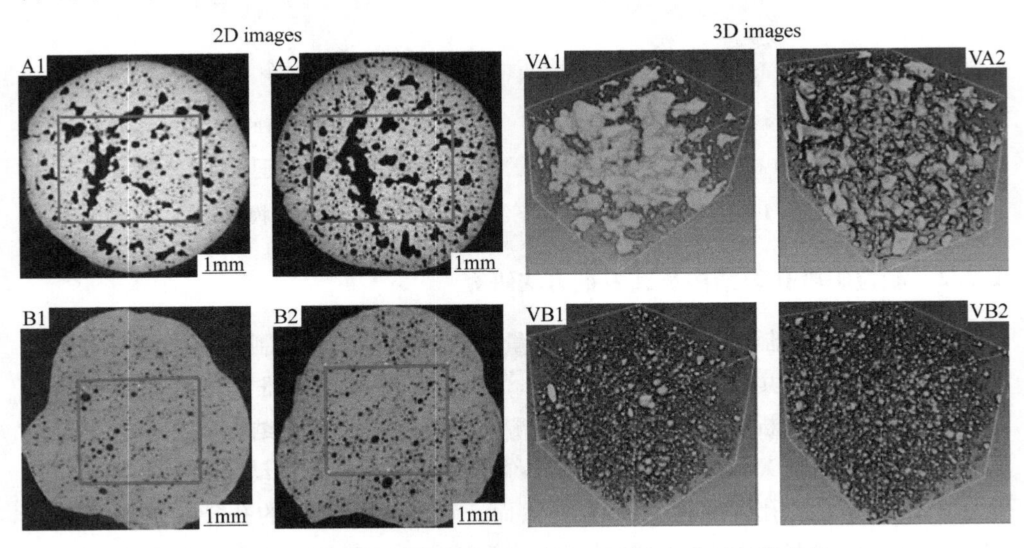

图 1-11 黏土矿物与氧化物制粒的细观形态与孔裂结构表征

1.3.3 持液行为定量表征与渗流可视化研究

非饱和溶液区、饱和溶液区共存于真实矿石颗粒堆[60]，同时存在溶液停滞区、溶液优先流、颗粒表面液膜和内部溪流[61]，如图 1-12 所示。

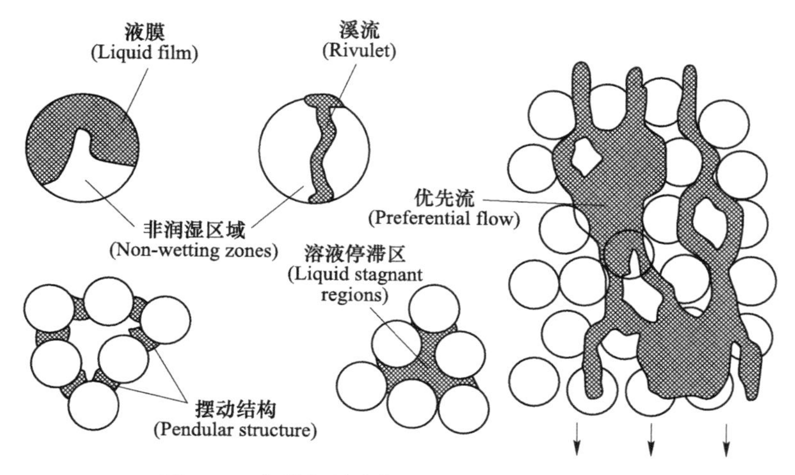

图 1-12 几种常见非饱和堆内滴流的存在状态

堆浸体系的持液状态异常复杂且难以预测，直接影响着反应动力学、传质、传氧和传热过程及有价金属的浸出效率。此外，传统研究通常将矿石堆浸体系视为“黑箱”，难以对堆内溶液分布状态实现原位探测与表征。不同于排水岩、玻璃球等内部裂隙不发育的颗粒，矿石特别是制粒颗粒内部含有大量的孔隙，在散体颗粒堆润湿过程、持液量和排水过程起到重要作用[62]。具体而言，在非饱和堆浸体系溶液渗流过程中，主要存在两种液体流动：一是由重力驱动的重力流动（Gravity flow），二是由毛细吸力驱动的毛细流动（Capacity flow），大颗粒、未润湿和非制粒矿堆以重力流动为主。

干矿石与溶液接触的过程，又可以称为矿床润湿过程，如图 1-13 所示[63,64]，润湿性的增加（接触角的减小）导致接触线的扩展，而润湿性的降低（接触角的增加）导致接触线的缩回；随着润湿性的变化，接触线在液体填充（饱和）孔或固体催化剂表面上移动。其“润湿效率”与喷淋强度（表面流速）、颗粒固体分数、溶液化学组成等宏观参数，以及所涉及的相性质，包括液体黏度、界面张力等因素相关联[65]。

为考察堆浸体系的持液行为，定量表征喷淋过程中堆内持液量、稳定持液率、残余持液率等关键参数变化，2012 年，Ilankoon 等人[66]提出用传感器检测散体堆荷载，将电信号转化为质量信号实现表征的新思路，如图 1-14 所示。发现堆内溶液量随喷淋强度的增加而上升，初步证实矿石矿堆内的渗流停滞行为，

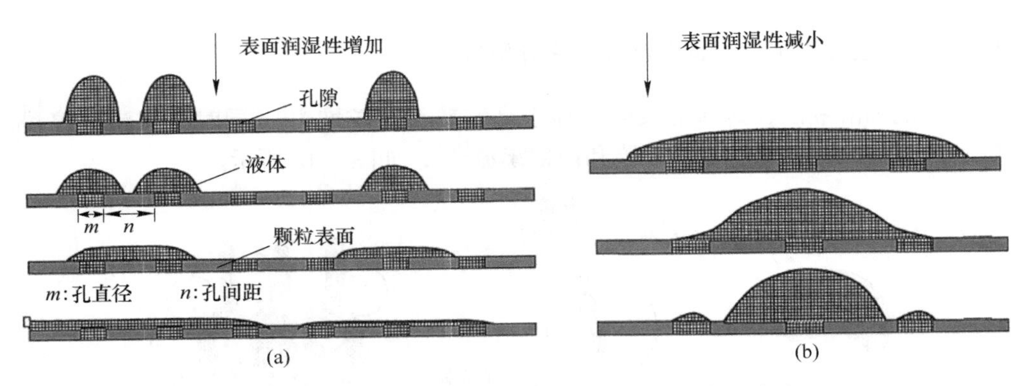

图 1-13 多孔散体颗粒表面润湿性与溶液形态的关系

即：停止喷淋后矿堆内部仍存有溶液滞留，无法完全排出，但研究局限在矿石堆浸、静态持液行为，未考虑制粒矿堆和持液行为动态变化。

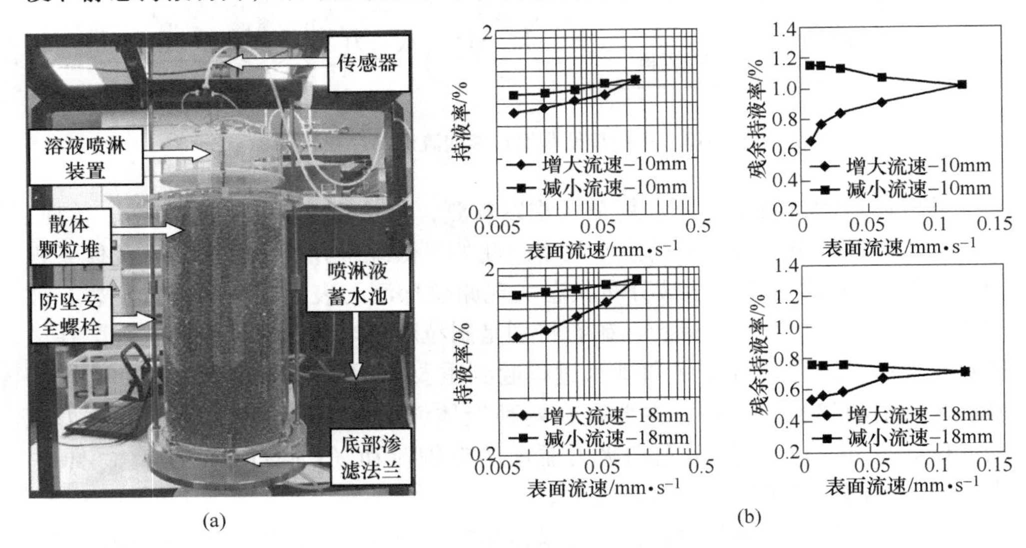

图 1-14 喷淋实验装置与持液率变化

(a) 实验台；(b) 表面流速与（残余）持液率关系

此外，Schwidder 与 Schnitzlein[67,68] 根据填充床的局部结构预测柱内静态液体滞留量，通过改变玻璃球的颗粒形状、尺寸、润湿性和填料的性质来进行散体持液行为实验，发现由球形接触点产生的对静态液体滞留的贡献随柱体高径比增加而增加，壁接触点产生的贡献与柱体高径比成反比；印度理工学院 Maiti 等专家探究了无孔颗粒堆与多孔颗粒堆持液行为（见图 1-15），揭示了多孔材料的颗粒内孔隙对溶液迟滞和非饱和堆持液行为的影响。

本书系统地总结了现有非饱和堆的持液率表征模型，见表 1-4。其中，加拿

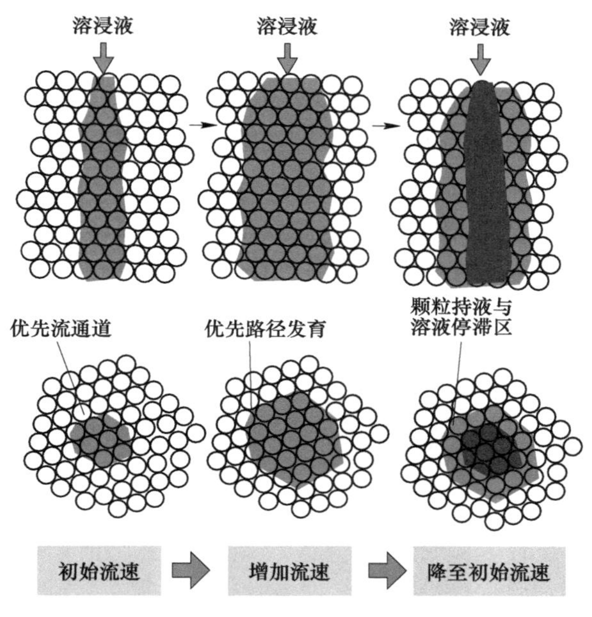

图 1-15 不同溶液流速刺激下非饱和堆内溶液迟滞行为

大麦吉尔大学 De Andrade Lima，利用柱浸体系溶液停留时间分布实验，构建轴向弥散度和持液率模型，发现动态饱和度随流速增加而静态饱和度略有下降；美国华盛顿大学 Lange 等人针对气液两相流化床，探究了表观气液流速，颗粒床结构，压力和温度等对传质系数的影响规律。

表 1-4 不同研究体系的持液率表征模型

提出者及提出年份	非饱和堆持液率（Liquid holdup）表征	研究体系
De Andrade Lima（2006）	$\theta_{\text{dynamic}} = 33.89\xi Re^{0.269}$ $\theta_{\text{static}} = 5.86\xi Re^{-0.0472}$，$Re = v_s d_p \rho/\mu$	矿石柱浸
Fu and Tan（1996）	$\theta = 1.505\xi Re^{0.29} Ga^{-0.32} d_0^{-0.22}$ $Re = v_s d_p \rho/\mu$，$Ga = \rho^2 d_p^3 g/\mu^2$	颗粒流化床
Yusuf（1984）	$\theta = b_1(Q_L)\sum_{i=1}^{n} M_i(d_{p_i})^{b_2} + b_3$	矿石柱浸
Lange et al.（2005）	$\theta_{\text{dynamic}} = 0.002(d_R/d_p)^{1.28}(Re)^{0.38}$ $\theta = 0.16(d_R/d_p)^{0.33}(Re)^{0.14}$，$Re = v_s d_p \rho/(\xi\mu)$	颗粒流化床

近年来，随着核磁共振（Magnetic resonance imaging，MRI）、计算机断层扫描（Computed tomography，CT）、紫外荧光探测（UV fluorescence）和粒子图像测速（Particle image velocimetry，PIV）等无扰动探测技术的出现与引进[69~71]，

堆浸体系溶液渗流行为研究步入了细观可视化层面，实现了渗流路径与流速等关键参数的定量化表征[72]。其中，英国剑桥大学 Fagan 等人[73]创新性地采用 MRI 非侵入型成像技术，将 SESPI 编码和 D_2O 示踪剂相结合，实现了散体颗粒堆内部液体滞留状况的有效表征，如图 1-16 所示，Singh 等人[74]利用电阻层析成像技术（Electrical resistance tomography，ERT）对滴流床反应器中液体滞留量分布进行测量，使用时间分辨的 ERT 测量滴流床中滴流过渡流态的液体滞留量分布，研究局部和半均匀分布器对径向液体滞留量分布的影响，并验证了 ERT 测量液体滞留径向分布的能力。

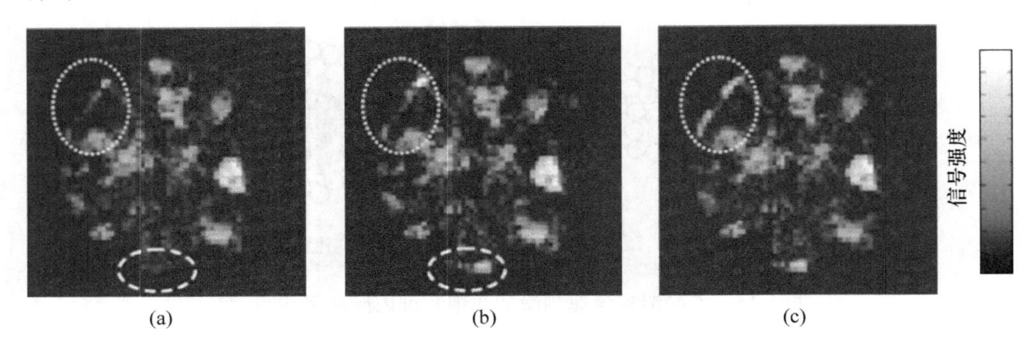

图 1-16　基于 MRI 不同喷淋速率下溶液分布
（a）20mL/h；（b）40mL/h；（c）60mL/h

英国帝国理工大学 Neethling 教授[75]，利用紫外荧光扫描技术，外加荧光示踪剂，分别在喷淋 1h、24h 和 9d 时，对真实矿堆进行扫描，实现了堆内溶液流动轨迹和扩散过程的可视化表征，直接证实了堆内溶液优先流与大量非饱和溶液区的存在。但该探测实验未涉及矿石浸出反应，仅考虑了散体矿石堆的静态持液行为。van Der Merwe 等人[76,77]利用 CT 技术和 CDD 数码摄像机等装置，结合图形算法，提出了散体堆内溶液持液稳定性的新见解，探索了对散体堆内固、液、气三相介质进行表征方法（见图 1-17），研究发现除非预湿床外，对于所有预润湿模式，在喷淋结束后不久堆内液体量趋于稳定。

此外，Zhang 等人[78]使用体积密度和计算机断层扫描（CT）方法研究了 3 种粒度级配对孔隙率和孔径分布的影响，在矿石/岩石堆积中，细颗粒占孔隙度的大部分，并且可能是任何孔隙水含量的主要部分，这表明细颗粒可能贡献大部分可浸出物质；Schubert 等人[79]将高分辨率 γ 射线断层扫描技术应用于直径为 90mm 的冷流滴流床反应器，对液体流动进行定量分析，揭示了不同初始液体分布下的静态液体滞留行为与规律，结果表明非湿润床的液体扩散主要受矿堆颗粒孔隙率控制，而不受颗粒表面上液体接触角控制。

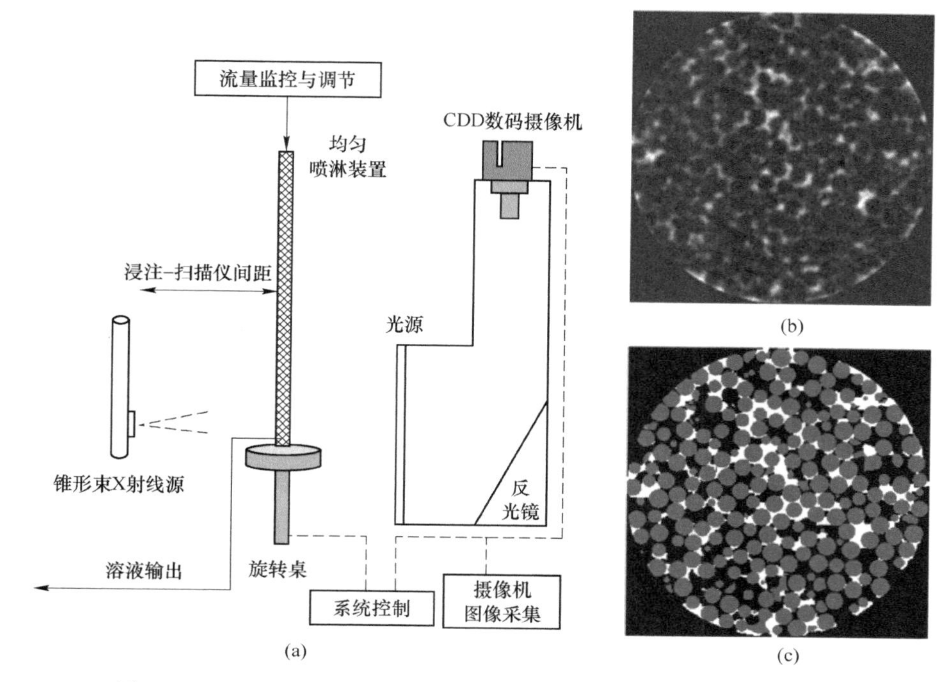

图 1-17 基于 3D CT 图像采集和处理的散体堆内溶液的持液分布特征

（a）喷淋与扫描实验装置；（b）二维 CT 图像；（c）处理后 CT 图像

1.3.4 制粒矿堆持液行为对浸出过程影响研究

作为反应溶质、细菌、可溶性氧和热量的重要媒介，液体的分布特征与矿堆持液行为，直接影响矿堆浸出过程与最终浸出率[80]。Wu 等人[81]研究发现表面张力、负孔隙水压力、基质吸力和倾倒渗透率与粒径有关。当喷淋强度较高时，溶液倾向于流入粗颗粒堆；反之，溶液倾向于流入细颗粒堆并形成优先流动。细颗粒区域的持液率偏高，更易获得高铜回收率，如图 1-18 所示。

我国黄志华等人[82]利用低品位金矿粉，设定制粒条件为水泥用量 7kg/t，添加水量为 30L/t，制粒粒径+2.36−20mm。研究发现制粒矿堆渗透性显著优于未制粒堆场渗透性，粉矿制粒矿渗透系数为非制粒矿堆的 9 倍，制粒后浸出率提升至 70%以上；Vethosodsakda[83,84]通过评估液体保留容量测量值，来估算最佳矿石制粒水分含量，矿堆持液特性与制粒水分含量相关，进而影响矿石浸出效率和堆内细颗粒迁移；Bouffard 与 West-sells[85,86] 控制添加水量为 8% ~ 10%，添加 0.3kg/t 聚合物黏合剂进行矿石制粒，探究了不同制粒条件下毛细水量与浸出效率的内在关系；Hill 等人[87]利用破碎次生硫化铜矿石进行制粒浸出，揭示了添加黏结剂可提高矿堆水力传导系数，强化浸出过程。

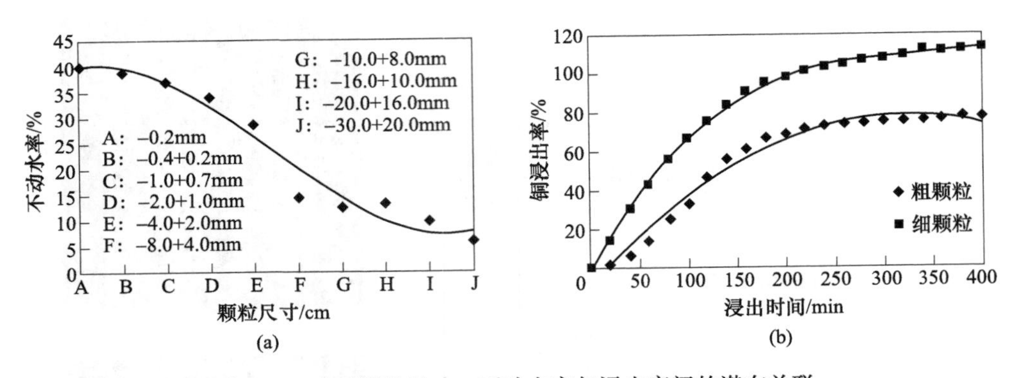

图 1-18　矿石颗粒尺寸、不动水率与浸出率间的潜在关联

（a）堆内不动水率与颗粒尺寸的关系；（b）不同颗粒尺寸浸出率随浸出时间变化

此外，Fagan 等人[88]利用 MRI 技术，考察对比了制粒矿堆和非制粒矿堆的液体瞬时分布状态，在硫化铜矿堆生物浸出过程中的液体分布与微生物定植之间的关系。结果表明，大部分液体流动在灌溉点正下方的区域中，在矿堆液体含量最低的区域中几乎没有发生液体交换，主要为毛细作用，限制了微生物繁殖，低持液率区域的细菌浓度和浸出率最低，如图 1-19 所示。

持液率

(a)			(b)			(c)		
区域*A* 11.39%	区域*B* 8.93%	区域*C* 7.39%	区域*A* 16.06%	区域*B* 7.62%	区域*C* 10.31%	区域*A* 11.57%	区域*B* 9.81%	区域*C* 11.57%
区域*D* 11.72%	区域*E* 9.88%	区域*F* 8.75%	区域*D* 5.14%	区域*E* 17.06%	区域*F* 8.70%	区域*D* 13.13%	区域*E* 19.19%	区域*F* 10.10%
区域*G* 12.77%	区域*H* 10.71%	区域*I* 8.91%	区域*G* 10.41%	区域*H* 12.48%	区域*I* 8.58%	区域*G* 12.46%	区域*H* 10.84%	区域*I* 11.25%

细菌浓度

(a)			(b)			(c)		
区域*A* 4.06×10^{10}	区域*B* 1.67×10^{8}	区域*C* 0	区域*A* 1.06×10^{11}	区域*B* 6.74×10^{7}	区域*C* 0	区域*A* 1.09×10^{11}	区域*B* 5.33×10^{9}	区域*C* 0
区域*D* 5.14×10^{10}	区域*E* 3.86×10^{8}	区域*F* 0	区域*D* 1.31×10^{11}	区域*E* 5.06×10^{9}	区域*F* 0	区域*D* 2.23×10^{11}	区域*E* 3.92×10^{10}	区域*F* 0
区域*G* 2.97×10^{10}	区域*H* 1.11×10^{9}	区域*I* 3.80×10^{7}	区域*G* 1.31×10^{11}	区域*H* 2.77×10^{10}	区域*I* 1.79×10^{8}	区域*G* 1.89×10^{11}	区域*H* 3.15×10^{10}	区域*I* 2.23×10^{8}

图 1-19　硫化铜矿堆浸过程中区域持液率与细菌浓度分布及演替规律

（a）浸矿 49d；（b）浸矿 63d；（c）浸矿 83d

1.3.5　堆浸体系持液行为模型及数值模拟研究

1.3.5.1　堆浸体系饱和区和非饱和区渗流模型

无论是制粒矿堆还是非制粒矿堆，溶液存在形式有两种[89,90]：不动液

(Immobile liquid) 和可动液 (Mobile liquid), 二者不断交换, 不动液所在位置形成停滞区 (Stagnant region), 如图 1-20 所示。

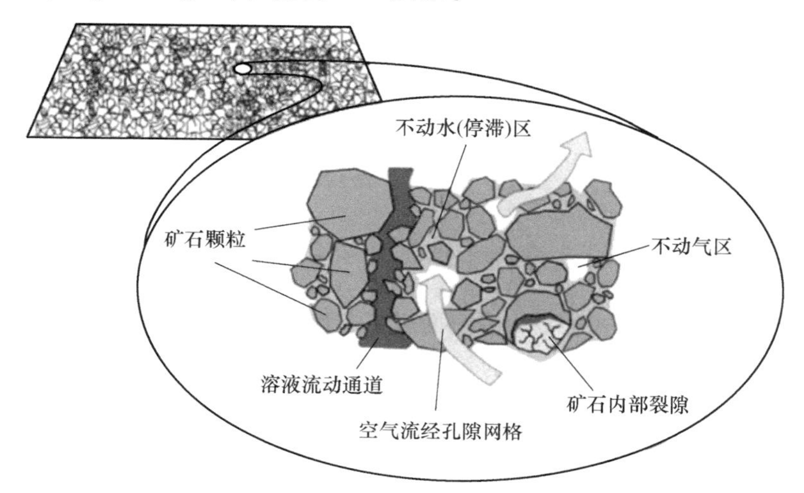

图 1-20 堆浸体系孔裂结构与溶液分布关系物理模型

陈喜山[91,92]将渗流力学的理论引入堆浸渗流过程, 分别建立了饱和区渗流方程和非饱和区渗流方程。

A 饱和区渗流方程

假定在常压下溶浸液是不可压缩的流体, 且饱和区内的渗流满足达西定律, 则矿堆中饱和区内的基本渗流方程为:

$$\frac{\partial}{\partial x}\left(K_x \frac{\partial H}{\partial x}\right)+\frac{\partial}{\partial y}\left(K_y \frac{\partial H}{\partial y}\right)+\frac{\partial}{\partial z}\left(K_z \frac{\partial H}{\partial z}\right)=\alpha(1-n)\frac{\partial H}{\partial t} \tag{1-1}$$

式中, K_x、K_y、K_z为 x、y、z 方向的渗透系数; H 为饱和水头高度; α 为矿堆压缩系数; n 为矿堆的孔隙率; t 为渗流时间。

处于稳定流时, $\frac{\partial H}{\partial t}=0$, 设矿堆是不可压缩的, 即 $\alpha=0$。这时可得出稳定状态下的饱和渗流方程:

$$\frac{\partial}{\partial x}\left(K_x \frac{\partial H}{\partial x}\right)+\frac{\partial}{\partial y}\left(K_y \frac{\partial H}{\partial y}\right)+\frac{\partial}{\partial z}\left(K_z \frac{\partial H}{\partial z}\right)=0 \tag{1-2}$$

对于特定的饱和渗流区, 选择合适的边界条件便可与式 (1-1)、式 (1-2) 形成定解问题, 从中求解饱和渗流区内压力分布、渗流流线以及等势面。

B 非饱和区渗流模型

在非饱和区内, 矿堆中颗粒间的孔隙没有被溶浸液充满, 大部分孔隙中含有空气，即含湿率小于孔隙率。非饱和区渗流基本微分方程为：

$$-\left\{\frac{\partial}{\partial x}\left(K_x(\theta)\ \frac{\partial h_c}{\partial x}\right)+\frac{\partial}{\partial y}\left(K_y(\theta)\ \frac{\partial h_c}{\partial y}\right)+\frac{\partial}{\partial z}\left[K_z(\theta)\left(\frac{\partial h_c}{\partial z}-1\right)\right]\right\}=\frac{\partial \theta}{\partial t} \quad (1\text{-}3)$$

式中，$K_x(\theta)$、$K_y(\theta)$、$K_z(\theta)$ 为 x、y、z 方向的渗透系数；h_c 为某点的毛细管压强水头；θ 为含湿率；t 为渗流时间。

当处于稳态渗流时，$\frac{\partial \theta}{\partial t}=0$，可得如下方程：

$$-\left\{\frac{\partial}{\partial x}\left(K_x(\theta)\ \frac{\partial h_c}{\partial x}\right)+\frac{\partial}{\partial y}\left(K_y(\theta)\ \frac{\partial h_c}{\partial y}\right)+\frac{\partial}{\partial z}\left[K_z(\theta)\left(\frac{\partial h_c}{\partial z}-1\right)\right]\right\}=0 \quad (1\text{-}4)$$

该模型适用于喷淋式堆浸中浸润面以上非饱和区中压力分布、流动状态等问题，特别适用于利用滴灌方式的溶浸液非饱和渗流堆浸的数值模拟。此外，Cariaga 等人[93]同时考虑到非饱和堆浸体系中溶浸液和空气的两相流动，建立了描述堆浸过程两相流动数学方程，并进行了数值模拟。

$$c(s_w,p)\frac{\mathrm{d}p}{\mathrm{d}t}+\mathrm{div}v=q(s_w,p) \quad (1\text{-}5)$$

$$-\lambda(s_w)k[\nabla p-G_\lambda(s_w,p)]=v \quad (1\text{-}6)$$

$$\phi\frac{\partial s_w}{\partial t}+\mathrm{div}[q_w(s_w)v-G_1(s_w,p)-D(s_w)\nabla s_w]=0 \quad (1\text{-}7)$$

其中：

$$q(s_w,p)=-s_n c_n(p)q_w(\mathrm{d}p_c/\mathrm{d}t) \quad (1\text{-}8)$$

$$G_\lambda(s_w,p)=\frac{\lambda_w\rho_w+\lambda_n\rho_n}{\lambda}g \quad (1\text{-}9)$$

$$G_1(s_w,p)=k\lambda_n q_w(\rho_n-\rho_w)g \quad (1\text{-}10)$$

$$D(s_w)=-k\lambda_n q_w\frac{\mathrm{d}p_c}{\mathrm{d}t} \quad (1\text{-}11)$$

式中，ϕ 为堆体孔隙率，即孔隙体积与堆体总体积之比，m^3/m^3；p 为堆体总压力，Pa；p_c 为孔隙压力，Pa；s_w 为堆体溶液饱和度，m^3/m^3；s_n 为气相饱和度，m^3/m^3；c 为溶液浓度，kg/m^3；c_n 为气相压缩性；λ 为两相物质总迁移率；λ_w 为液相迁移率；λ_n 为气相迁移率；ρ_w 为溶液密度，kg/m^3；ρ_n 为气体密度，kg/m^3；k 为堆体绝对渗透率，m^2；v 为总流速，m/s；D 为扩散系数，m^2/s；g 为重力加速度，m/s^2。

1.3.5.2 堆浸体系持液行为表征数学模型

英国帝国理工大学 Neethling 与 Ilankoon[94]，针对散体颗粒堆的持液问题，构建了矿石堆内液体通量与液体含量的时空关系，假定毛细力对液体排出过程无影响，预测了矿石堆内溶液量和排出过程量，推导获得了堆内持液量变化方程，如式（1-12）和式（1-13）所示。

$$\frac{\partial \theta^*}{\partial t} = \frac{\partial}{\partial Z}[K(\theta^* - 1)^2] \tag{1-12}$$

$$\frac{\theta_i^{*j+1} - \theta_i^{*j}}{\Delta t} = K\frac{(\theta_i^{*j} - 1)^2 - (\theta_{i-1}^{*j} - 1)^2}{\Delta z} \tag{1-13}$$

式中，θ^* 为相对持液率，是稳定持液率与残余稳定持液率的比值；i 为空间指数；j 为时间指数。

模拟了不同流速下持液率随所处高度的变化规律，如图 1-21 所示。

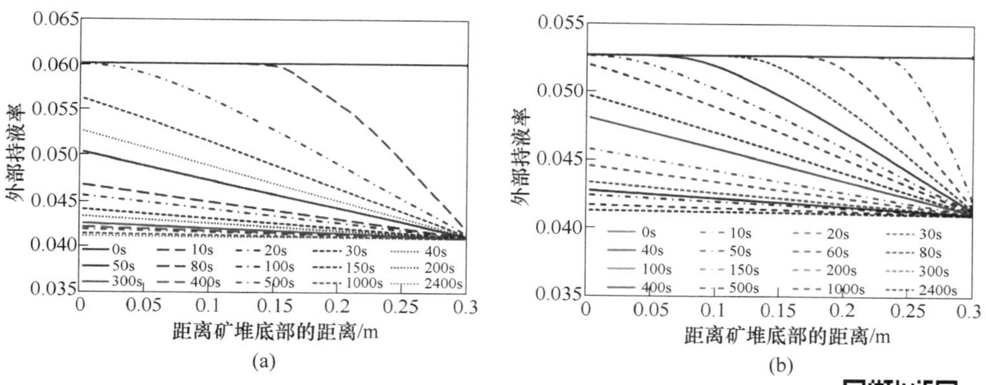

图 1-21 不同流速下持液率随所处矿堆高度的变化规律

（a）表面流速 0.12mm/s；（b）表面流速 0.03mm/s

扫码看彩图

此外，Bouffard 与 Dixon[95] 重点考察对流时间、动水/不动水比例、扩散时间和孔径等因素，先后提出了混合侧孔扩散模型（Mixed side-pore diffusion，MSPD）和剖面侧孔扩散模型（Profile side-pore diffusion，PSPD），模拟了不饱和矿堆孔隙内溶液流动和溶液停滞行为，物理模型如图 1-22 所示。其中，MSPD 模型主要受液体平均停留时间、停滞液体与流动液体的体积比、界面处总传质系数 3 个参数约束；PSPD 模型受液体停留时间、液体扩散至孔隙时间、停滞液体与流动液体的体积比、归一化分布参数约束。

（1）MSPD 模型。

$$\frac{\partial C_s}{\partial t} = \frac{ka_v}{\Phi \varepsilon_f}(C_f - C_s) \qquad \text{I. C.}: C_s(0) = 0 \tag{1-14}$$

$$\frac{\partial C_f}{\partial t} + \frac{1}{t_a}\frac{\partial C_f}{\partial \zeta} = -\frac{ka_v}{\varepsilon_f}(C_f - C_s) \qquad \text{I. C. 1}: C_s(\zeta,0) = 0, \quad \text{B. C. 2}: C_s(0,t) = 1 \tag{1-15}$$

（2）均匀孔长度 PSPD 模型。

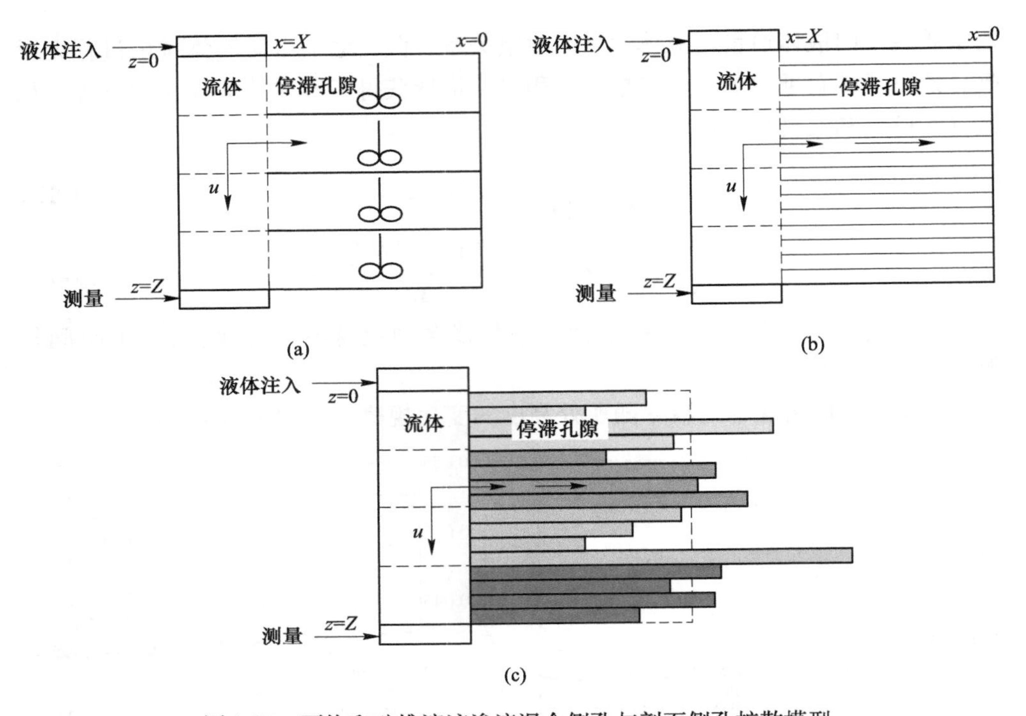

图 1-22 不饱和矿堆溶液渗流混合侧孔与剖面侧孔扩散模型

(a) 混合孔隙长度的 MSPD 模型；(b) 均匀长度的 PSPD 模型；(c) 可变孔长度的 PSPD 模型

$$\frac{\partial C_f}{\partial t}+\frac{1}{t_a}\frac{\partial C_f}{\partial \zeta}=-\frac{(n+1)\Phi}{t_b}\frac{\partial C_s}{\partial \xi}\bigg|_{\xi=1} \quad \text{I. C. 1}: C_f(\zeta,0)=0 \tag{1-16}$$

(3) 可变孔长度 PSPD 模型。

$$\frac{\partial C_f}{\partial t}+\frac{1}{t_a}\frac{\partial C_f}{\partial \zeta}=-\frac{(n+1)\Phi}{t_b}\int_0^1 m\,\Xi^{m-3}\left(\frac{\partial C_s}{\partial \xi}\bigg|_{\xi=1}\right)\mathrm{d}\Xi \tag{1-17}$$

式中，C_s、C_f 为停滞液体和流动液体中的溶质浓度；a_v 为每单位体积堆的总交换面积；ka_v 为界面处的总传质系数；ξ 为无量纲孔深变量；t_a 为液体平均停留时间；t_b 为溶液扩散到孔隙的时间；Φ 为停滞液体与流动液体的体积比；Ξ 为孔长度与最大孔长度的比率；m 为规一化分布参数。

综上所述，堆浸技术被广泛应用于低品位硫化铜矿高效回收，采用矿石制粒可显著改善堆浸体系孔裂结构、增强堆内溶液分布均匀性、减少渗流路径堵塞、显著提高矿石矿物的浸出效率。然而，当前制粒技术工业应用多依赖于工业参数调控与生产经验，相关基础理论显著滞后，影响制粒技术的工业推广与应用，极大地制约低品位矿产资源的高效开采与回收。

溶液是浸矿菌、金属离子、可溶性氧和热传递的重要媒介，矿堆的持液行为，即矿石颗粒堆能稳定保持溶液的能力，直接影响着矿堆内部渗流与矿石浸出效率。矿堆是非饱和浸出反应体系，在重力流和毛细流的驱动下，存在非饱和溶液区（浸矿盲区）与饱和溶液区（溶液停滞区和溶液优先流）。就制粒矿堆而言，其区别于矿石矿堆的最大特点是：单制粒颗粒的颗粒内孔隙较为发育、制粒矿堆孔隙结构均匀化程度高，宏观表现为制粒矿堆的持液行为和浸出效果明显优于非制粒矿堆。因此，考察孔裂结构发育的制粒矿堆持液行为特征，对于提高堆浸效率，实现低品位矿石高效浸出意义重大[96]。

然而，受限于研究手段与方法，针对制粒矿堆持液行为的研究仍较为缺乏，特别在“孔裂结构发育、可浸性高和结构强度高的矿石制粒制备”“不同喷淋与筑堆条件下制粒矿堆静态持液行为”“浸出过程制粒矿堆的动态持液行为”和“不同持液行为条件对浸出过程的影响机制”等方面的认识不够充分，亟待开展相关科研攻关与研究工作。

2 矿石制粒关键影响因素及条件优选

2.1 引言

由于制粒矿堆较为发育的颗粒内孔隙，可显著增强溶液分布均匀性与反应传质过程，已有研究表明[97]：矿石制粒可提高渗透性 10~100 倍，浸出时间缩短 1/3~1/2，酸耗减少 20%~30%，Cu^{2+}回收率提高 10%~30%。因此，矿石制粒技术已逐步成为提取氧化铜矿、硫化铜矿、红土镍矿甚至部分铀矿中有价金属元素的重要方法[98]。

制粒矿堆是一个固、液、气、菌、热多相介质共存，物理挤压碰撞、化学溶蚀胶结、生物质沉积黏结等多过程耦合、多因素共同作用的复杂浸出反应体系。通常而言，矿石制粒过程可包括 3 个步骤[99]：首先，利用颚式、辊式破碎装置将大块矿石多步骤粉碎成细小颗粒；其次，在制粒机等装置内将化学黏合剂（如稀 H_2SO_4 溶液）与一定粒径分布的矿石颗粒进行混合开展制粒；最后，选取成型的矿石制粒颗粒进行静置、固化、颗粒筑堆，最终获得孔隙结构较为发育的、溶液分布较为均匀的制粒矿堆。

然而，相比于传统非制粒矿堆，制粒矿堆涉及粉矿制粒过程，影响因素更多、过程更复杂。对此，本书对影响矿石制粒与浸出效果的关键因素进行了梳理[100]，将其分为 6 个方面，如图 2-1 所示。主要包括：(1) 制粒参数控制（制粒装置倾角、转速、黏合剂种类、添加量等）；(2) 制粒效果评估（颗粒干强度、湿强度等）；(3) 孔裂结构特征（颗粒间孔隙、颗粒内孔隙等）；(4) 浸出反应特征（溶液 pH 值、电位值、铜浸出率等）；(5) 溶液持液行为（矿堆持液率、溶液优先流等）；(6) 经济成本与过程控制（矿石多级破碎、制粒装置、黏结剂耗费等）。因此，为开展制粒矿堆持液率研究，首要工作就是要探明影响制粒效率、制粒效果的关键因素及其影响机制，进一步获取结构强度高、可浸性好的矿石制粒颗粒的各因素配比。然而，当前工业制粒机、实验室尺度制粒装置通常来源于烧结球团、制药、畜牧业饲料等其他领域，适用于矿石颗粒和粉矿制粒领域的矿石制粒装置较少。现有的矿石制粒装置多为固定倾角、固定转速，或者固定倾角可调转速、固定转速可调倾角等某种特定工况，存在着倾角调节不精确、倾角无法连续调节等问题，严重制约矿石制粒影响因素与过程调控技术研究[101]。

对此，本章节立足低品位铜矿高效制粒与关键影响因素研究，自主研发了倾

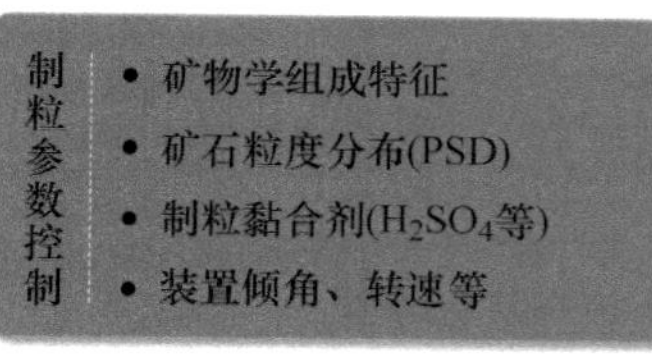

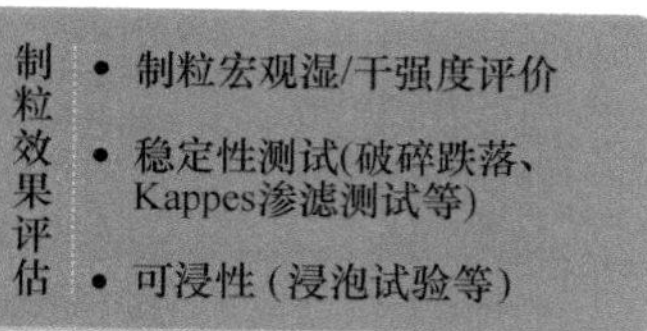

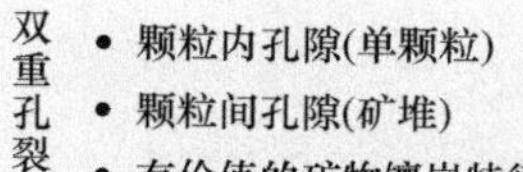

图 2-1 矿石制粒效果的关键影响参数及过程控制

角转速连续可调矿石制粒实验装置，分别开展不同制粒黏结剂、颗粒尺寸分布、制粒装置转速、制粒装置倾角、固化时间等条件下制粒实验，考察各因素对矿石制粒过程与效果的影响机制；基于中心组合设计法与响应曲面分析，进行制粒过程中各影响因素与水平优选，确定最优制粒因素组合，为后续章节分析制粒矿堆持液率规律奠定良好基础。

2.2 实验矿样

2.2.1 矿物学特征

实验矿样取自某硫化铜矿山，铜金属的平均品位为 0.70%，属于低品位铜矿。利用 X 射线衍射方法获取矿物物相特征：主要金属矿物为黄铁矿、蓝辉铜矿、辉铜矿和硫砷铜矿，自由氧化铜占 5.71%，还含有一定量铜蓝、黄铜矿、磁铁矿和褐铁矿，其他金属矿物含量较低，脉石矿物主要是石英。图 2-2 为矿样化学成分 XRD 图谱。

矿石化学元素分析与物相检测结果，见表 2-1 和表 2-2。结果表明，矿石矿物主要为次生硫化铜矿和原生硫化铜，结合 XRD 图谱，进一步确定有价铜矿物为辉铜矿（Cu_2S）、蓝辉铜矿（$4Cu_2S \cdot CuS$）和黄铜矿（$CuFeS_2$）类矿物，矿石中的脉石矿物主要为 SiO_2 且所占比例较高，约为 91%。矿石以石英为基底，黄铁矿、辉铜矿、蓝辉铜矿、黄铜矿相间镶嵌分布。

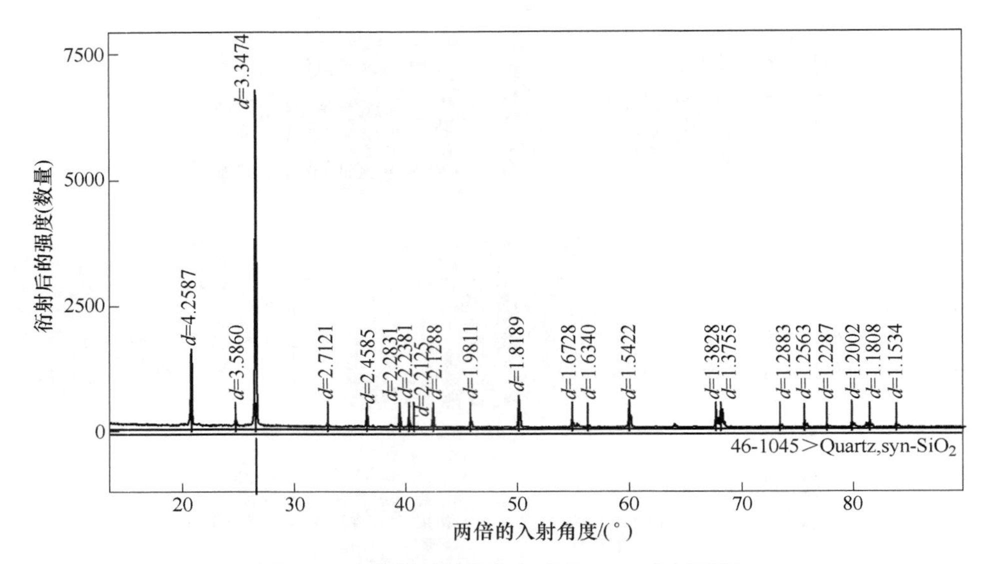

图 2-2　硫化铜矿样化学组成的 XRD 分析图谱

表 2-1　矿石化学元素分析

元素	Cu	Fe	S	CaO	MgO	Al_2O_3	SiO_2
质量分数/%	0.04	0.06	0.59	0.01	0.70	5.29	91.0

表 2-2　矿石铜物相分析结果

相别	自由氧化铜	原生硫化铜	次生硫化铜	结合铜	总量
质量分数/%	0.04	0.06	0.59	0.01	0.70
占有率/%	5.71	8.57	84.29	1.43	100

2.2.2　粒径分布特征

本书利用 RX/PEF60×100 颚式破碎机（入料颗粒尺寸-68mm，出料颗粒尺寸-12+0.8mm）、XPS-ϕ250×150 辊式破碎机（入料颗粒尺寸-12mm，出料颗粒尺寸-7+0mm）对实验矿石进行二级破碎，利用 WH-11 湿式振动筛分仪与 XTLZ 真空过滤机，对矿石进行筛分，基于各颗粒尺寸的质量分数，获得初始的颗粒粒径分布特征，如图 2-3 所示。

由图 2-3 可见，约有超过 50%的矿石颗粒尺寸小于 2mm，35%的矿石颗粒尺寸小于 1mm；此外，有超过 30%的矿石颗粒小于 0.65mm。因此，破碎后的实验矿石颗粒尺寸偏小、颗粒过细碎，若直接利用碎矿进行筑堆，容易产生细粒夹层等矿石颗粒偏析、颗粒分层结果[102,103]，需要进行矿石制粒预处理、改良孔隙结

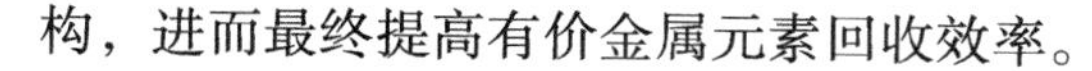

构，进而最终提高有价金属元素回收效率。

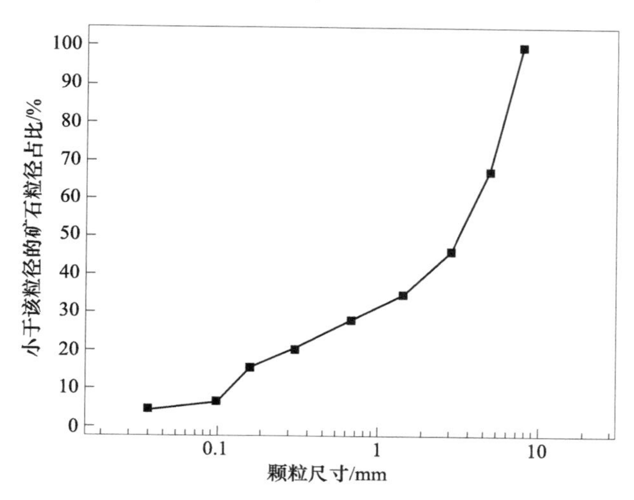

图 2-3 本书实验矿样的初始颗粒粒径分布

2.3 浸矿微生物

本书涉及采用的浸矿微生物均取自福建某硫化铜矿的矿石堆场酸性溶浸液。利用 16S rDNA 测序技术，对实验微生物进行基因测序，获取细菌基因发育树与菌群结构。

结果表明，浸矿优势菌种为嗜酸氧化亚铁硫杆菌（Acidthiobacillus ferrooxidans，A. f 菌）、嗜酸氧化硫硫杆菌（Acidthiobacillus thiooxidans，A. t 菌），如式（2-1）和式（2-2）所示，二者可分别将氧化亚铁离子、单质硫氧化为三价铁、硫酸根，为矿物溶蚀提供反应物，间接参与矿石浸出反应，具有好氧、嗜酸等基本特性[104]。

$$2Fe^{2+} + 0.5O_2 + 2H^+ \xrightarrow{\text{Acidthiobacillus ferrooxidans}} 2Fe^{3+} + H_2O \quad (2\text{-}1)$$

$$0.25S_8 + 3O_2 + 2H_2O \xrightarrow{\text{Acidthiobacillus thiooxidans}} 2SO_4^{2-} + 4H^+ \quad (2\text{-}2)$$

细菌增殖依赖细菌培养基提供关键反应介质。该类细菌培养基采用 9K 液体培养基，其主要化学组成包括：3g/L $(NH_4)_2SO_4$、0.1g/L KCl、0.5g/L K_2HPO_4、0.5g/L $MgSO_4 \cdot 7H_2O$、0.01g/L $Ca(NO_3)_2$ 和 44.2g/L $FeSO_4 \cdot 7H_2O$。细菌培育适宜环境温度为（28±2）℃，适宜环境 pH 值为 1.7~2.0。

主要采用的实验装置包括 Axio Lab A1 型德国蔡司光学显微镜（目镜 E-P10×20，物镜 A-Plan 40×10）、YX-280D-1 型手提式压力蒸汽灭菌器、THZ-C 恒温振荡器等。通过细菌筛选、驯化转代、富集培养，逐步提高浸矿微生物的个体活性、矿石浸出能力和细菌浓度，最终获得增殖活性高、矿物溶蚀能力强的浸矿微生物菌群，为后续相关研究做好基础。本书浸矿细菌群落的显微形貌，如图 2-4 所示。

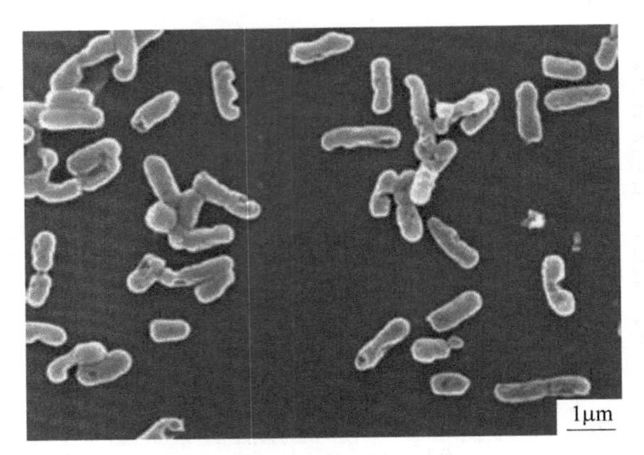

图 2-4　本书所用嗜酸性硫杆菌的显微形貌特征

2.4　实验黏结剂

结合国内外制粒黏结剂的已有研究基础和成果[105]，本书全面考察了无机黏结剂、有机黏结剂和高分子黏结剂 3 类，包括灰泥、稀硫酸、波特兰水泥、羧甲基纤维素、聚丙烯酰胺共 5 种，如图 2-5 所示。这 5 种黏结剂均为常用的或是被

(a)　(b)　(c)

(d)　(e)

图 2-5　本书使用的无机、有机和高分子制粒黏结剂

（a）灰泥；（b）波特兰水泥；（c）稀硫酸；（d）羧甲基纤维素；（e）聚丙烯酰胺

提出具有类似黏结效果的，本书探讨了不同黏结剂类型、添加量作用下矿石颗粒胶结特征。概述如下。

（1）无机黏结剂。无机黏结剂，是当前矿石制粒过程中常用的黏结剂，具有成本低、黏结效率高、制粒效果好等优点。对此，本书结合已有制粒黏结剂研究与应用效果，拟考察3种无机黏结剂，包括灰泥、稀硫酸和波特兰水泥。

1）灰泥（Stucco），化学式为 $CaSO_4 \cdot 1/2H_2O$，是一种由泥状硫酸钙细屑或晶体组成的沉积物，如图2-5（a）所示，可形成多孔物质层附着颗粒表面或填充在孔隙内部，以往多用于建筑、矿业等领域；

2）稀硫酸（Dilute sulfuric acid），化学式为 H_2SO_4，为无色透明液体，如图2-5（c）所示，通常与碱性脉石矿物反应形成产物膜，获得成型的矿石制粒颗粒，是常用的矿石制粒黏结剂之一；

3）波特兰水泥（Portland cement），化学式为 $3CaO \cdot SiO_2$、$2CaO \cdot SiO_2$、$3CaO \cdot Al_2O_3$、$4CaO \cdot Al_2O_3 \cdot Fe_2O_3$，如图2-5（b）所示，是一种由硅酸盐水泥熟料、0~5%石灰石高炉矿渣、石膏粉组成的水硬性胶凝材料。

（2）有机黏结剂。采用的有机黏结剂为羧甲基纤维素（Carboxymethyl cellulose），分子式为 $[C_6H_7O_2(OH)_2OCH_2COONa]_n$，是利用化学改性技术处置天然纤维素，使纤维素经羧甲基化，最终获得一种水溶性纤维素醚，如图2-5（d）所示。

粉末主要呈白色、淡黄色，是粒状或纤维状物质，具有吸湿性强，易溶于水，不溶于酸、醇，遇盐不沉淀等特征，适于中性、碱性环境，其水溶液具有增稠、黏结、水分保持等作用，在溶液pH值介于2~10时保持稳定，以往多用于石油、药品等行业。

（3）高分子黏结剂。采用的高分子黏结剂为聚丙烯酰胺（Polyacrylamide），分子式为 $(C_3H_5NO)_n$，是丙烯酰胺均聚物或与其他单体共聚形成聚合物的统称，为线型高分子聚合物，是应用广泛的水溶性高分子重要品种之一，如图2-5（e）所示。

高分子黏结剂主要呈白色粉末或者小颗粒状物，通常适于碱性环境，pH值介于7~14，低浓度聚丙烯酰胺水溶液中的分子结构呈网链状，对于硫酸钙、硫酸铜等物质不敏感，与羧甲基纤维素相似，实现颗粒絮凝、降阻和溶质增稠，以往多应用于采矿、冶金、建材行业。

2.5 转速倾角可调矿石制粒实验装置

2.5.1 装置系统构成

为满足本研究需求，本书自主研发了一种倾角转速可调的矿石制粒装置（专利号：ZL202010006976.5），如图2-6所示。该实验装置由制粒系统、调角系统、调速系统、滚动与支撑系统组成。

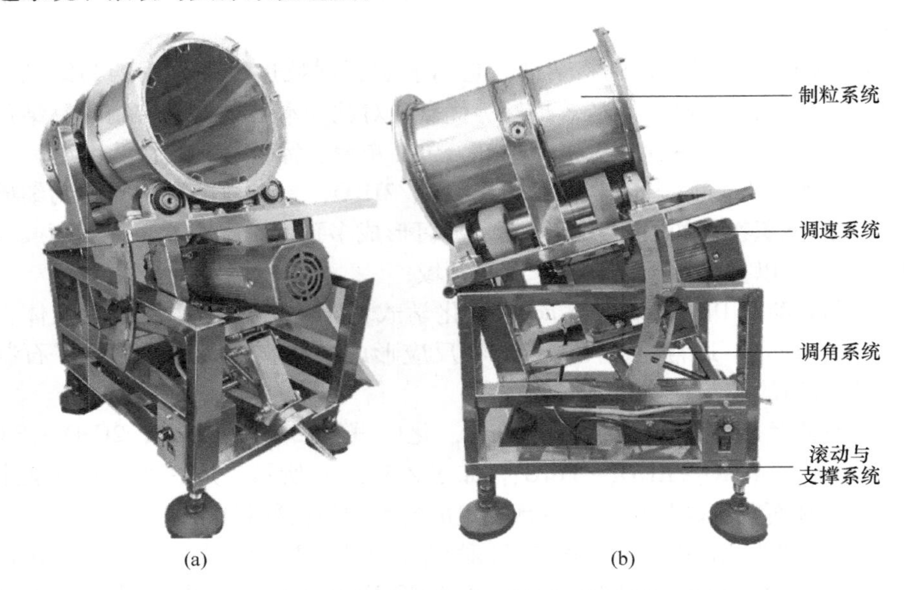

图 2-6　自主研发的转速倾角可调矿石制粒机实物图

依据实验与工艺研究的需求，可开展不同制粒滚筒转速、倾角、制粒周期、矿石粒径配比等多工况下矿石制粒研究。该装置有效填补了硫化铜矿制粒技术实验室尺度研究装备的空白，可满足颗粒直径为-60+10mm 矿石制粒的半工业试验研究，相关测试数据为实验室制粒过程研究、工业制粒堆浸参数优化提供了良好借鉴。

对矿石制粒装置的系统构成及其关联特征进行阐释，具体如下：

（1）制粒系统。制粒系统主要由制粒滚筒、隔板、固定旋钮、梯形龙骨组成，用于开展矿石制粒。为避免由滚筒自身重力和机械振动导致的滚筒轴向滑动，制粒滚筒中部外侧设置了滚动导轨与滑轮，避免发生滚筒滑脱等事故；为提高制粒效率，在制粒滚筒内增设 8 根梯形龙骨，使矿石颗粒静态滑动变为颗粒动态滚动；制粒滚筒与旋转支撑平台连接，经传动装置与变速电机连接；制粒滚筒材质为 SUS304 不锈钢，具有耐高温、韧性好、耐酸等特质，可支持开展酸性条件下制粒研究。

（2）调角系统。调角系统主要由旋转支撑平台、角度标尺、调角支架、调角旋钮、螺纹丝杠、主转动辊、从转动辊组成，用于调节制粒滚筒倾角。旋转支撑平台与制粒滚筒、电机支架连接固定，四者倾角保持一致；调角支架与旋转支撑平台经主转动辊连接，可以主转动辊为轴心的角位移。转动调角旋钮，使之沿螺纹丝杠轴向发生位移，进而带动调角支架张开或闭合，使制粒滚筒的倾角发生变化；读取角度标尺的值确定当前制粒滚筒角度，可实现制粒滚筒角度 0°～35°

精准可调。

（3）调速系统。调速系统主要由变速电机、电机支架、传动装置组成，用于调节制粒滚筒的转动速率。调速系统采用 6GU-7.5K-250W 变速电机，启动变速电机后，动能经链式传动系统传送至 4 个底部胶圈，使之发生转动，进而带动制粒滚筒发生顺时针方向的转动。经核算，调速传动齿轮尺寸比为 1∶1，传动齿轮与制粒转筒传动比约为 11∶3，经人为精度调教后，可实现制粒滚筒的转速 0~180r/min 稳定可调。

（4）滚动与支撑系统。滚动与支撑系统主要由不锈钢支架、调平螺母、底座、转动轴、转动轴承、横向支撑辊、轴向支撑辊、滚动导轨组成，用于机械传动和固定整个制粒实验装置，避免矿石制粒过程发生倾覆或晃动。不锈钢支架位于整个实验装置最下部，通过调平螺母安装在底座上。为排除因实验台不水平导致制粒滚筒倾角的不准确，利用实验水平仪并调节调平螺母直至整个实验装置处于水平状态。

为了更清晰地阐释该制粒装置的各个系统组成，对实验装置结构进行拆分，如图 2-7 所示。

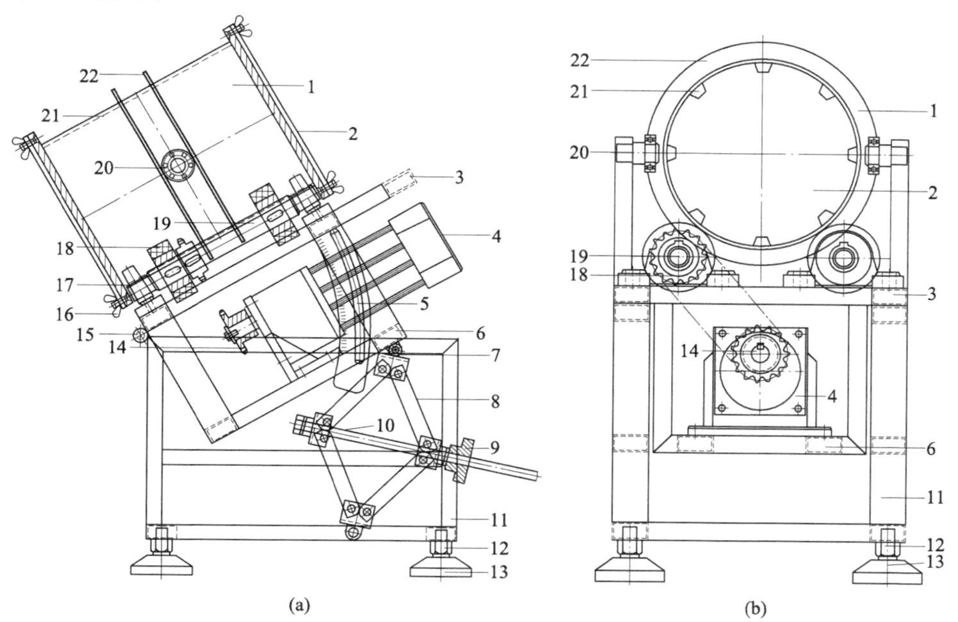

图 2-7　矿石制粒装置结构示意图

（a）左视图；（b）正视图

1—制粒滚筒；2—隔板；3—旋转支撑平台；4—变速电机；5—角度标尺；6—电机支架；7—主转动辊；8—调角支架；9—调角旋钮；10—螺纹丝杠；11—不锈钢支架；12—调平螺母；13—底座；14—传动装置；15—从转动辊；16—固定旋钮；17—转动轴承；18—横向支撑辊；19—转动轴；20—轴向支撑辊；21—梯形龙骨；22—滚动导轨

2.5.2　装置技术参数

2.5.2.1　制粒滚筒

制粒滚筒是整个制粒机的核心部分，是粉矿颗粒、黏结剂、水、稀硫酸等多类介质的相互碰撞、黏结、反应的重要场所。如图 2-8 所示，该制粒滚筒为类圆柱状，整体尺寸为 ϕ259mm × 300mm，内部有效尺寸为 ϕ218mm × 280mm，材质为 SUS304 不锈钢，内外抛光。

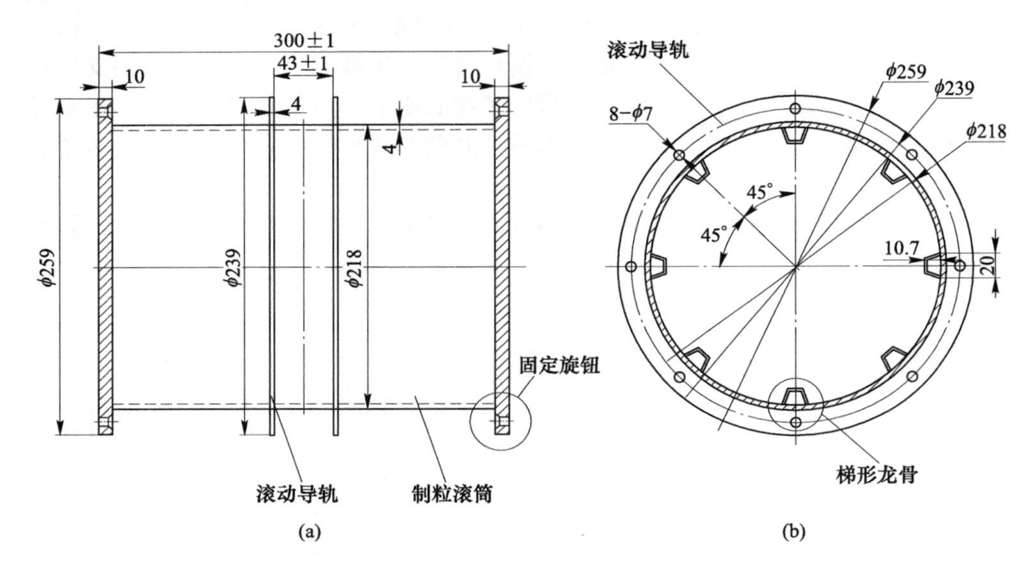

图 2-8　矿石制粒滚筒结构组成与尺寸
（a）左视图；（b）正视图

制粒滚筒中部外侧壁安设了高（10±1）mm、宽（43±1）mm 的滚动导轨，滚筒导轨的内部对称布设了 2 个滑轮，确保制粒滚筒围绕滚筒中心轴转动且不发生滑脱；此外，为强化颗粒碰撞黏结效率，滚筒内壁均匀铺设梯形龙骨。

2.5.2.2　梯形龙骨

梯形龙骨为类梯形结构，共 8 根。相邻梯形龙骨间的夹角为 45°，单个梯形龙骨的上底边与侧边夹角为 107°，如图 2-8（b）所示。梯形龙骨的两侧腰长均为 10.7mm，上底边长为 13.7mm，下底边长约为 20.6mm，材质为 SUS304 不锈钢，梯形龙骨均匀布设在制粒滚筒内侧，并且梯形龙骨的底边与制粒滚筒筒壁贴合密闭，避免矿石颗粒进入龙骨内部，确保实验结果准确。

2.5.2.3 调角支架

调角支架为平行四边形结构，尺寸为 257mm × 42mm；螺纹丝杠型号为 M12T 型，其截面直径约为 10.2mm，长度为 321mm，材质为 SUS304 不锈钢，调角旋钮材质为氯丁橡胶，强度高且可耐腐蚀。如图 2-9 所示，转动调角旋钮，使之沿着螺纹丝杠发生移动，进而带动调角支架以主转动辊为转动中心发生张开闭合，最终实现制粒滚筒倾角的变化。

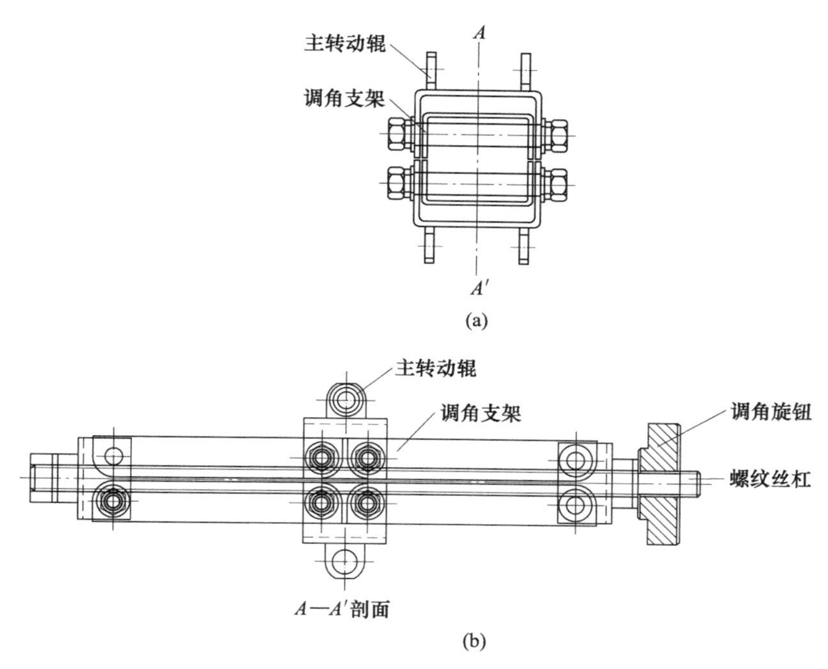

图 2-9 矿石制粒机的调角装置示意图
（a）正视图；（b）A—A′剖面图

2.5.2.4 角度标尺

如图 2-10 所示，角度标尺整体呈圆弧状，材质为 SUS304 不锈钢，角度刻度右侧设置镂空滑槽，用来方便角度标识标定当前角度；对装置调校精度后，角度标尺有效调节范围为 0°~35°，调节精度为 1°。

2.5.2.5 传动装置

该装置的传动系统采用链传动装置。主要由主动链轮、被动链轮和链条构成，材质为 40Cr，链窝硬度达 50~60HRC，如图 2-11 所示；主动链轮位于下部

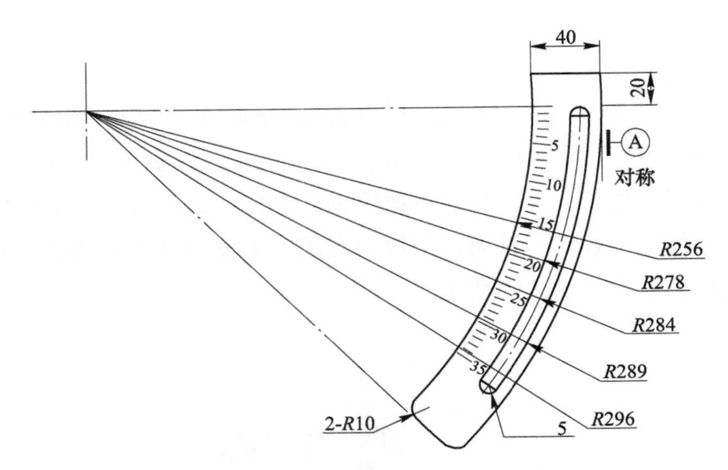

图 2-10　矿石制粒机的角度标尺示意图

与变速电机连接，被动链轮位于上部带动制粒滚筒发生转动；具有传递功率大、过载能力强的特点，可适应潮湿、多尘、有污染等恶劣环境。

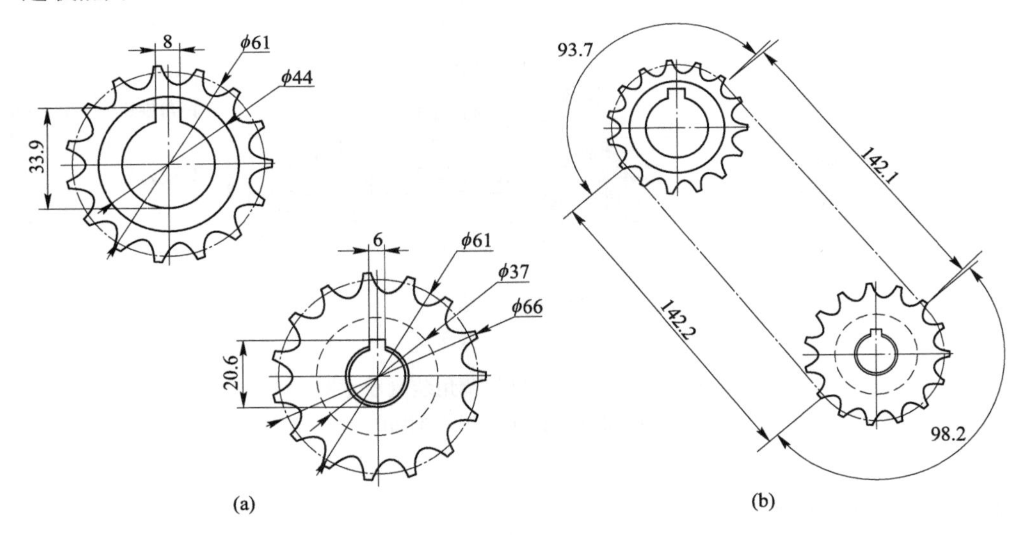

图 2-11　矿石制粒机的传动装置示意图

（a）正视图；（b）A—A′剖面图

2.5.3　主要特点与优势

通过自主研发一种倾角转速可调的矿石制粒装置，基本满足了本书研究需求，与国内外已有同类制粒装置相比，其先进性主要体现在以下方面：

（1）实现制粒装置转速可调（0～180r/min）。对比国外 Npsrati 等人[106]的实验室制粒机，本装置突破了以往研究转速难以有效调节的装备瓶颈，实现转速调节精度达 5r/min，可开展不同转速条件下矿石制粒对比实验，可有效揭示转速对矿石制粒的影响机制。

（2）实现制粒装置倾角可调（0°~35°）。现有实验室尺度的制粒装置往往依赖在装置一侧铺设临时垫层等方式来调节制粒机倾角，造成制粒装置角度调节准确性差，结果不准确。通过增设调角支架、调角旋钮等关键装置，实现制粒装置倾角精准可调，提高数据准确性。

（3）可试制的制粒颗粒尺寸跨度大（-60+10mm）。该装置的制粒滚筒内部有效尺寸达 ϕ218mm×280mm，是目前国内外较大的、实验室尺度的制粒装置，可满足工业破碎硫化铜矿（-18+10mm）、破碎氧化铜矿（-38+10mm）等作为投放原料，开展半工业级的矿石制粒测试研究。

（4）弥补矿石制粒实验室尺度的装置缺失。本书对大型矿山制粒机进行等比例缩小与改进（见图 2-12），试制了实验室尺度矿石制粒装置，打破了以往制粒依赖人工手搓制粒、简易布袋制粒等装备瓶颈。具有实验可重复性强、人为干预程度低、系统稳定性高等特点，为矿石制粒领域（包括红土镍矿、氧化铜矿等）或相似行业提供参考。

(a)

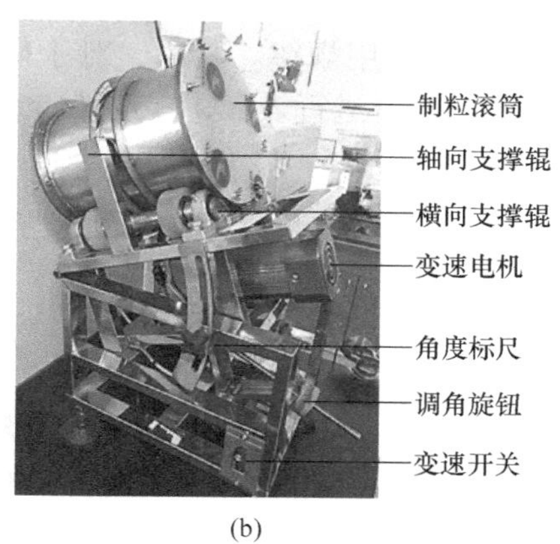

(b)

图 2-12 工业矿石制粒机（a）与本书自行研发的矿石制粒装置（b）的外观对比

2.6 矿石制粒过程关键影响因素实验

2.6.1 影响因素遴选

矿石制粒涉及物理碰撞、化学胶结、生物增殖多过程，可通过调控上述过程中的关键影响因素，实现矿石制粒过程效率提升。对此，结合对矿石制粒影响因素的已有研究成果，本书遴选了需进一步考察的关键影响因素，包括：物理因素（颗粒粒径分布、制粒机转速、制粒机倾角）、化学因素（黏结剂种类、黏结剂浓度、固化时间）、生物因素（菌液添加量）。具体关键影响因素与取值范围，见表 2-3。

表 2-3 本书制粒实验遴选的影响因素及取值范围

影响因素与变量			实验参数取值				
类别	影响因素	单位					
物理因素（矿石粒径分布）	不均匀系数	—	1.5	2	4	6	8
	曲率系数	—	0.8	1	2	2.5	4
	制粒机转速	r/min	30	60	90	120	150
	制粒机倾角	(°)	5	10	15	20	30
化学因素	黏结剂种类	—	灰泥	稀硫酸	波特兰水泥	羧甲基纤维素	聚丙烯酰胺
	黏结剂添加质量分数	%	0	0.5	1	5	10
	固化时间	d	0.5	1	3	5	7
生物因素	菌液添加质量分数	%	0	5	10	15	20

本书对关键影响因素取值均为五水平，分别考察各因素的影响特征及其各因素间耦合作用规律。其中，对于矿石颗粒粒径分布状况，采用不均匀系数 C_u、曲率系数 C_c 进行表征，其定义如式（2-3）和式（2-4）所示，C_u 与 C_c 的取值范围分别介于 1.5~8、0.8~4。

$$C_u = \frac{d_{60}}{d_{10}} \tag{2-3}$$

$$C_c = \frac{d_{30}^2}{d_{60} \cdot d_{10}} \tag{2-4}$$

式中，d_{10}为过筛质量占 10%的粒径，也称有效粒径，mm；d_{30}为过筛质量占 30%的粒径，mm；d_{60}为过筛质量占 60%的粒径，mm。

此外，制粒机转速取值介于 30~150r/min，制粒机倾角取值介于 5°~30°；黏结剂为灰泥、稀硫酸、波特兰水泥、羧甲基纤维素、聚丙烯酰胺，各制粒黏结剂浓度依据其类型而取值不同，介于 0~10%；$FeCl_3$ 添加质量分数取值介于 0~2%；固化时间取值介于 0.5~7d；菌液添加质量分数为 0~20%。分别开展单因素实验、中央组合因素实验，最终获得各因素影响机制及最优配比。

2.6.2 关键考察指标

上述指出的制粒机转速、倾角、黏结剂类型、固化时间等各影响因素对矿石制粒过程的作用是较为复杂的、多因素耦合的。对此，为进一步定量化考察各关键因素对矿石制粒效果的影响机制，本章节分别从制粒颗粒形态特征、强度特征、可浸性特征3方面选取关键考察指标，开展定性定量综合评估。关键考察指标及其定义如下所述。

2.6.2.1 制粒颗粒形态特征参数

添加到矿粉中的液态黏结剂类型、浓度、矿石颗粒粒径配比等因素，对制粒颗粒内的液体饱和度水平（呈垂线状、缆索状、毛细状等）有着显著影响，进而影响成型制粒颗粒尺寸等形态特征。由 Ennis[107] 经验方程可知，制粒颗粒尺寸的增长速率取决于黏性斯托克斯数（St_ν）和临界黏性斯托克斯数（St_ν^*）。其中，黏性斯托克斯数（St_ν）为碰撞颗粒的初始动能与通过黏性作用耗散的能量以及临界黏性的比值。当 $St_\nu^* > St_\nu$ 时，颗粒黏结聚集成为主要的生长机制，如式（2-5）和式（2-6）所示。

$$St_\nu = \frac{4\rho u_0 D}{9\mu} \tag{2-5}$$

$$St_\nu^* = \left(1 + \frac{1}{e}\right) \ln\left(\frac{h}{h_0}\right) \tag{2-6}$$

式中，ρ 为颗粒密度，kg/m^3；u_0 为初始相对速度的一半，m/s；D 为颗粒直径，m；μ 为液体黏度，Pa · s；e 为恢复系数；h 为液体表面层的厚度，m；h_0 为表面粗糙度的特征高度，m。

本书借鉴土力学颗粒粒径分析表征方法，选用不均匀系数 C_u、曲率系数 C_c 进行联合表征，对制粒颗粒尺寸分布进行量化，如式（2-3）和式（2-4）所示，不同颗粒级配特征曲线，如图2-13所示。除评价指标 C_u 和 C_c 外，为更好表征制粒颗粒尺寸平均水平，本书同时考察制粒颗粒的平均粒径 d_{50}，即累计50%点的直径（或称50%通过粒径），单位为mm；以及单制粒的颗粒内孔隙率，$\phi_{intra\text{-}particle}$，单位为%。

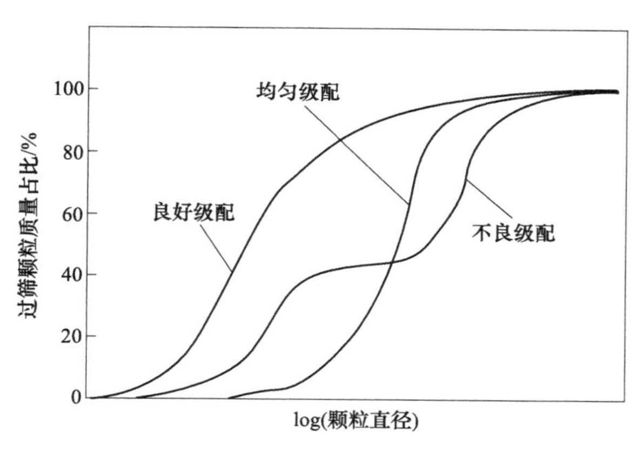

图2-13 不同矿石颗粒粒径分布下级配特征曲线

2.6.2.2 制粒颗粒强度特征参数

非饱和堆饱和度，孔隙率，黏结剂黏度、表面张力、接触角[108,109]等因素共同决定了制粒颗粒的湿强度（Wet agglomerate compressive，σ_c），以及动态强度（Dynamic strength，δ_b），可用式（2-7）和式（2-8）表示。

$$\sigma_c = a \cdot \frac{1-\varepsilon}{\varepsilon} \cdot \gamma \cdot \frac{1}{d_p} \cdot \cos\theta \tag{2-7}$$

$$\delta_p = S_b\left[6\frac{1-\varepsilon}{\varepsilon}\frac{\gamma\cos\theta}{d_p} + \frac{9}{8}\left(\frac{1-\varepsilon}{\varepsilon}\right)^2\frac{9\pi\mu v_p}{16d_p}\right] \tag{2-8}$$

式中，σ_c 和 δ_p 分别为湿团聚体的抗压强度、动态强度，Pa；a 为一个常数；S_b 为孔隙内黏合剂饱和度,%；ε 为相对孔隙率；γ 为表面张力，N/m；d_p 为平均粒径，m；θ 为接触角，(°)；μ 为黏合剂黏度，N · s/m^2；v_p 为遭受冲击后的制粒颗粒速度，m/s。

对于固化后的制粒颗粒（干制粒颗粒）而言，颗粒结构强度是影响工业制粒堆浸的重要指标，如图 2-14 所示。

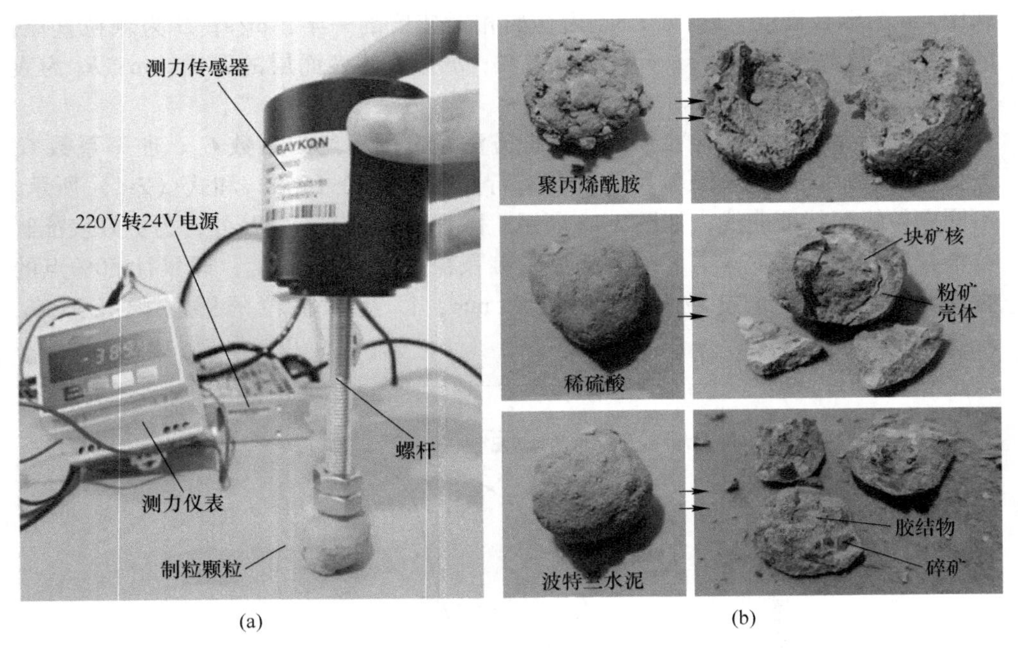

图 2-14 制粒颗粒的结构强度测试装置与损伤破坏形态
（a）结构强度测试装置；（b）结构损伤与破坏

通常而言，可以用单制粒颗粒的断裂应力来表征制粒颗粒的结构强度[110]。测量制粒颗粒最大直径 d、单制粒颗粒的轴向断裂应力 σ_f，获得发生破坏或断裂的最大单轴矿压强度 p_{max}，如式（2-9）所示。

$$p_{max} = \frac{\sigma_f \cdot \pi d^2}{2.8} \tag{2-9}$$

式中，p_{max}为发生破坏或断裂的最大单轴抗压强度，kPa；σ_f 为破坏应力（又称为断裂应力），N；d 为制粒颗粒直径，m。本书采用测力传感器与测力仪表，对制粒颗粒的破坏应力进行测试。在测试过程中，记录制粒颗粒发生结构破坏的轴向、最大破坏应力，利用式（2-9）进行换算，最终获得制粒颗粒的单轴抗压强度。

2.6.2.3 制粒颗粒可浸性特征参数

制粒颗粒可浸性，是指制粒颗粒内有价矿物可被快速、高效溶蚀浸出的特性。对此，本书监测并分析了制粒酸浸过程中溶液铜离子浓度、pH 值变化规律。此外，为尽可能消减可浸实验的溶液量误差，考虑取样和蒸发的溶液损失量，计算铜浸出率，如式（2-10）所示。

$$\eta = \frac{\lambda_1\rho_i + \sum \lambda_2\rho_{i-1}}{m} \tag{2-10}$$

式中，η 为铜浸出率,%；λ_1 为溶液总量，mL；λ_2 为取样和蒸发消耗溶液量；ρ_i、ρ_{i-1} 分别为第 i、$i-1$ 次铜离子浓度；m 为铜总质量。

2.6.3 实验方案设计

2.6.3.1 矿石粒径分布

本书设置 5 组不同矿石粒径分布实验组，采用不均匀系数 C_u、曲率系数 C_c 来联合表征粒径分布特征，见表 2-4。实验组为 E1 至 E5，矿石颗粒尺寸逐步增加，由细颗粒转变为粗颗粒为主；同时，矿石颗粒粒径分布区间跨度由小变大，颗粒间尺寸差异更显著。其他实验条件设置为制粒机转速 90r/min，倾角 20°；黏结剂为稀硫酸溶液，添加浓度为 5%；固化时间为 5d；未添加 $FeCl_3$ 溶液和细菌菌液。

表 2-4 颗粒粒径分布实验方案及其参数设置

粒径分布评价参数					粒径分布特征
d_{10}/mm	d_{30}/mm	d_{60}/mm	C_u	C_c	
0.50	0.54	0.75	1.5	0.8	粒径尺寸小，分布区间小
0.75	1.06	1.50	2	1	粒径尺寸较小，分布区间小
0.80	2.26	3.20	4	2	粒径尺寸适中，分布区间良好
1.05	4.07	6.30	6	2.5	粒径尺寸较大，分布区间良好
1.20	6.79	9.60	8	4	颗粒尺寸大，分布区间较广

2.6.3.2 制粒装置运行参数

结合表 2-3，对制粒装置转速、倾角对制粒效果的影响机制进行分析，主要包括以下两方面：

（1）在相同制粒装置转速条件下，考察制粒装置倾角（5°、10°、15°、20°、30°）对制粒效果的影响机制；

（2）在相同制粒装置倾角条件下，考察制粒装置转速（30r/min、60r/min、90r/min、120r/min、150r/min）对制粒效果的影响机制。

具体实验方案及参数设置，见表 2-5。其他实验条件设置为颗粒粒径分布的不均匀系数为 4，曲率系数为 2；黏结剂为稀硫酸溶液，添加浓度 5%；固化时间为 5d；未添加 $FeCl_3$ 溶液和细菌菌液。

表 2-5 制粒装置参数实验方案及其参数设置

考察因素	实验参数设置				
制粒机倾角/(°)	5	10	15	20	30
制粒机转速/$r\cdot min^{-1}$	30	60	90	120	150

2.6.3.3 黏结剂类型及浓度

结合表 2-3，对制粒黏结剂类型、黏结剂添加浓度（质量分数）的影响机制进行分析，主要包括两方面：

（1）在相同黏结剂添加浓度条件下，考察黏结剂类型（灰泥、稀硫酸、波特兰水泥、羧甲基纤维素、非离子型聚丙烯酰胺）对制粒效果的影响机制；

（2）在相同黏结剂类型条件下，考察黏结剂的添加浓度（0、0.5%、1%、5%、10%）对制粒效果的影响机制。

具体实验方案及参数设置，见表 2-6。其他实验条件设置，包括：颗粒粒径分布的不均匀系数为 4，曲率系数为 2；制粒机转速 90r/min，倾角 20°；固化时间为 5d；未添加 $FeCl_3$ 溶液和细菌菌液。

表 2-6 制粒黏结剂实验方案及其参数设置

考察类别	实验分组	黏结剂类型				
		灰泥	稀硫酸	波特兰水泥	羧甲基纤维素	聚丙烯酰胺
黏结剂类别	E1	1	1	1	1	1
黏结剂添加浓度/%	E2	0，0.5，1，5，10	0	0	0	0
	E3	0	0，0.5，1，5，10	0	0	0

续表 2-6

考察类别	实验分组	黏结剂类型				
		灰泥	稀硫酸	波特兰水泥	羧甲基纤维素	聚丙烯酰胺
黏结剂添加浓度/%	E4	0	0	0, 0.5, 1, 5, 10	0	0
	E5	0	0	0	0, 0.5, 1, 5, 10	0
	E6	0	0	0	0	0, 0.5, 1, 5, 10

2.6.3.4 固化时间

结合表 2-3，对固化时间对制粒效果的影响机制进行分析，具体实验方案及参数设置，见表 2-7。其他实验条件设置，包括：颗粒粒径分布的不均匀系数为 4，曲率系数为 2；制粒机转速 90r/min，倾角 20°；黏结剂为稀硫酸溶液，添加浓度 5%；未添加 $FeCl_3$ 溶液和细菌菌液。

表 2-7 固化时间参数实验方案及其参数设置

考察因素	实验参数设置				
固化时间/d	0.5	1	3	5	7

2.6.3.5 菌液添加浓度

结合表 2-3，对固化时间对制粒效果的影响机制进行分析，具体实验方案及参数设置，见表 2-8。其他实验条件设置，包括：颗粒粒径分布的不均匀系数为 4，曲率系数为 2；制粒机转速 90r/min，倾角 20°；黏结剂为稀硫酸溶液，添加浓度 5%，固化时间为 5d，未添加 $FeCl_3$ 溶液。

表 2-8 菌液浓度参数实验方案及其参数设置

考察因素	实验参数设置				
添加质量分数/%	5	10	15	20	30

2.6.4 矿石粒径分布对矿石制粒的影响

颗粒粒径分布，对矿石制粒成型与可浸性、制粒过程效率具有极其重要影响。本书开展不同粒径分布条件下矿石制粒实验。实验条件：不均匀系数 C_u 为 4，曲率系数 C_c 为 2；倾角 20°，制粒机转速 90r/min、稀硫酸溶液添加浓度 5%。制粒过程制粒颗粒形态与尺寸特征，如图 2-15 所示。

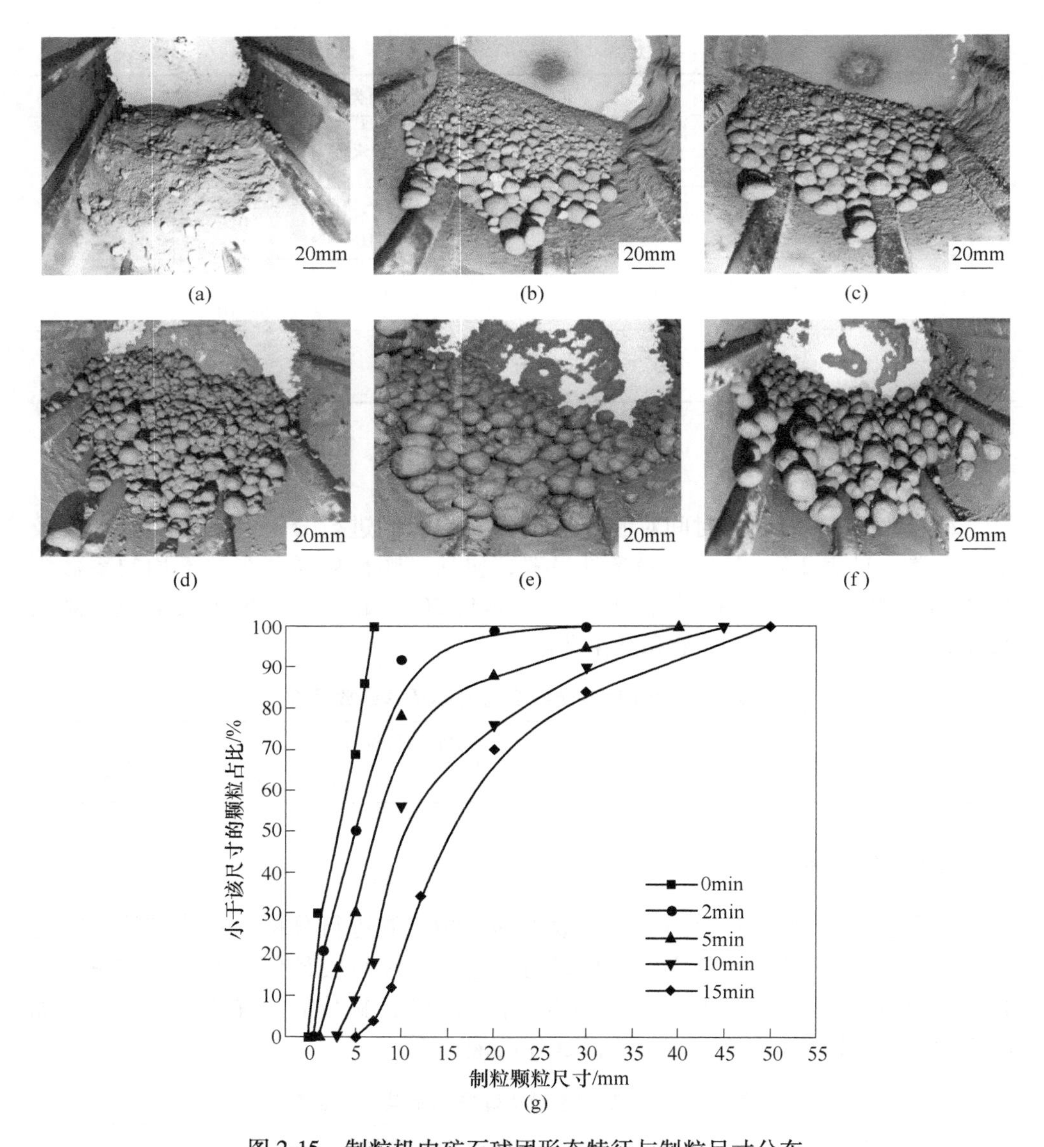

图 2-15　制粒机内矿石球团形态特征与制粒尺寸分布

（a）制粒 0min；（b）制粒 1min；（c）制粒 2min；（d）制粒 5min；（e）制粒 10min；（f）制粒 15min；（g）不同时间制粒颗粒尺寸分布特征

在矿石制粒过程中，稀硫酸溶液不断被喷洒至矿石颗粒表面，相邻矿石颗粒相互碰撞、黏结形成球团，在物理碰撞与化学胶结的共同作用下，制粒球团的尺寸逐步增大。结合图 2-15（g）分析可知：

（1）制粒 2min 时，粉矿逐渐团聚形成成型制粒颗粒，约有 50%制粒的直径大于 5mm 小于 10mm，制粒颗粒的直径均小于 20mm；

（2）在制粒5~10min时，制粒机内部矿石球团不断发育且尺寸增大，直径10mm以上的制粒占比由21%（5min）升至44%（10min）；

（3）在制粒15min时，可获得大量形态良好的矿石颗粒球团。其中，直径大于10mm小于20mm的制粒颗粒约占60%。

对此，开展不同矿石粒径分布条件下矿石制粒规律，以颗粒不均匀系数 C_u 和曲率系数 C_c 为各实验组的差异参数，依据实验方案（见表2-4）开展不同颗粒粒径分布条件下酸浸实验研究，结果如图2-16所示。

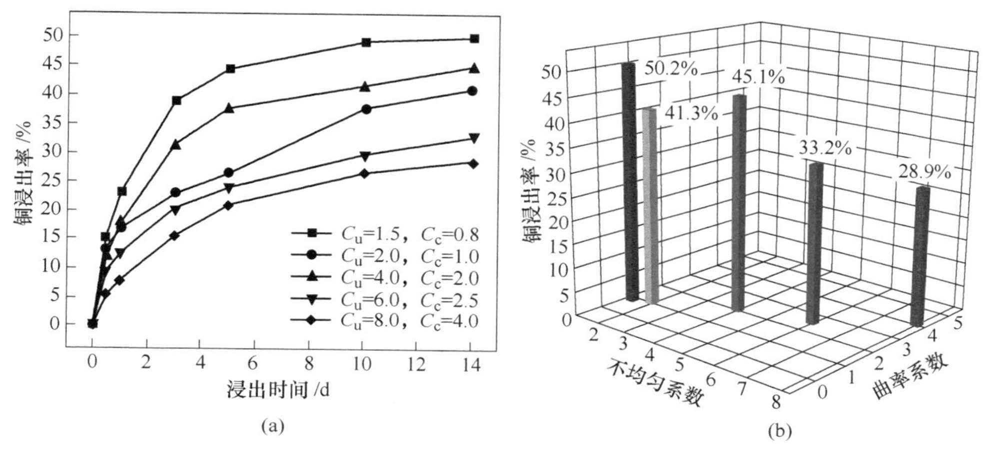

图2-16 颗粒粒径分布（不均匀系数、曲率系数）对制粒浸出效率的影响

由图2-16（a）可见，不同颗粒粒径配比下制粒颗粒的浸出效果存在显著差异，铜矿物在浸矿初期被快速溶蚀浸出。具体而言，当入料颗粒尺寸偏小且区间适中时（$C_u=4.0$，$C_c=2.0$），制粒机内部以细碎矿石为主，制粒颗粒形态与可浸性良好，浸矿14d铜浸出率达45.1%；当入料颗粒尺寸过小时（$C_u=1.5$，$C_c=0.8$），制粒机内部矿石以细粉颗粒为主，颗粒黏结效果与浸出较好，浸矿14d铜浸出率达50.2%，但酸浸过程极易发生结构崩解；当入料颗粒尺寸较大（$C_u=6.0$，$C_c=2.5$）时，制粒机内部矿石以大块颗粒为主，制粒成型效果不佳、浸出效果差，浸矿14d铜浸出率仅为28.9%。

进一步对比不同粒径分布条件下制粒颗粒的强度结构特征，如图2-17所示。研究发现，当入料颗粒粒径尺寸小，分布区间小（$C_u=1.5$，$C_c=0.8$）时，制粒颗粒主要由粉矿颗粒组成，孔隙结构较疏松，单轴抗压强度仅为24.3kPa；当入料颗粒尺寸分布适中（$C_u=4.0$，$C_c=2.0$）时，结构强度较高，单轴抗压强度达40.9kPa；当入料颗粒尺寸较大（$C_u=8.0$，$C_c=4.0$）时，制粒通常为大块碎矿，结构强度有一定程度提高，可达47.3kPa。

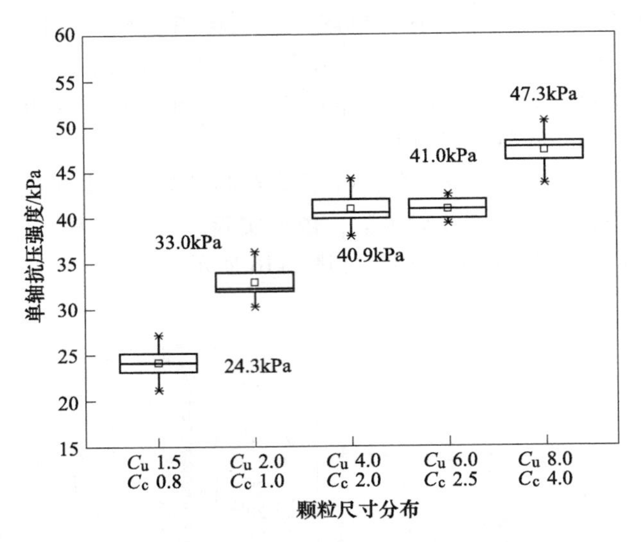

图 2-17　不同尺寸分布条件下制粒颗粒单轴抗压强度

2.6.5　化学黏结剂对矿石制粒的影响

黏结剂的类型和添加浓度，是影响矿石制粒效果的重要因素。不同黏结剂类型对制粒黏结机制存在显著差异，相同黏结剂类型不同添加浓度下矿石制粒效率不同，依据表 2-6，开展不同黏结剂下矿石制粒实验。

2.6.5.1　黏结剂类型

为更好地揭示不同黏结剂作用下矿石制粒过程差异，对比不同黏结剂下制粒机内矿石球团形态。实验中，不均匀系数 C_u 为 4，曲率系数 C_c 为 2；倾角 20°、转速 90r/min、添加浓度 5%。不同黏结剂类型下制粒颗粒群形态（1min、5min 和 15min）与尺寸特征（15min），如图 2-18 所示。

结合图 2-18 可知，不同黏结剂对矿石颗粒黏结效率存在显著差异，宏观表现为矿石颗粒球团数量、形态、尺寸分布特征等因素不同，其中，采用波特兰水泥、稀硫酸、灰泥时颗粒黏结效果较好，所获制粒颗粒的尺寸较大且较为均匀；采用羧甲基纤维素、聚丙烯酰胺时黏结效果较差，所获制粒颗粒存在尺寸过小或过大，尺寸不均等不良现象。

依据图 2-18（f），当采用灰泥、稀硫酸和波特兰水泥时，制粒 15min 后可获得形态结构良好的成型制粒颗粒，以灰泥为例，制粒 15min 后直径 10mm 以上、20mm 以下的成型颗粒占 55%；然而，羧甲基纤维素和聚丙烯酰胺的制粒颗粒尺寸均匀度较差，以聚丙烯酰胺为例，制粒 15min 后以细颗粒与大尺寸制粒为主

[见图2-18（e）]，直径10mm以下的制粒约占60%，直径20mm以上的制粒约占16%。宏观表现为前者制粒颗粒偏小，黏结性较差，后者制粒颗粒偏大，黏结性过高，导致制粒颗粒间尺寸差异较大，且不同颗粒间不良黏结现象普遍。

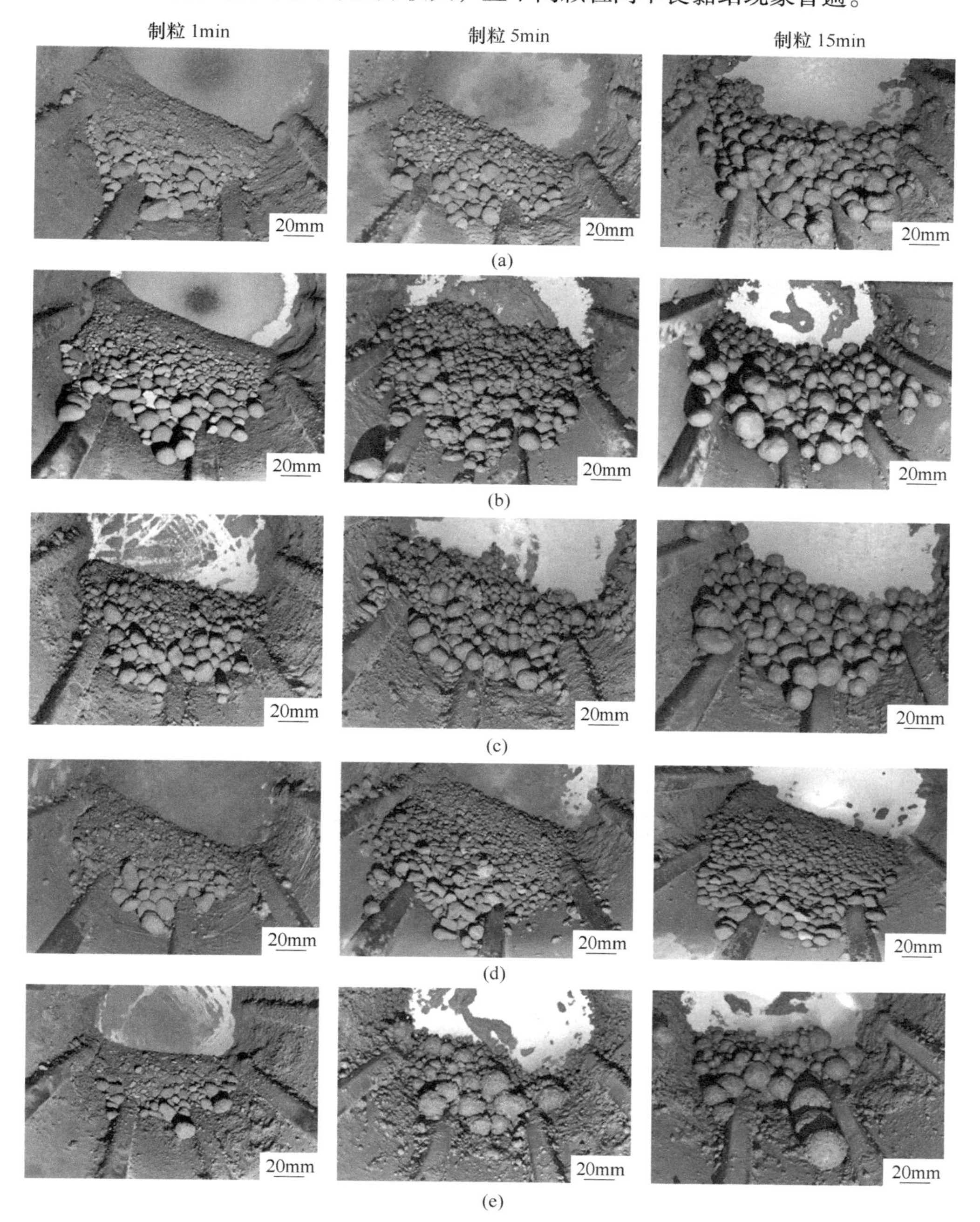

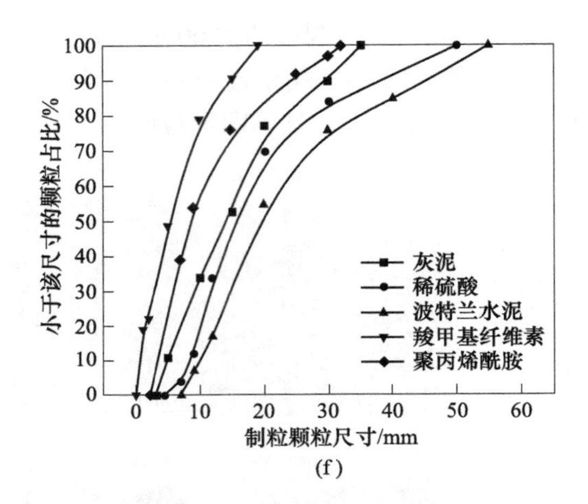

图 2-18 不同黏结剂下制粒机内制粒形态与尺寸特征

(a) 灰泥；(b) 稀硫酸；(c) 波特兰水泥；(d) 羧甲基纤维素；(e) 聚丙烯酰胺；(f) 不同黏结剂种类下制粒颗粒尺寸分布

为进一步对比制粒颗粒可浸性，选取颗粒尺寸相同的各类黏结剂作用下的制粒颗粒，经 7d 固化时间后，进行酸浸实验。获得铜浸出率与酸性浸出时间的关系，如图 2-19 所示。

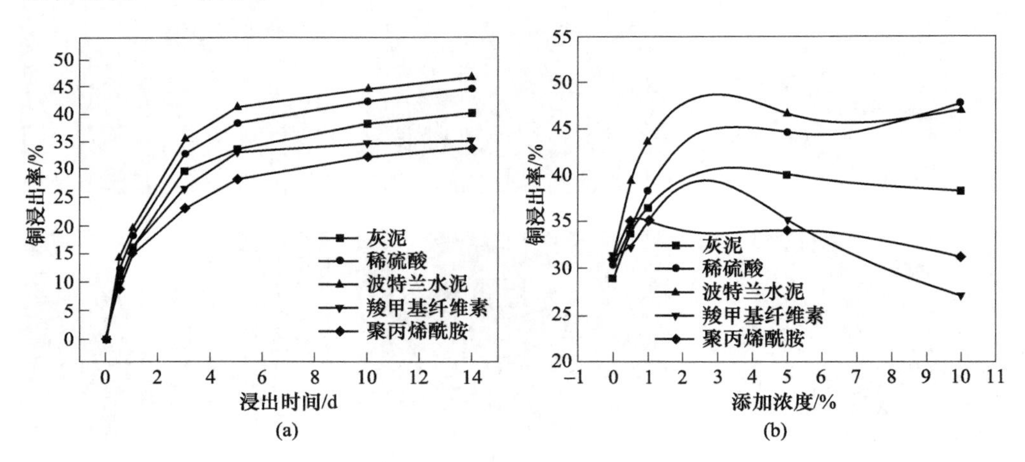

图 2-19 不同黏结剂种类条件下铜浸出率变化规律

(a) 不同浸出时间；(b) 不同添加浓度

如图 2-19 (a) 所示，采用波特兰水泥作为黏结剂时，矿石制粒颗粒的浸出效果最佳，酸浸 14d 后铜浸出率峰值为 46.7%；同时，采用稀硫酸作为黏结剂时制粒颗粒的浸出率较高，酸浸 14d 后铜浸出率可达 44.6%；然而，采用羧甲基纤维素和聚丙烯酰胺时，铜浸出效果不佳，酸浸 14d 后铜浸出率仅约为 35%。基于

图 2-19（b）可知，在相同添加剂种类、不同添加浓度条件下，矿石制粒效率存在差异。对于波特兰水泥、灰泥和稀硫酸而言，增加添加浓度会一定程度地提升制粒颗粒浸出效率；但对于羧甲基纤维素和聚丙烯酰胺而言，当添加浓度过高时，其铜浸出率不增反降。比如，当聚丙烯酰胺的添加浓度由 5%增加至 10%时，酸浸 14d 铜浸出率由 34. 1%下降至 31. 2%。

结合制粒颗粒结构特征（见图 2-20）可知，基于差异性的颗粒黏结机理与效果，不同黏结剂作用下制粒颗粒的抗压强度差异显著。其中，灰泥、稀硫酸、波特兰水泥等作为黏结剂时，单轴抗压强度介于 38. 6~47. 4kPa，以稀硫酸为例，其固化 7d 后单轴抗压强度为 41. 7kPa；采用聚丙烯酰胺时制粒颗粒的结构强度显著提升，固化 7d 后的单轴抗压强度超过 68kPa。

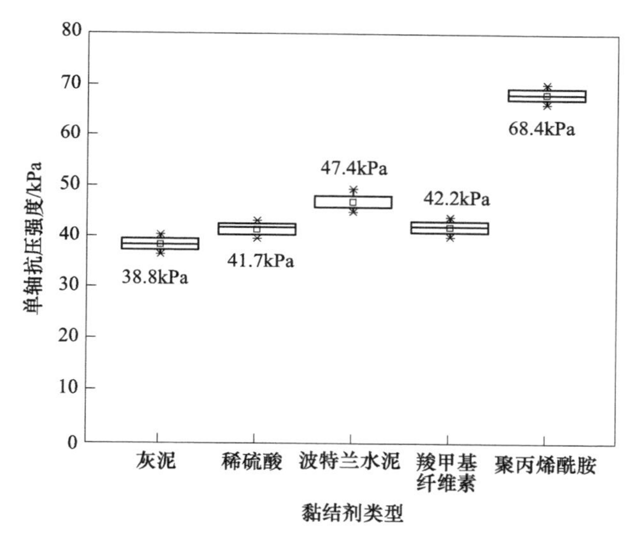

图 2-20 不同黏结剂类型条件下制粒颗粒结构强度特征

就非离子型聚丙烯酰胺而言，其被广泛应用于颗粒黏结、细粒尾砂絮凝等过程，适于溶液 pH 值为 1~8。当黏结剂为聚丙烯酰胺时颗粒黏结效果良好，粉状颗粒遇水后形成絮状黏结物，迅速与周边粉、细颗粒黏结，如图 2-21 所示，这是由于矿石中二氧化硅发生水解，在颗粒表面形成羟基（—OH），pH 值 2. 0 时催生氢键受体，形成表面硅烷醇基团（—Si—OH）[111]。采用非离子聚丙烯酰胺可有效减轻制粒表面的细颗粒剥离，减少制粒结构损伤。

2. 6. 5. 2 黏结剂添加浓度

在相同黏结剂种类条件下，不同黏结剂添加浓度是影响制粒过程效率与最终效果的重要因素，如图 2-22 所示。

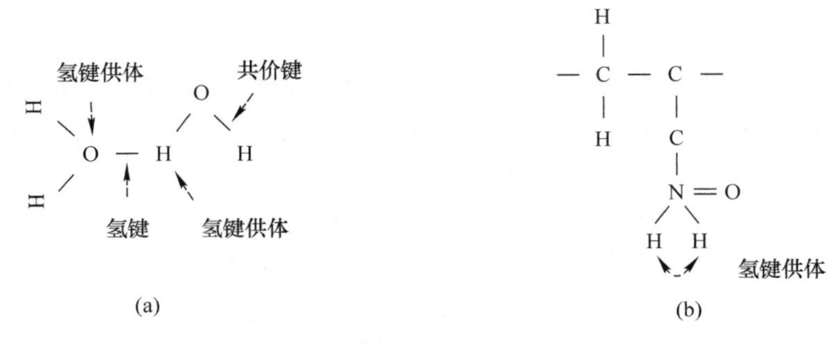

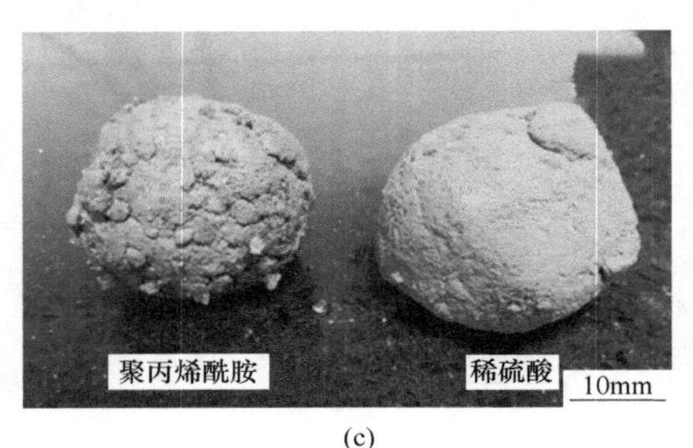

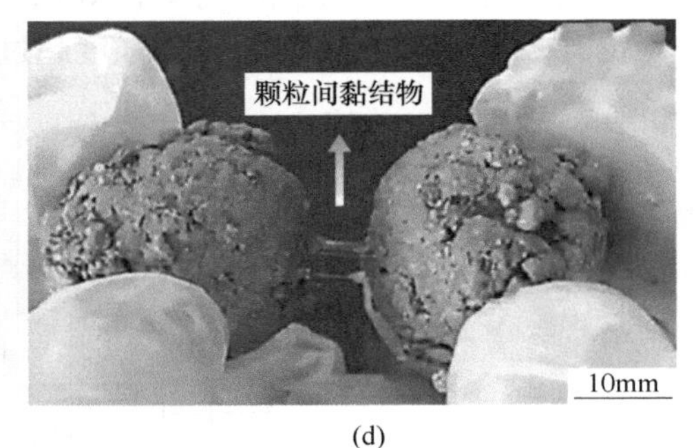

图 2-21　不同黏结剂作用下氢键连接类型与宏观黏结现象

（a）水分子间的氢键连接；（b）聚丙烯酰胺的氢键连接；

（c）不同黏结剂下制粒颗粒形态；（d）制粒颗粒间黏结现象

黏结剂添加浓度与颗粒黏结效率呈正相关，但不同黏结剂对矿石制粒颗粒可浸性影响的差异较大，改变黏结剂添加浓度直接影响制粒的浸出效率。由图 2-22（b）、（c）可知，当黏结剂种类为稀硫酸、波特兰水泥时，添加浓度对制粒颗粒可浸性的影响较为明显。

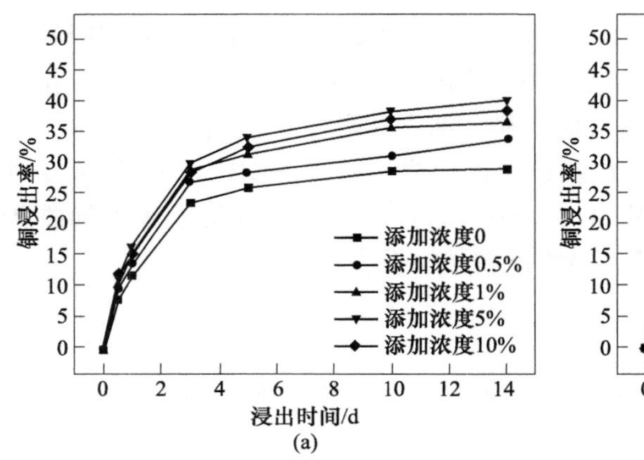

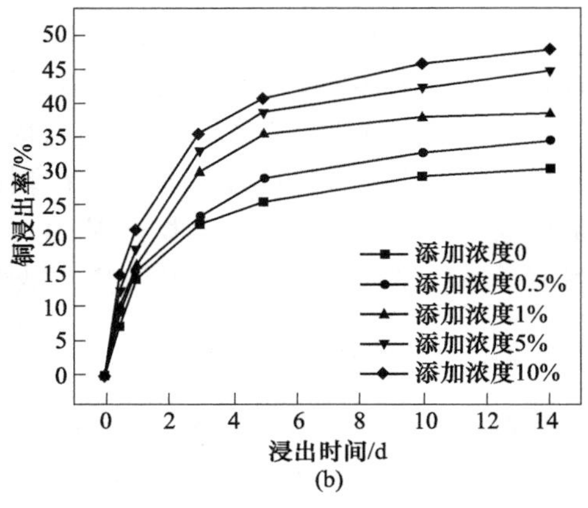

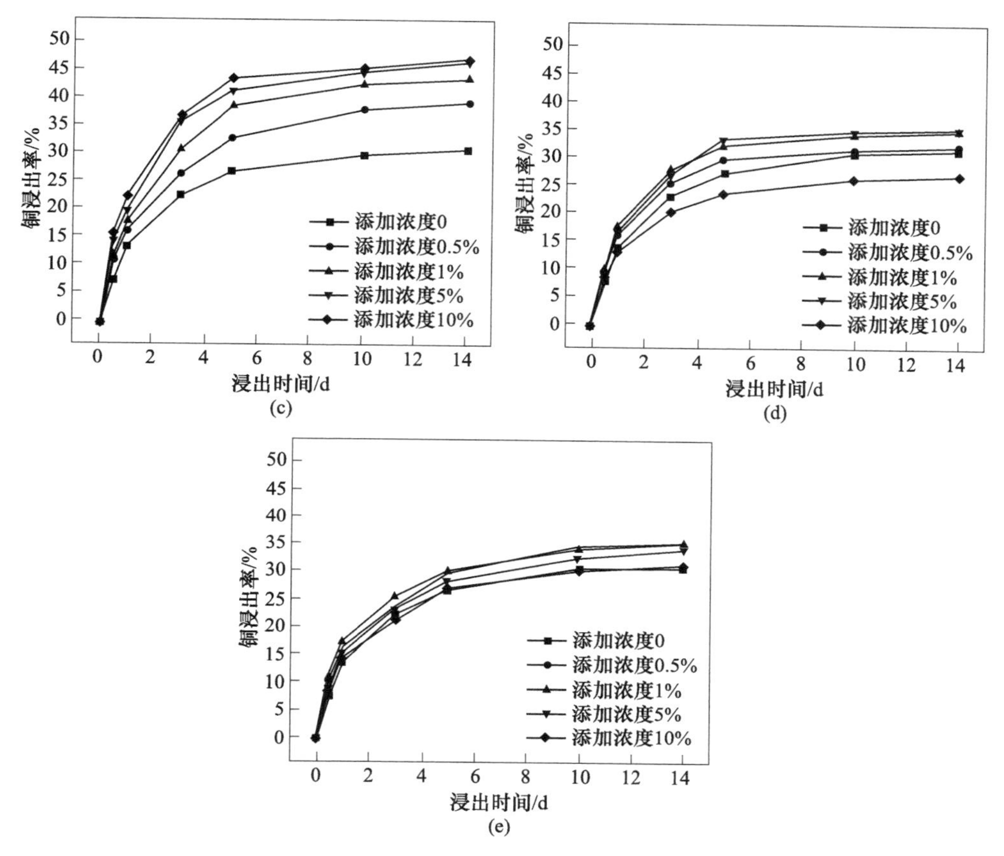

图 2-22 不同黏结剂作用下添加浓度随铜浸出率的变化规律

(a) 灰泥；(b) 稀硫酸；(c) 波特兰水泥；(d) 羧甲基纤维素；(e) 聚丙烯酰胺

以稀硫酸为例，饱和酸浸 14d 后铜浸出率达 47.8%（添加浓度 10%），远高于 30.4%（添加浓度 0.5%）；反之，对于有机或高分子黏结剂（羧甲基纤维素、聚丙烯酰胺）而言，饱和酸浸 14d 后铜浸出率较低且添加浓度影响较小。以聚丙烯酰胺为例，饱和酸浸 14d 后铜浸出率仅为 31.2%（添加浓度 10%），与 30.9%（添加浓度 0.5%）相差较小。

不同黏结剂添加浓度条件下颗粒间黏结效率存在差异，进而对制粒颗粒结构强度和浸出效率产生间接影响，如图 2-23 所示。结果表明，提高制粒过程中黏结剂的添加浓度，可有效提高制粒颗粒的结构强度，但是，不同黏结剂对添加浓度变化的敏感度存在差异。

以稀硫酸为例，固化 7d 后，制粒颗粒的单轴抗压强度由 32.6kPa（添加浓度 0.5%）提高至 48.3kPa（添加浓度 10%）。此外，在本书考虑的 5 种黏结剂中，聚丙烯酰胺对添加浓度最为敏感，该条件下固化 7d 后制粒颗粒的单轴抗压强度由 41.3kPa（添加浓度 0.5%）显著提高至 78.5kPa（添加浓度 10%）。

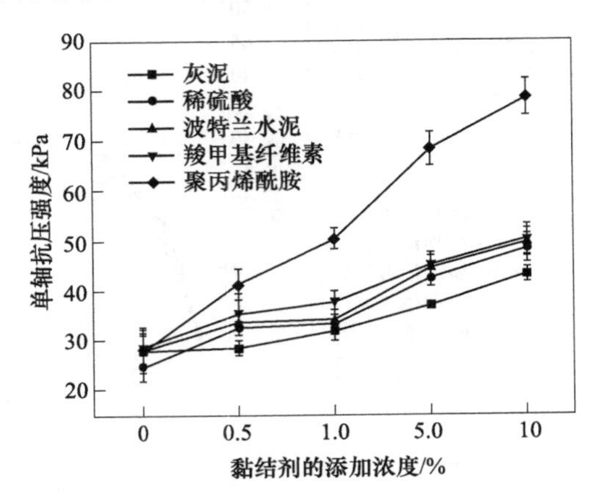

图 2-23　不同黏结剂浓度和种类条件下制粒结构强度特征

2.6.6　制粒机转速对矿石制粒的影响

在制粒机制粒过程中，粗、细颗粒在制粒鼓内发生周期性抛掷运动，并不断碰撞发生黏结和冲击破坏，液桥形成，颗粒聚结、制粒破裂与重组是必不可少的关键步骤。因此，制粒机的转动速率，直接影响了制粒过程中粉矿颗粒间的有效碰撞及制粒机的制粒效率[112]，间接地影响粗细颗粒间黏结效率、抗压强度与制粒颗粒的可浸性，是制粒装置的重要参数之一。

对此，本书重点探究了不同制粒机转速对颗粒可浸性与颗粒强度的影响机制，设置制粒机转速为 30r/min、60r/min、90r/min、120r/min 和 150r/min，均为固定转速，依据表 2-5 开展酸浸实验研究，结果如图 2-24 所示。

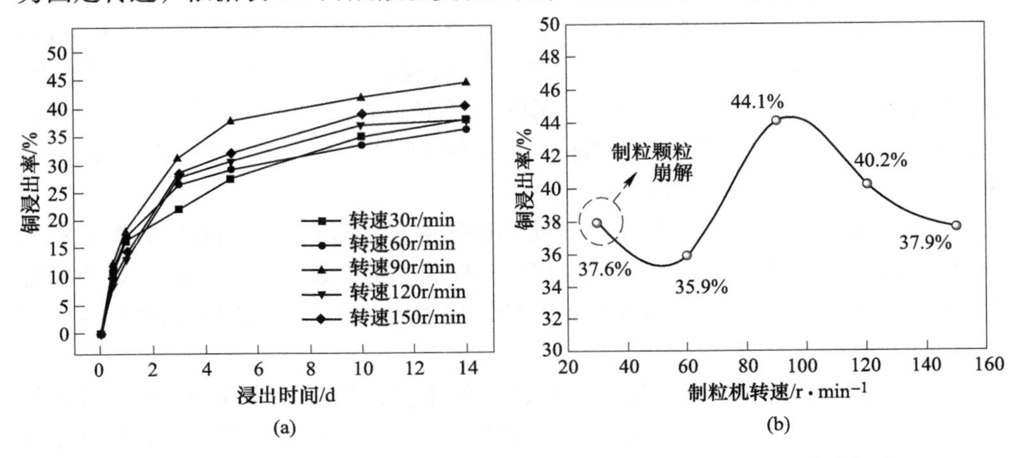

图 2-24　不同制粒机转速条件下制粒酸浸中铜浸出率随浸出时间变化规律

制粒机转速对制粒颗粒的酸浸过程铜浸出率的影响是较为显著的，存在着最优转速或最优转速区间。由图 2-24 可见，当制粒机转速为 90r/min 时制粒颗粒的可浸性是最优的，数据表明，饱和酸浸实验 14d 后铜浸出率可达 44.1%；然而，当制粒机转速较小或较高时，制粒颗粒的酸浸效果不佳。酸浸 14d 时，较低制粒机转速（30r/min）的酸浸效果不佳，制粒崩解破坏，铜浸出率仅为 37.9%；较高制粒机转速（150r/min）时制粒结构密实，酸浸效果不良，铜浸出率仅为 37.6%，均显著低于转速 90r/min 条件下铜浸出效率。

结合宏观观测（见图 2-25）与结构强度测试（见图 2-26），对不同转速条件下制粒效果的影响机制进行对比研究。

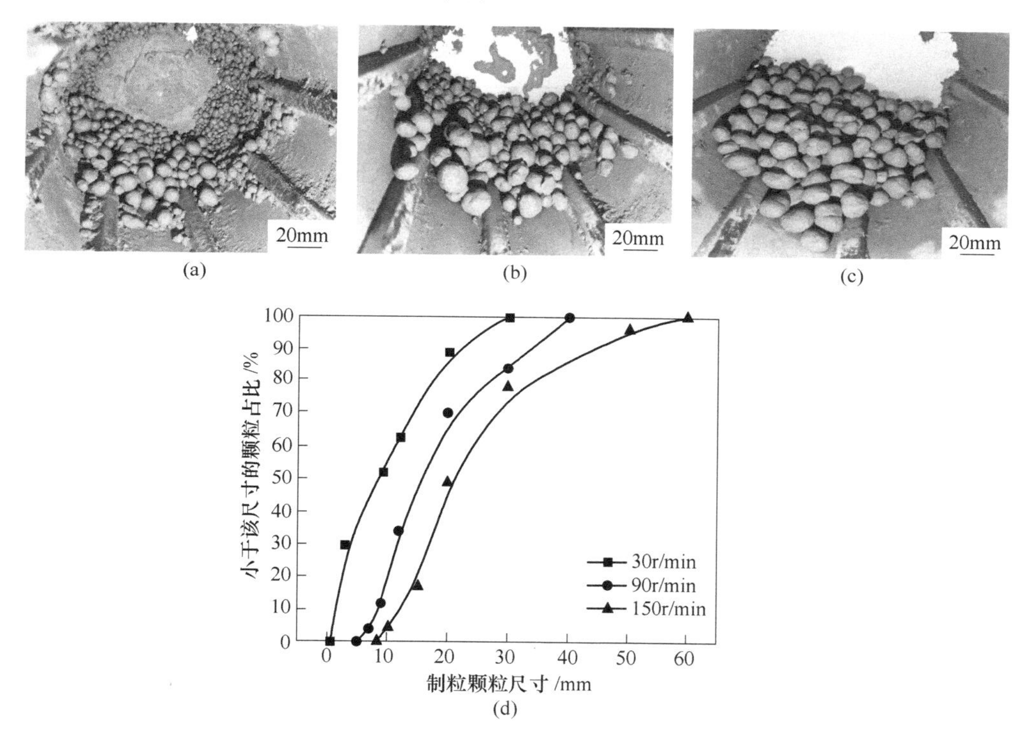

图 2-25 低、中、高转速条件下制粒颗粒形态特征与尺寸分布

（a）制粒机转速 30r/min；（b）制粒机转速 90r/min；（c）制粒机转速 150r/min；（d）不同制粒机转速条件下制粒颗粒尺分布

研究发现：（1）在低转速条件（30r/min）下，相邻颗粒间的黏结碰撞作用较弱，颗粒黏结速率较低，宏观表现为制粒颗粒平均尺寸较小，并且大量黏附在制粒滚筒的内壁［见图 2-25（a）］，颗粒结构强度较低（见图 2-26），仅为 31.6kPa，制粒颗粒易发生崩解；（2）在中等转速条件（90r/min）下，颗粒黏结碰撞作用较强，颗粒黏结效率高，形成颗粒尺寸分布良好的成型矿石球团［见

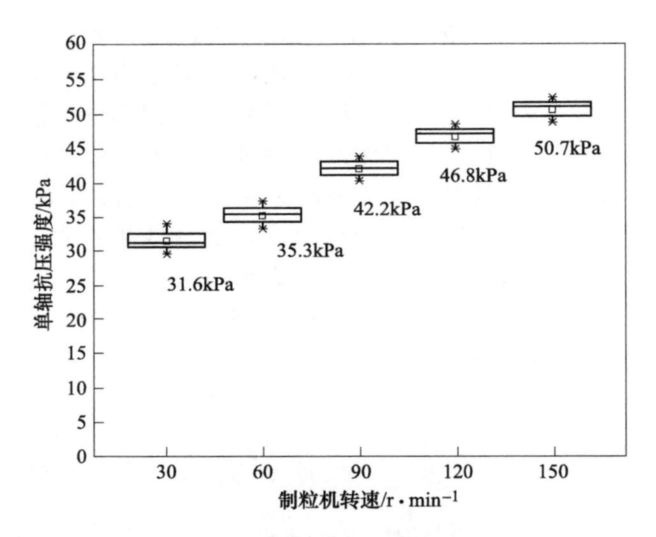

图 2-26　不同制粒机转速下制粒颗粒结构强度特征

图 2-25（b）]，结构强度良好，可达 42. 2kPa；（3）在较高转速条件（150r/min）下，制粒滚筒内部颗粒剧烈碰撞和物理压实黏结，并在黏结剂的作用下发生化学胶结，形成的颗粒尺寸较大且较为均一［见图 2-25（c）]，颗粒结构强度较高，可达 50. 7kPa。

2. 6. 7　制粒机倾角对矿石制粒的影响

为提高颗粒碰撞效率和成型矿石球团滚动，工业矿石制粒机通常具有一定的固定倾角，通常为 5°~30°。对此，本书进一步探究制粒机倾角对矿石制粒效果的影响机制，如图 2-27 所示。

（1）当制粒机倾角较小（5°）时，矿石制粒颗粒的尺寸较小，制粒 15min 时 45%的制粒颗粒尺寸大于 10mm，酸浸 14d 后铜浸出率为 35. 8%。

（2）当制粒机倾角适中（20°）时，制粒颗粒尺寸较为适中，制粒 15min 时约有 50%的制粒颗粒尺寸介于 10~20mm 之间，制粒效率较高，酸浸效果最佳，峰值铜浸出率为 47. 3%。

（3）当制粒机倾角较大（30°）时，制粒颗粒尺寸最大，制粒 15min 时约有 50%的制粒颗粒尺寸介于 15~30mm 之间，矿石制粒效率较高，酸浸 14d 后铜浸出率为可达 43. 6%。由图 2-27（c）可见，制粒机倾角为 20°和 30°时，制粒颗粒尺寸较大、形态良好，但前者铜浸出效率较后者高约 4. 7%。

开展制粒颗粒结构强度研究，如图 2-28 所示。当制粒机倾角由 5°提升至 30°时，制粒颗粒结构强度有效改善，经制粒 15min 和固化 7d 后，其单轴抗压强度

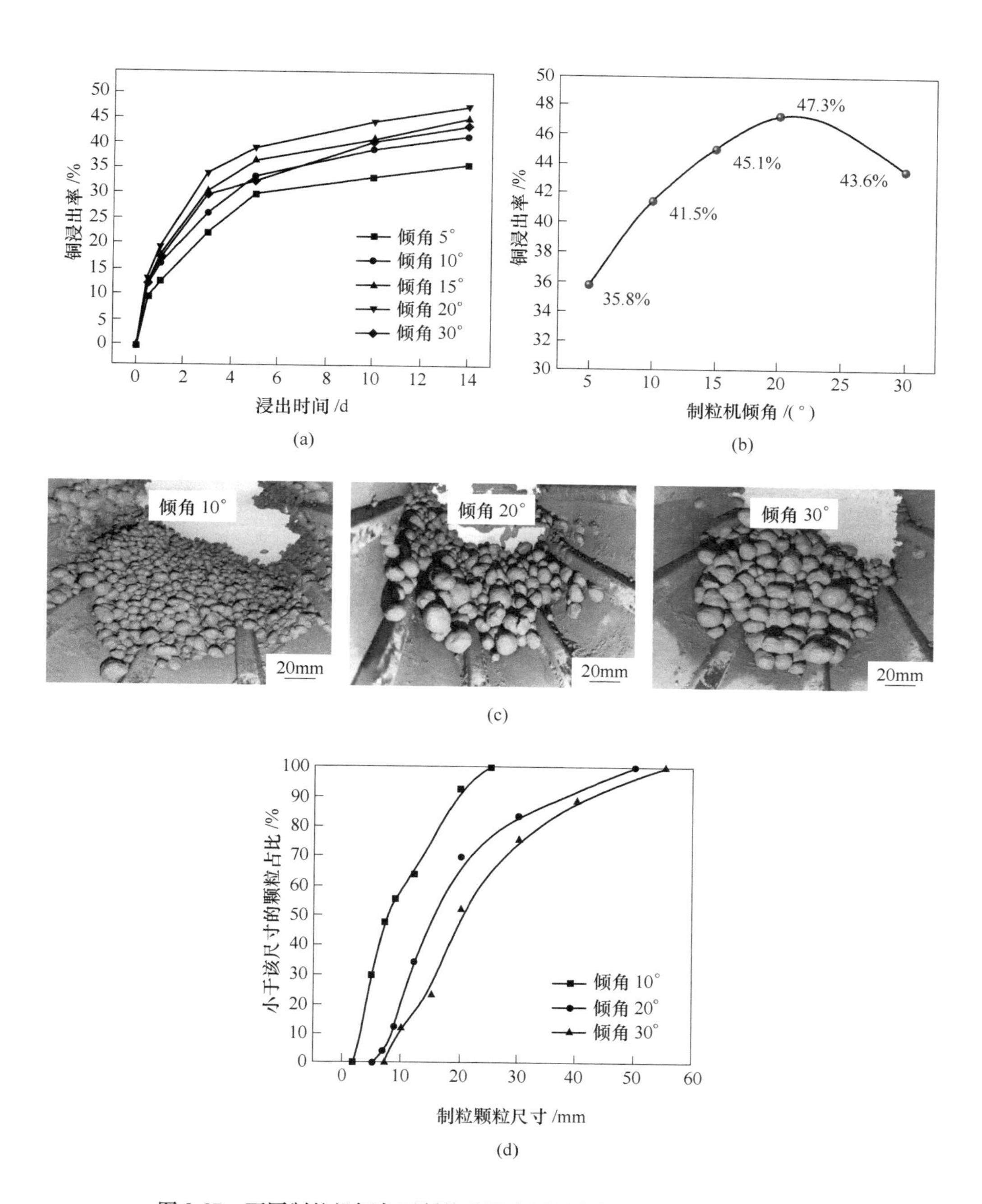

图 2-27 不同制粒机倾角下制粒酸浸中铜浸出率随浸出时间变化规律

（a）不同制粒机倾角下浸出时间与铜浸出率的关系；（b）制粒机倾角与铜浸出率的关系；（c）不同制粒机倾角下制粒颗粒形态特征；（d）不同制粒机倾角条件下制粒尺寸分布特征

由 37.1kPa 提高至 41.5kPa。这表明，提高制粒机倾角可有效强化颗粒间碰撞黏结作用和制粒效率，但制粒倾角过大时易导致制粒颗粒尺寸偏大，结构过于密实，不利于制粒浸出过程。

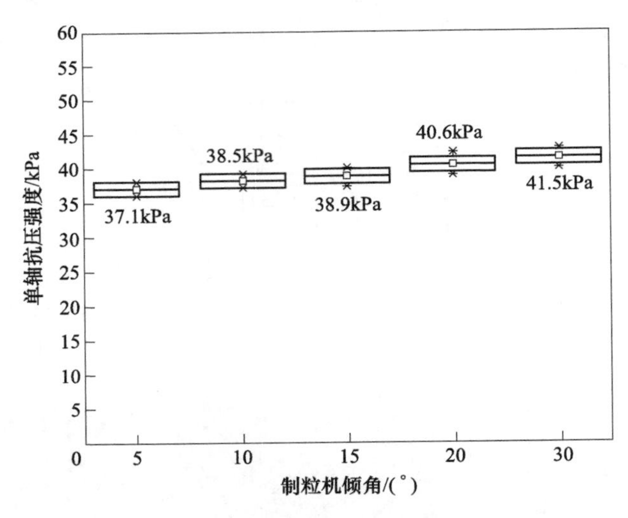

图 2-28　不同制粒机倾角下制粒颗粒结构强度特征

2.6.8　固化时间对矿石制粒的影响

矿石颗粒在制粒机内充分混合形成了形态良好、具有一定自立强度的制粒颗粒。此时制粒颗粒为润湿状态、结构强度低，遇酸液容易发生崩解。因此，工业上通常在制粒作业完成后将制粒颗粒在一定温度、湿度条件下进行静置，该阶段某些硅酸盐矿物脱水[113]，如式（2-11）所示。

制粒过程实现了制粒颗粒的脱水与固结，该过程所需的静置时间即为固化时间，这直接影响着制粒颗粒可浸性与结构强度[114]。

$$\begin{array}{ccc} \mathrm{H} & & \mathrm{H} \\ | & & | \\ \mathrm{O} & & \mathrm{O} \\ | & & | \\ -\mathrm{Si} & -\mathrm{O}- & \mathrm{Si}- \end{array} \longrightarrow \begin{array}{ccc} & \mathrm{O} & \\ \diagup & & \diagdown \\ -\mathrm{Si} & -\mathrm{O}- & \mathrm{Si}- \end{array} + H_2O \tag{2-11}$$

本书探究固化时间分别为 0.5d、1d、3d、5d 和 7d 的制粒颗粒浸出与结构特征，如图 2-29 和图 2-30 所示。

研究表明，制粒固化时间与制粒效果成正相关，随着固化时间增长，制粒颗粒酸浸过程中铜浸出率显著提高。固化时间 0.5d 时，酸浸 14d 铜浸出率仅为 32.2%；然而当固化时间为 7d 时，制粒酸浸 14d 铜浸出率达 47.6%。分析认为，

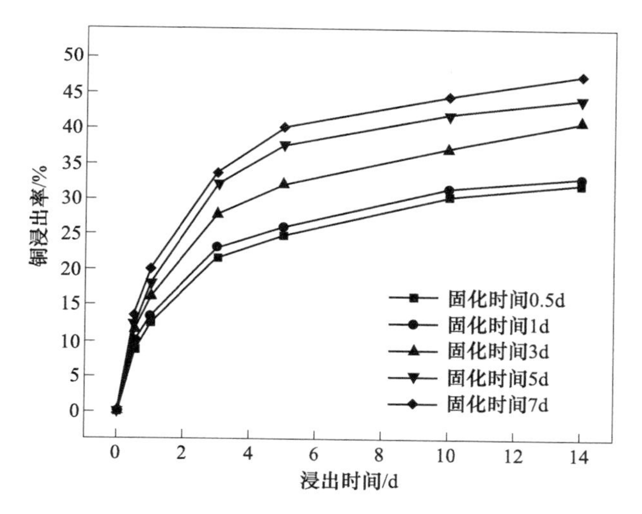

图 2-29 不同固化时间条件下制粒颗粒铜浸出率随浸出时间变化规律

当固化时间较长时，颗粒内硫酸与矿物反应生成多孔产物层，提高了颗粒内孔隙的发育程度，为酸浸反应提供了良好反应空间；当固化时间较短时，制粒颗粒酸浸后表面容易形成难溶硫化物钝化层，阻碍制粒颗粒内矿物的持续浸出。结合前人研究[115]推断可知：在固化过程中，硫酸与白云母，钠长石和珍珠粉的反应可能发生在颗粒表面，然而，硫酸与斜绿石的反应不仅发生在颗粒表面而且遍及整个颗粒，反应产物是硫酸镁，硫酸铁和硫酸铝。此外，铜和铁的氧化物与硫酸反应生成硫酸铜和硫酸铁。

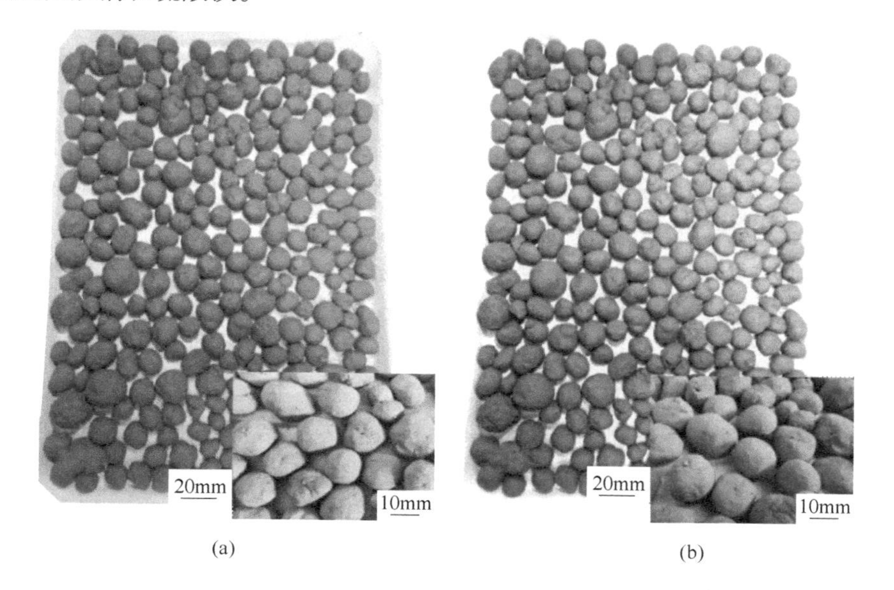

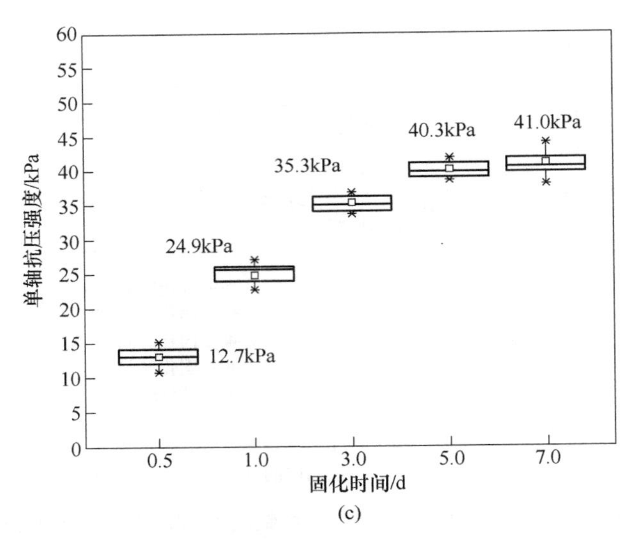

(c)

图 2-30 不同固化时间下制粒颗粒宏观形态与结构强度特征

(a) 固化 0d；(b) 固化 7d；(c) 结构强度

此外，需要说明的是在固化时间较短时，实验观察发现部分制粒颗粒结构发生破坏，产生不良裂隙，甚至出现制粒颗粒崩解，虽然可使铜浸出率有效提升，但对于实际制粒矿堆而言，这种制粒颗粒崩解会导致流动路径堵塞和矿堆压实，由此催生了大量溶液优先流和矿堆表面径流，最终导致制粒矿堆的整体浸出率不佳，因此，颗粒结构破坏导致的崩解是需要规避的。

2.6.9 细菌菌液对矿石制粒的影响

对于复杂硫化铜矿而言，工业上常采用细菌强化浸出措施。为进一步考察在制粒过程中预添加细菌菌液对制粒效果的影响机制，依据表 2-8 的实验设计，本书对比研究了添加浓度分别为 5%、10%、15%、20%和 30%条件下的制粒可浸性与结构特征，结果如图 2-31 和图 2-32 所示。

研究发现，添加菌液可在一定程度上提高矿石浸出效率，但不同菌液添加浓度条件下制粒浸出效果差异较小。其中，浸出 14d 后，各实验组的铜浸出率介于 43.3% ~ 46.1%之间，峰值浸出率在添加浓度为 30%处取得；并且，制粒颗粒结构强度特征差异较小，干制粒颗粒的单轴抗压强度主要介于 41.0 ~ 42.3kPa 之间。换言之，外加菌液对制粒颗粒可浸性和制粒颗粒结构强度特征的影响较小。分析认为，添加菌液无法强化浸出的原因主要是其细菌活性受环境扰动明显，固化过程的环境较为干燥，缺乏菌液生存的有效载体，易导致浸矿细菌大量消亡，难以对固化后的制粒浸出过程形成强化作用。

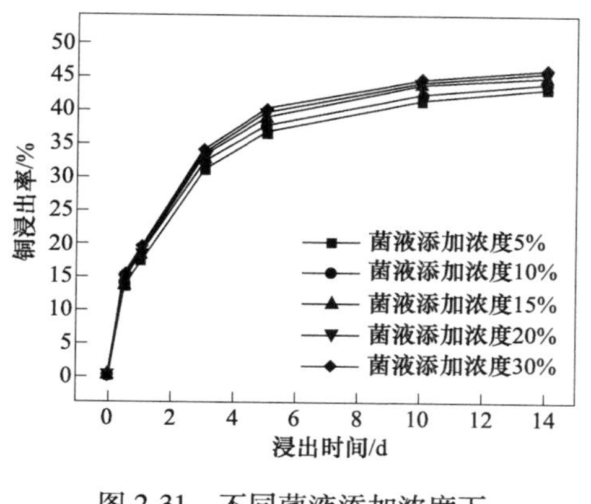

图 2-31 不同菌液添加浓度下的铜浸出率

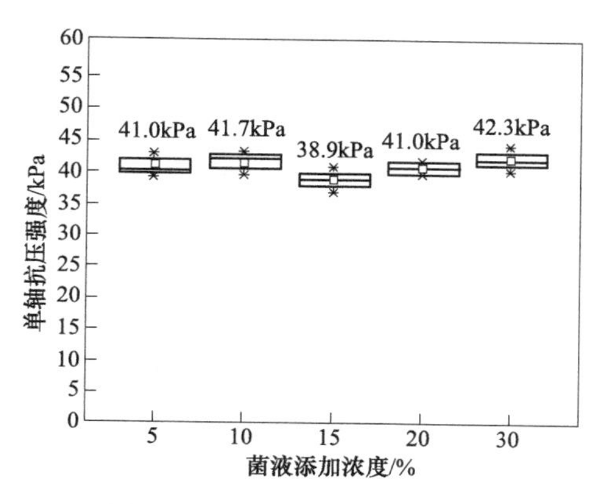

图 2-32 细菌菌液对制粒颗粒结构强度的影响

2.7 基于CCD法的矿石制粒条件优选实验

2.7.1 中央复合设计法（CCD法）

矿石制粒过程受到制粒机转速、倾角、黏结剂种类、黏结剂浓度、固化时间等多因素、多水平的共同影响，如果采用全因子组合实验开展研究，存在实验组过多，因素关联性差等难题，不利于开展最优制粒条件遴选。

为探究多个输入变量与化学制程产出值间的关系，1951 年，英国 Box 和 Wilson 提出了中央复合设计法（Central composite design，CCD），这是一种最常用的二度阶实验设计，能够评估各因素间的非线性影响，预估所有主效果、双向交互作用和四分条件，结合响应曲面分析可以实现多因素、多水平综合考察。如图 2-33 所示，它由立方体点、中心点和星点组成。

（1）立方点。即：两水平对应的-1、+1 点，各点坐标皆为-1、+1，在 k 个因素的情况下，共有 2^k个立方点。

（2）星点。除一个坐标为$-\alpha$ 或$+\alpha$，其余坐标为 0，主要分布在轴上，在 k 个因素的情况下，共有 $2k$ 个轴向点；其中，α 的选取与因素数量 k 相关，如式（2-12）所示。

$$\alpha = 2^{\frac{k}{4}} \tag{2-12}$$

（3）中心点。即设计中心，坐标皆为 0。

当前，中央复合设计法主要包括：中央复合外切（Central composite circumcribed design，CCC）、中央复合有界设计（Central composite inscribed design，CCI）和中央复合表面设计（Central composite cace-central design，CCF）3 类，分别具有如下特征：

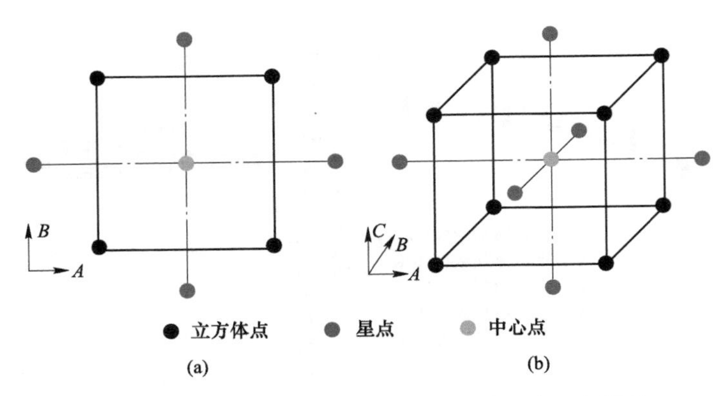

图 2-33 中央复合设计法立方点、星点和中心点结构
(a) 两因素；(b) 三因素

(1) 中央复合外切设计（CCC），可实现实验的序贯性，即在一次立方点上已做过的实验结果，在后续的设计中继续使用；

(2) 中央复合有界设计（CCI），已开展的实验点后续实验设计中不能再次使用，失去了实验的序贯性；

(3) 中央复合表面设计（CCF）。失去了旋转性，保留了序贯性。

综上所述，本书将采用中央复合外切设计法（CCC）对制粒影响因素进行进一步遴选，确定最优的矿石制粒因素水平。

2.7.2 优选实验方案

利用 Design Expert 软件，基于 CCD 法对各影响因素进行组合实验，确定制粒干强度和铜浸出率两大因变量，对制粒过程的最优条件进行筛选。利用 2.6 节中单因素实验研究结果表明，影响制粒效果的影响因素主要为制粒机转速、制粒机倾角、固化时间、黏结剂添加浓度；此外，确定采用矿石粒径分布条件（C_u=4.0，C_c=2.0），黏结剂为 1.0mol/L 稀硫酸溶液，固化过程中添加水量为 10%，不添加细菌菌液。

对此，考虑 4 因素 3 水平（见表 2-9），利用中央复合设计法（CCD 法）并基于 Design Expert 11.0 平台进行制粒实验设计，见表 2-10。

表 2-9 待优选的关键因素及其水平

关键因素	因素水平		
制粒机转速/r · min^{-1}	60	90	120
制粒机倾角/(°)	10	20	30
固化时间/d	1	5	7
黏结剂添加浓度/%	5	10	15

表 2-10 基于CCD法的制粒因素实验设计与实测结果

分组	实验因素与参数设置				实验实测结果	
	制粒机转速 /r · min^{-1}	制粒机倾角 /(°)	固化时间 /d	黏结剂浓度 /%	铜浸出率 /%	单轴抗压强度/kPa
1	60	10	1	5	39.3	23.2
2	90	0	4	10	45.1	29.8
3	90	20	4	10	48.5	33.9
4	150	20	4	10	40.7	53.2
5	90	20	4	10	48.1	35.4
6	30	20	4	10	34.3	35.1
7	90	20	4	20	46.9	43.2
8	120	30	7	5	42.3	51.3
9	90	20	4	0	45.2	37.2
10	120	10	7	15	39.5	57.2
11	120	10	7	5	38.2	50.7
12	60	30	7	15	47.7	55.2
13	90	40	4	10	48.9	46.6
14	60	10	1	15	36.7	27.5
15	90	20	4	10	43.1	45
16	120	30	1	15	47.3	34.4
17	60	10	7	5	42.4	40.9
18	90	20	4	10	46.3	44.1
19	120	10	1	15	49.3	31.3
20	60	10	7	15	40.9	56.9
21	90	20	4	10	49.2	42
22	90	20	10	10	46.5	51.1
23	120	30	1	5	41.2	35.4
24	90	20	4	10	48.2	32.2
25	90	20	-2	10	40.2	20.6
26	60	30	1	5	46.5	31.8
27	90	20	4	10	47.8	34.4
28	120	10	1	5	39.4	31.2
29	120	30	7	15	42.1	54.3
30	60	30	7	5	49.5	43.5
31	60	30	1	15	44.3	34.9

2.7.3　回归模型与显著性分析

2.7.3.1　铜浸出率回归模型

为揭示影响铜浸出率的各影响因素间的响应规律，本书基于 Expert Design 11.0 实验设计平台与制粒酸浸的实测数据，采用二次多项式对实验结果回归分析，得出铜浸出率二次多项式回归方程，如式（2-13）所示。

$$\begin{aligned} Y = {} & 47.25 + 0.2X_1 + 1.73X_2 + 0.4667X_3 + 0.6381X_4 - \\ & 1.39X_1X_2 - 1.80X_1X_3 + 1.58X_1X_4 + 0.375X_2X_3 - 0.4822X_2X_4 - \\ & 0.8375X_3X_4 - 2.57X_1^2 - 0.1367X_2^2 - 1.11X_3^2 - 0.251X_4^2 \end{aligned} \tag{2-13}$$

式中，Y 为制粒酸浸的铜浸出率,%；X_1 为制粒机转速，r/min；X_2 为制粒机倾角，(°)；X_3 为固化时间，d；X_4 为黏结剂添加浓度,%。此外，该二次多项式回归方程的方差和为 207.91，平均方差为 51.98，F 值为 8.40，P 值为 0.0008，R^2 为 0.8130。通过考察 P 值和 F 值，对二次多项式回归模型的显著性进行分析，见表 2-11。

表 2-11　铜浸出率的二次多项式回归模型的显著性检验结果

项目	类别	方差和	自由度	平均方差	F 值	P 值	备注
模型	X_1-制粒机转速	430.18	1	0.96	0.1552	0.6988	
	X_2-制粒机倾角	0.9600	1	74.22	12.0	0.0032	
	X_3-固化时间	74.22	1	5.23	0.8451	0.3716	
	X_4-黏结剂添加浓度	5.23	1	8.8	1.42	0.2503	
	$X_1\ X_2$	8.80	1	30.8	4.98	0.0403	
	$X_1\ X_3$	30.80	1	51.84	8.38	0.0105	
	$X_1\ X_4$	51.84	1	39.69	6.42	0.0221	
	$X_2\ X_3$	39.69	1	2.25	0.3638	0.5549	
	$X_2\ X_4$	2.25	1	4.57	0.7395	0.4025	
	$X_3\ X_4$	4.57	1	11.22	1.81	0.1967	
	X_1^2	11.22	1	186.15	30.1	<0.0001	
	X_2^2	186.15	1	0.5238	0.0847	0.7748	
	X_3^2	0.5238	1	34.59	5.59	0.0310	
	X_4^2	34.59	1	0.154	0.2495	0.6242	
	模型小计	430.18	14	30.73	4.97	0.0015	显著
残差	拟合缺失	72.57	10	7.36	1.74	0.2573	不显著
	纯误差	25.39	6	4.23	—	—	
	残差小计	98.96	16	6.18	—	—	
合　计		529.14	30	—	—	—	

由表2-11可见，模型中X_2X_3、X_2X_4、X_3X_4、X_2^2、X_4^2项的P值均大于0.05，表明上述实验组影响因素间的响应不显著，为进一步简化模型，将上述各项删除；此外，模型中X_3、X_4项的P值也均大于0.05，但其取值影响X_2X_3、X_2X_4等响应显著项，因此将X_3、X_4项进行保留。因此，获得简化后的二次多项式回归方程，如式（2-14）所示。

$$Y = 47.25 + 0.2X_1 + 1.73X_2 + 0.4667X_3 + 0.6381X_4 - 1.39X_1X_2 - 1.80X_1X_3 + 1.58X_1X_4 - 2.57X_1^2 - 1.11X_3^2 \tag{2-14}$$

进一步考察二次多项式回归方程的残差正态分布、残差分布、实际值与预测值的吻合特征，如图2-34所示。结果表明，学生化外残差分布与正态概率的关系基本符合线性分布特征［见图2-34（a）］，学生化外残差与预测值的点分布分散，未出现预测取值点的不良聚集［图2-34（b）］，并且，铜浸出率的实测值与模型预测值具有良好的一致性［见图2-34（c）］。

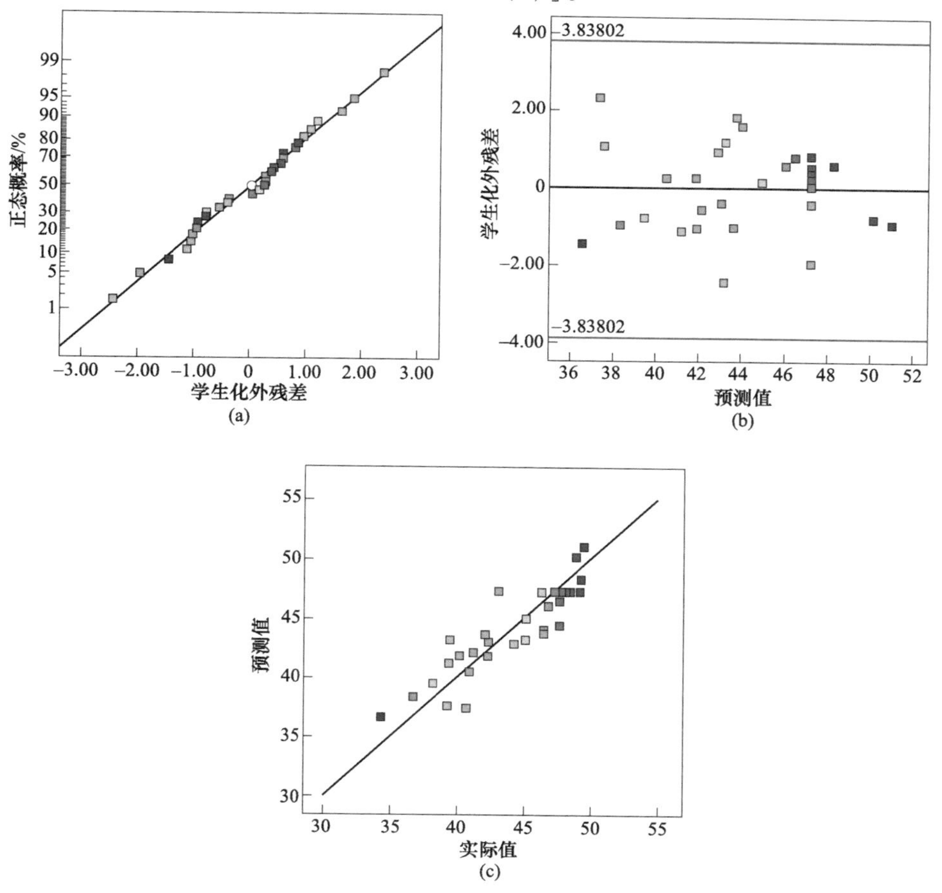

图2-34 铜浸出率的二次多项式回归模型的显著性检验

2.7.3.2 单轴抗压强度回归模型

与获取铜浸出率回归模型的方法类似，利用 Expert Design 11.0 对各实验影响因素进行回归分析，基于 CCD 法，可知一次多项式回归模型最优，P 值小于 0.0001，其显著程度均优于二次多项式（P 值为 0.2453）、三次多项式等数学模型（P 值为 0.7721）。因此，选取一次多项式基础数学模型，构建适于单轴抗压强度的回归模型，如式（2-15）所示。

$$Y = 40.22 + 2.84X_1 + 2.24X_2 + 9.22X_3 + 2.60X_4 \qquad (2\text{-}15)$$

其中，该多项式回归方程的方差和为 2492.70，平均方差为 623.17，F 值为 28.11，P 值小于 0.0001，R^2 为 0.8122，响应显著。单轴抗压强度的多项式回归模型的显著性检验结果，见表 2-12。

表 2-12 单轴抗压强度的多项式回归模型的显著性检验结果

项目	类别	方差和	自由度	平均方差	F 值	P 值	备注
模型	X_1-制粒机转速	193.23	1	193.23	8.72	0.0066	
	X_2-制粒机倾角	129.62	1	129.62	5.85	0.0229	
	X_3-固化时间	2040.57	1	2040.57	92.05	<0.0001	
	X_4-黏结剂添加浓度	160.04	1	160.04	7.22	0.0124	
	模型小计	2492.70	4	623.17	28.11	<0.0001	显著
残差	拟合缺失	404.16	20	20.21	0.704	0.7443	不显著
	纯误差	172.24	6	28.71	—	—	
	残差小计	576.40	26	22.17	—	—	
	合计	3069.09	30	—	—	—	

本书利用 $X_1 \sim X_4$ 的 P 值考察影响因素的显著性。由表 2-12 可见，上述 4 类影响因素的 P 值均小于 0.05，这表明单轴抗压强度对制粒机转速 X_1、制粒机倾角 X_2、固化时间 X_3 和黏结剂添加浓度 X_4 的响应均较为显著。

其中，固化时间的 P 值小于 0.0001，远小于其他 3 个变量，说明单轴抗压强度对固化时间的响应最显著；换言之，单轴抗压强度对固化时间的变化最为敏感；此外，相较于制粒机倾角和黏结剂添加浓度，单轴抗压强度对制粒机转速（P 值为 0.0066）的响应更显著、更敏感。

类比图 2-34，对回归模型的检验结果（见图 2-35）进行研判，可知学生化外残差分布与正态概率的关系基本符合线性分布特征［见图 2-35（a）］，学生化外残差与预测值的点分布分散，未出现预测取值点的不良聚集［见图 2-35（b）］，并且，铜浸出率的实测值与模型预测值具有良好的一致性［见图 2-35（c）］。该单轴抗压强度的一次多项式回归模型有效、显著性较高且预测性良好。

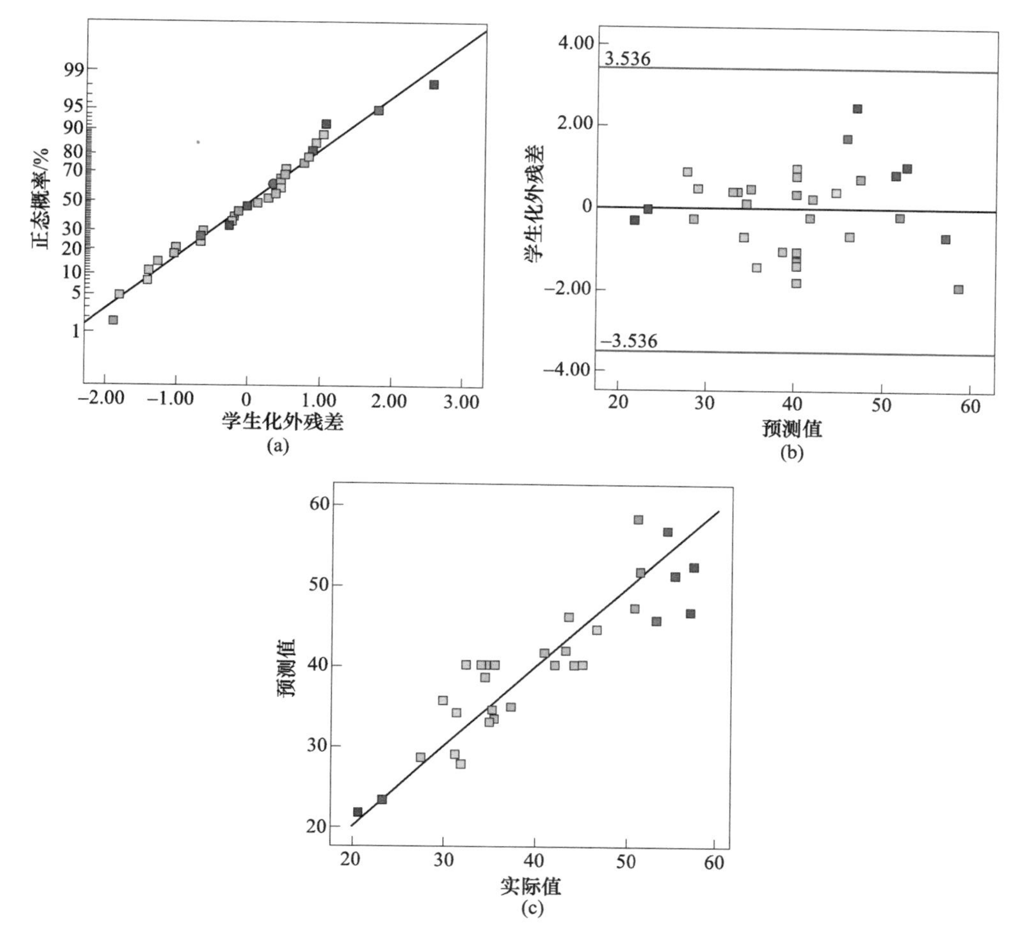

图 2-35 单轴抗压强度的多项式回归模型的显著性检验

2.7.4 多因素响应结果与分析

利用响应曲面法，重点考察制粒颗粒浸出特征（铜浸出率）、结构强度特性（单轴抗压强度）对多影响因素（制粒机转速、制粒机倾角、固化时间和黏结剂添加浓度）的响应机制，以及多影响因素之间的协同影响作用。

以铜浸出率为考察指标，基于 CCD 法的铜浸出率对多因素的响应曲面特征，如图 2-36 所示。

（1）由图 2-36（a）可知，低制粒机转速（小于 90r/min）与高制粒机倾角（大于 20°）存在协同机制，铜浸出率响应显著；高制粒机转速（大于 110r/min）下浸出率对倾角响应不显著，调节制粒机倾角（10°~20°）浸出率变化小于 2%。

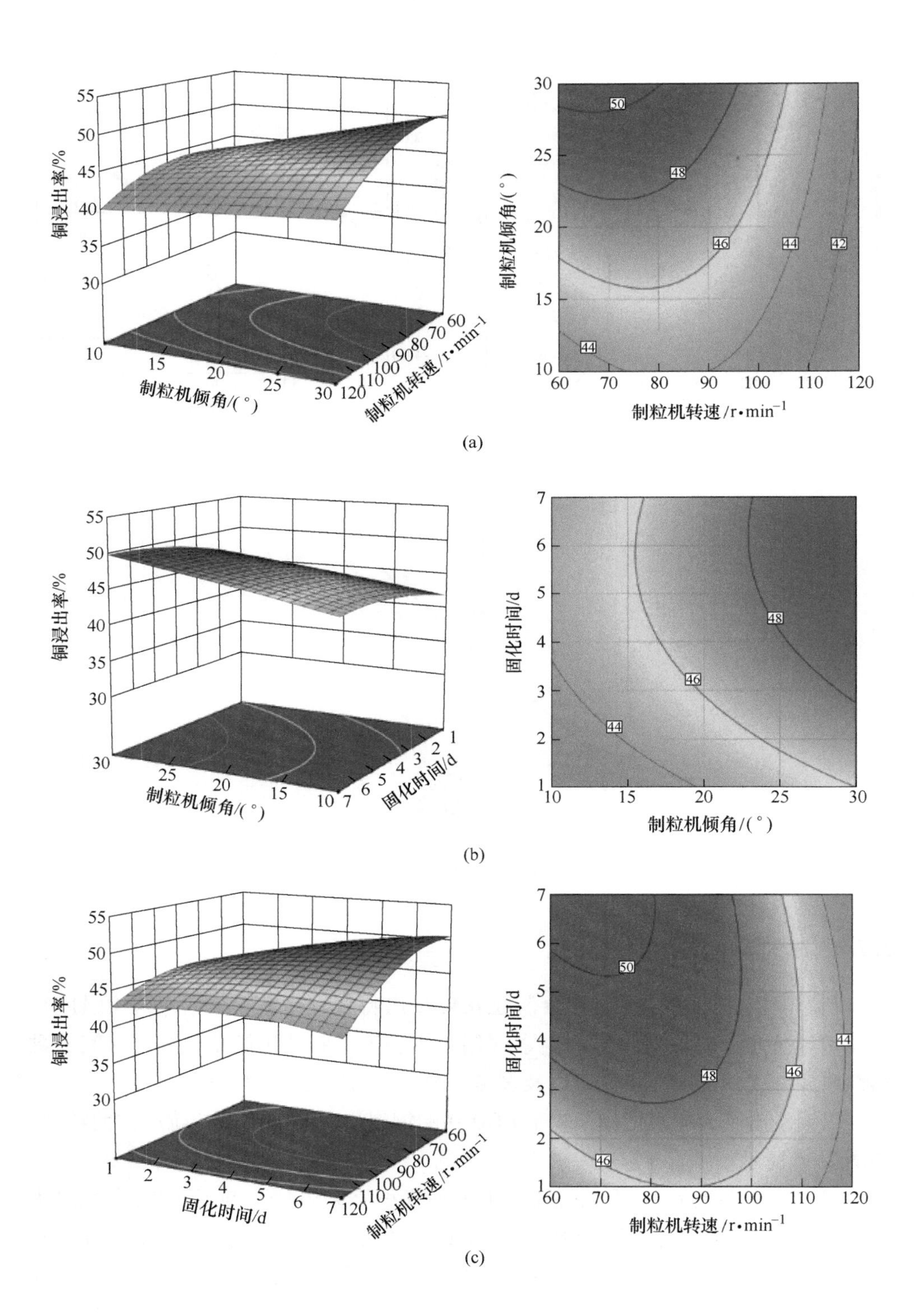

铜浸出率/%
55
50
45
40
35
30
10
15
20
25
30
制粒机倾角/(°)
60
70
80
90
100
110
120
制粒机转速/r·min⁻¹
制粒机倾角/(°)
50
48
46
44
42
44
(a)
铜浸出率/%
制粒机倾角/(°)
固化时间/d
48
46
44
(b)
铜浸出率/%
固化时间/d
制粒机转速/r·min⁻¹
50
48
46
44
46
(c)

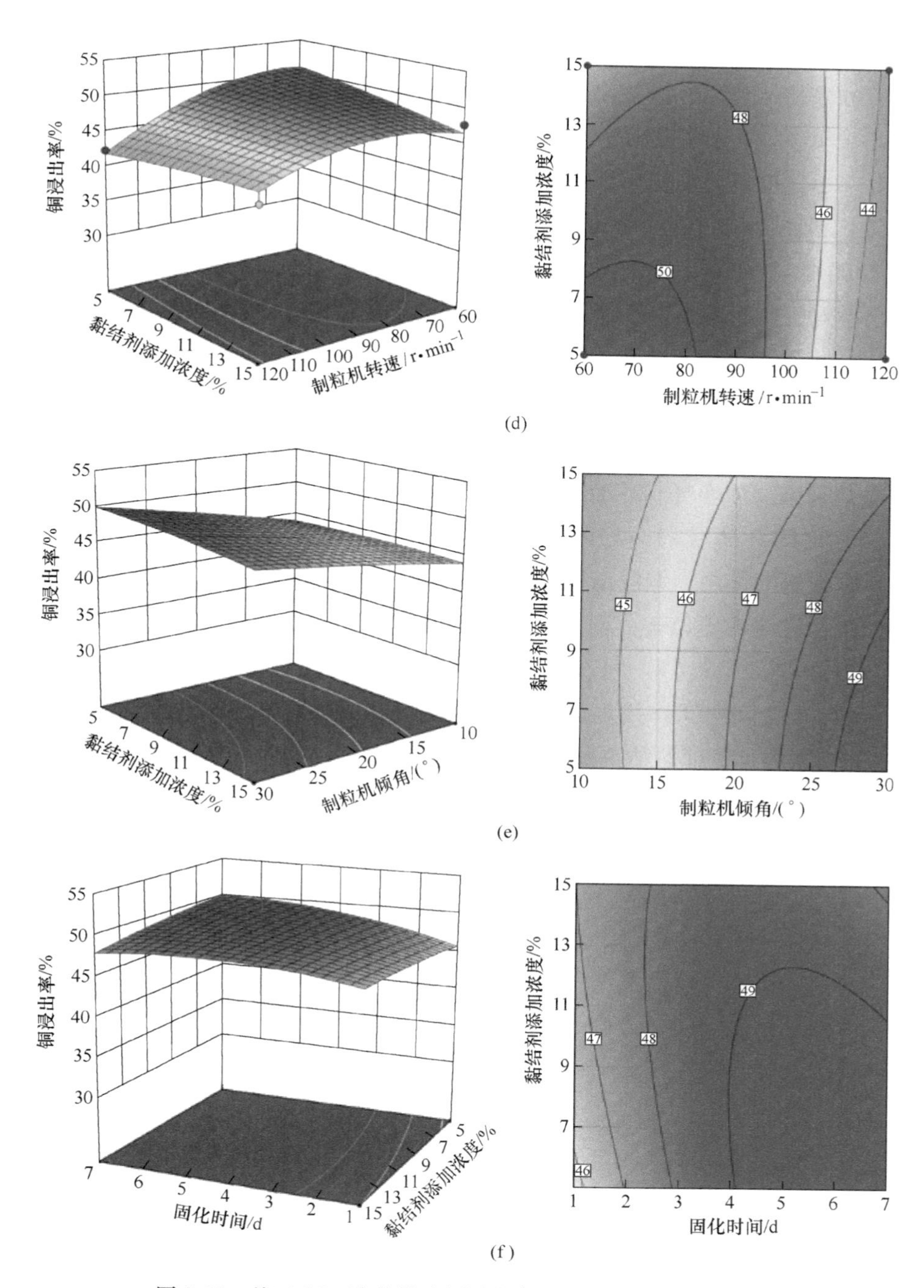

图 2-36 基于CCD法的影响铜浸出率的多因素响应曲面特征

（a）制粒机转速与制粒机倾角间的响应曲面；（b）制粒机倾角与固化时间间的响应曲面；（c）制粒机转速与固化时间间的响应曲面；（d）制粒机转速与黏结剂添加浓度间的响应曲面；（e）制粒机倾角与黏结剂添加浓度间的响应曲面；（f）制粒机倾角与黏结剂添加浓度间的响应曲面

（2）由图 2-36（b）可知，高制粒机倾角（大于 25°）与长固化时间（大于 3d）存在着协同作用，铜浸出率对该条件的响应较为显著；此外，在低制粒机倾角（小于 15°）下，铜浸出率对固化时间的响应不显著，该条件下调节固化时间（1~7d），铜浸出率变化小于 1%。

（3）由图 2-36（c）可知，低制粒机转速（小于 90r/min）与长固化时间（大于 3d）存在协同作用，铜浸出率响应显著；高制粒机转速（大于 110r/min）下浸出率对固化时间响应不显著，调节固化时间（1~7d），浸出率变化小于 1%。

（4）由图 2-36（d）可知，低制粒机转速（小于 90r/min）与较小的黏结剂添加浓度（小于 13%）间存在协同作用，铜浸出率响应显著；高制粒机转速（大于 110r/min）下，铜浸出率对黏结剂添加浓度的响应不显著，该条件下调节黏结剂添加浓度（5%~15%），铜浸出率变化小于 0.5%。

（5）由图 2-36（e）可知，高制粒机倾角（25°）与低黏结剂浓度（小于 15%）存在协同作用，铜浸出率响应显著；低制粒机倾角（10°~15°）下浸出率对黏结剂浓度响应不显著，调节黏结剂添加浓度，铜浸出率的变化小于 1%。

（6）由图 2-36（f）可知，黏结剂添加浓度（1%~15%）与固化时间（1~7d）之间协同作用显著，铜浸出率对二者敏感；固化时间较短（小于 3d）时，铜浸出率对黏结剂添加浓度（1%~15%）响应不显著，铜浸出率的变化小于 1%。

以单轴抗压强度为考察指标，基于 CCD 法的单轴抗压强度对多因素的响应曲面特征，如图 2-37 所示。

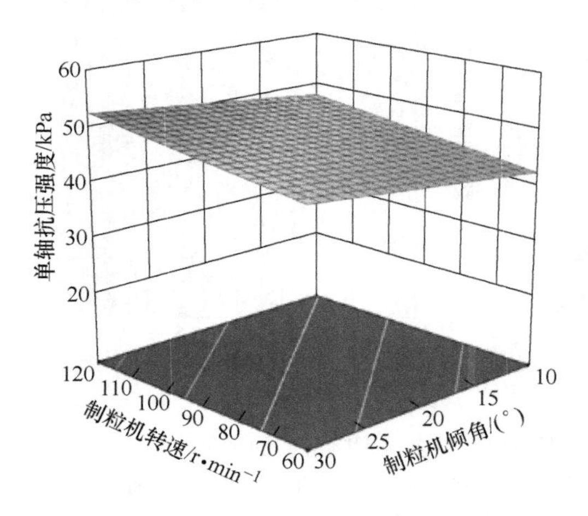

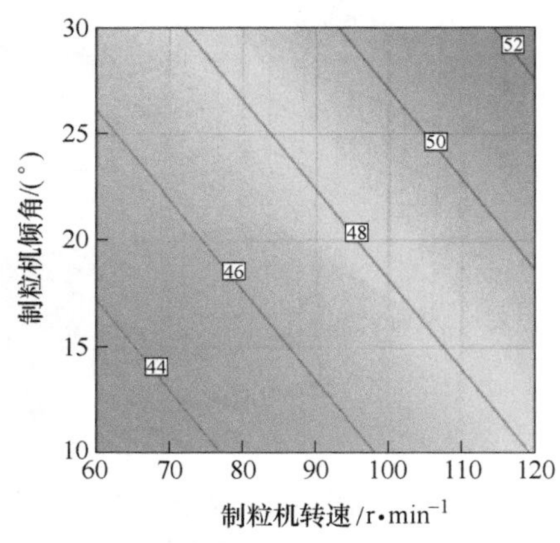

(a)

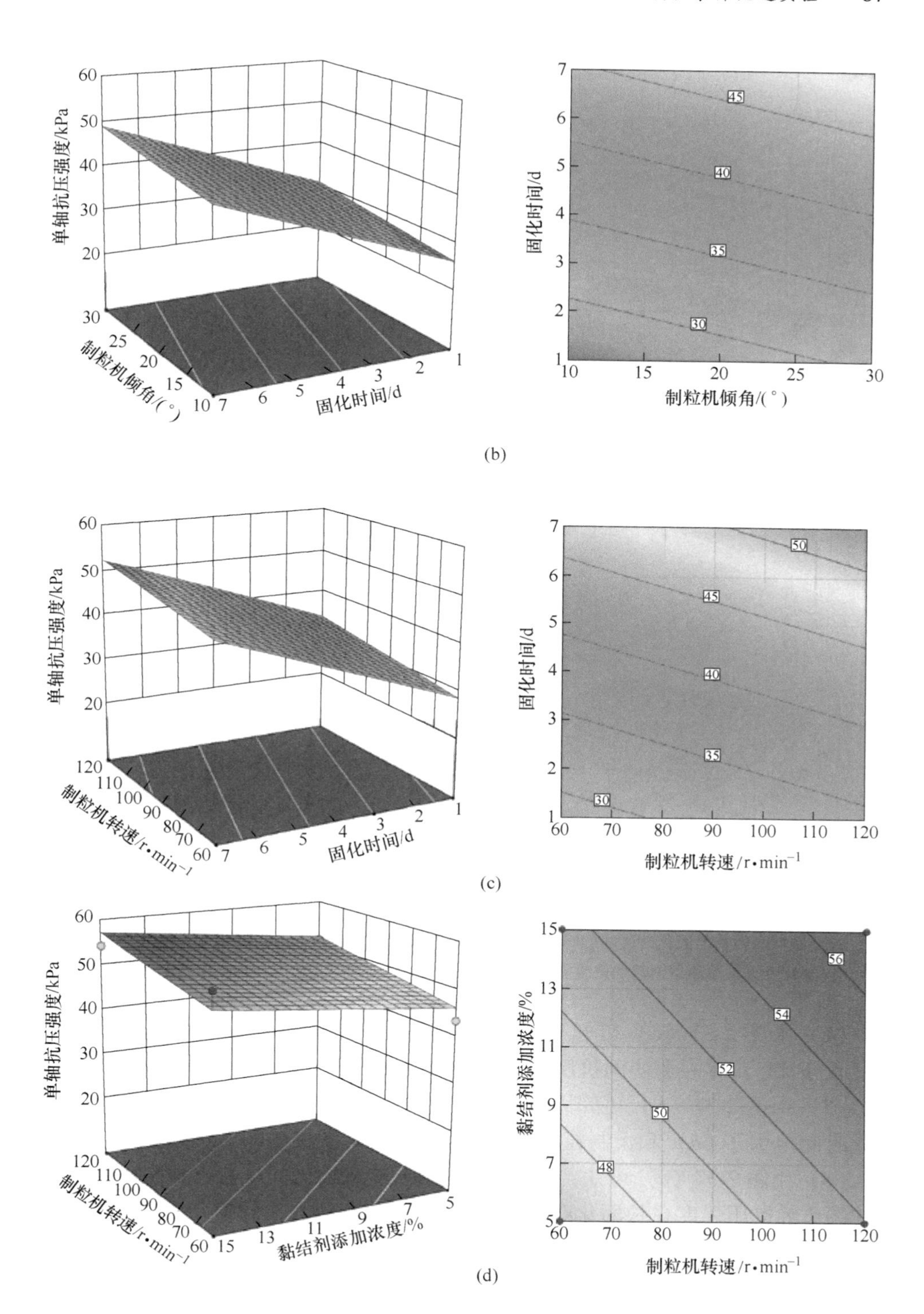
单轴抗压强度/kPa
制粒机倾角/(°)
固化时间/d
45
40
35
30
单轴抗压强度/kPa
制粒机转速/r·min⁻¹
固化时间/d
50
45
40
35
30
单轴抗压强度/kPa
制粒机转速/r·min⁻¹
黏结剂添加浓度/%
56
54
52
50
48

(b)

(c)

(d)

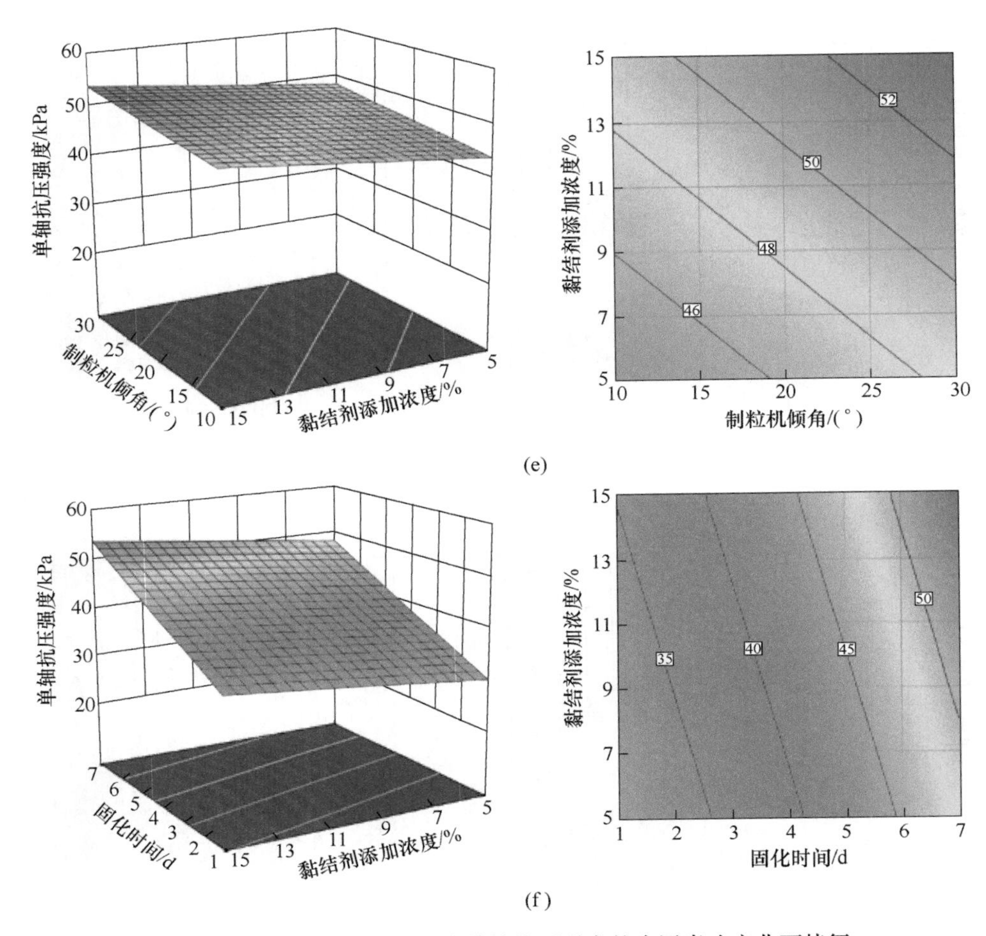

图 2-37 基于 CCD 法的影响单轴抗压强度的多因素响应曲面特征

（a）制粒机转速与制粒机倾角间的响应曲面；（b）制粒机倾角与固化时间间的响应曲面；（c）制粒机转速与固化时间间的响应曲面；（d）制粒机转速与黏结剂添加浓度间的响应曲面；（e）制粒机倾角与黏结剂添加浓度间的响应曲面；（f）黏结剂添加浓度与固化时间间的响应曲面

（1）由图 2-37（a）可知，高制粒机转速（大于 110r/min）与高制粒机倾角（大于 25°）存在着协同机制，二者呈类线性关系，单轴抗压强度响应显著。

（2）由图 2-37（b）可知固化时间与制粒机倾角的关系，单轴抗压强度在长固化时间（大于 6d）和大制粒机倾角（大于 25°）条件的响应更为显著。

（3）由图 2-37（c）可知，固化时间与制粒机转速之间存在正相关特征，制粒颗粒的单轴抗压强度在长固化时间（大于 6d）和高制粒机转速（大于 110r/min）条件下的响应更显著。

（4）由图 2-37（d）可知，制粒颗粒的单轴抗压强度在高黏结剂添加浓度（大于11%）和高制粒机转速（大于110r/min）条件下的响应更为显著。

（5）大制粒机倾角（大于25°）和黏结剂添加浓度（大于13%）条件下，单轴抗压强度响应更显著，所获实测值更高［见图2-37（e）］；并且，长固化时间（大于6d）与高黏结剂添加浓度（大于11%）条件下，单轴抗压强度对其变化的响应更为敏感且强度更高［见图2-37（f）］。

综上所述，制粒颗粒的单轴抗压强度与黏结剂添加浓度、固化时间、制粒机倾角、制粒机转速4类因素成正相关，即在上述因素取值较高时，倾向于获得理想的制粒颗粒的单轴抗压强度。

2.7.5 最优制粒条件确定与预测

正如前述分析所提及的，制粒颗粒的可浸性和结构强度特征是影响制粒矿堆浸矿效率与结构稳定性，改善矿堆持液行为的重要因素。对此，本书同时以酸浸铜浸出率、单轴抗压强度为主要考核指标，利用Expert Design 11.0的CCD法，进行响应曲面分析，最终获得矿石制粒的最优条件：

（1）仅考虑铜浸出率最优。最优实验条件为：制粒机转速为90r/min，制粒机倾角为25.6°，固化时间为4d，黏结剂添加浓度为10%。

（2）仅考虑单轴抗压强度最优。最优实验条件为：制粒机转速为88.8r/min，制粒机倾角为20°，固化时间为6.8d，黏结剂添加浓度为10.8%。

（3）同时考虑铜浸出率、单轴抗压强度最优。最优实验条件为：制粒机转速为78.9r/min，制粒机倾角为30°，固化时间为7d，黏结剂添加浓度为9.3%。预期14d铜浸出率为49.5%，单轴抗压强度50.3kPa。该取值结果的可信度较高，为91.5%。

综上所述，为获得具有可浸性高、结构强度良好的制粒颗粒，本书将采用优化方法（3），即同时考虑铜浸出率和单轴抗压强度最优时的实验条件，制备矿石制粒颗粒，为后续章节持液行为的研究工作提供成型制粒颗粒。

2.8 本章小结

本章自主研发了倾角、转速可调的矿石制粒系统，重点探究了物理、化学和生物因素对矿石制粒效率的影响机制，基于响应曲面分析并揭示了多影响因素响应规律，有效获取了最优矿石制粒条件，为后续制粒堆浸与持液行为研究奠定前期基础。主要研究工作包括：

（1）自主研发了矿石制粒实验系统（ZL202010006976.5），实现了制粒机转速0~180r/min、倾角0°~35°可调，可稳定制备-60+10mm制粒颗粒，有效填补了实验室尺度矿石制粒装置空白，具有实验可靠性高、系统稳定性高，为本书涉及的实验研究形成平台支撑。

（2）系统分析了物理因素（矿石粒径分布、制粒机转速、制粒机倾角）、化学因素（黏结剂类型、黏结剂添加浓度、固化时间）和生物因素（菌液添加质量分数），探讨并揭示了不同影响因素对制粒颗粒的可浸性与结构强度的影响机制。

（3）以制粒酸浸铜浸出率、制粒单轴抗压强度为评价指标，利用 Design Expert 11.0 平台的 CCD 法，揭示了多影响因素间的响应机制，分别构建了铜浸出率、单轴抗压强度的多项式回归模型，探讨了制粒颗粒可浸性与结构强度对影响因素变化的显著性。

（4）基于制粒实验研究结果表明：在入料颗粒粒径均匀分布（$C_u=4.0$，$C_c=2.0$）、较长固化时间（大于 5d）、较高制粒机转速（大于 90r/min）、适中的制粒机倾角（大于 20°）条件下，更易获得颗粒形态良好、结构强度高、可浸性好的矿石制粒颗粒。

（5）探明了无机、有机和高分子黏结剂对矿石制粒的影响机制。揭示了稀硫酸、灰泥、波特兰水泥制粒效果好、效率高且可浸性高，然而，聚丙烯酰胺、羧甲基纤维素条件下制粒颗粒结构强度高但浸出率低；提高黏结剂浓度（大于 15%）有利于获得较高的单轴抗压强度，但不利于矿物浸出。

（6）发现在制粒过程中预添加浸矿细菌菌液，在一定程度上提高制粒颗粒浸出率，但该强化浸出作用较为有限，并且，制粒颗粒单轴抗压强度对菌液添加浓度的变化（5%～30%）不显著、不敏感，认为这是由于固化过程的环境干燥，缺乏菌液生存载体，易导致浸矿细菌凋亡。

（7）基于 CCD 法的响应曲面优化结果，获取最优矿石制粒条件：制粒机转速 78.9r/min，制粒机倾角 30°，固化时间 7d，黏结添加浓度 9.3%，利用该最优条件进行矿石制粒和颗粒筑堆，为后续制粒颗粒堆的持液行为研究提供基础。

3 制粒矿堆静态持液行为表征及影响因素

3.1 引言

制粒矿堆是一个气（空气）、固（矿石）、液（溶液）多相介质共存，颗粒间孔隙、颗粒内孔隙共存的非饱和多孔介质堆。如图 3-1 所示，制粒矿堆是由若干制粒颗粒堆积形成，单制粒颗粒通常由内核与多孔壳体组成，含有大量的、发育程度较高的多孔通道。研究结果表明，单制粒颗粒表面、内部的孔结构存在形式主要包括[116]：

（1）裸露孔，存在于制粒颗粒表面；

（2）连通孔，存在于制粒颗粒表面和内部间的连通孔或路径；

（3）封闭孔，完全存在于制粒颗粒的内部。

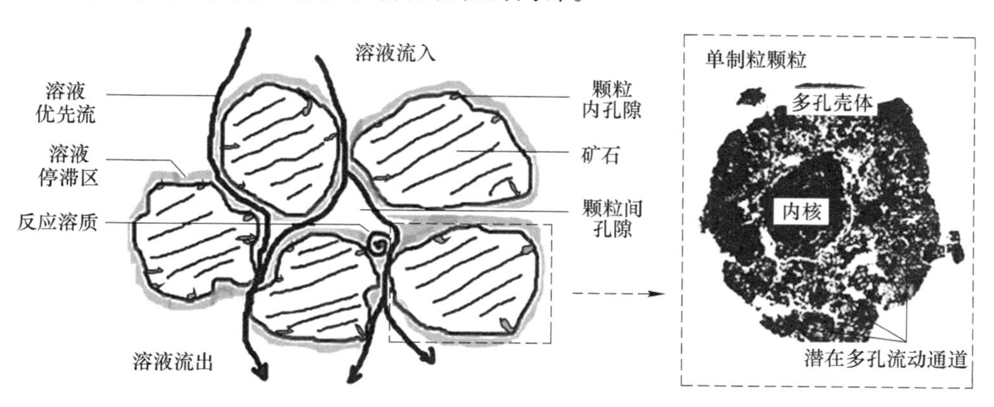

图 3-1　考虑孔裂双尺度结构的非饱和制粒矿堆持液行为假想模型

孔隙结构可由颗粒内孔隙率、颗粒间孔隙率进行表征。因此，不同于非制粒矿堆，制粒矿堆的颗粒内孔隙较为发育且持液能力较强，可以有效缓解堆内溶液分布不均的不良情况。

在自身重力、液体表面张力、毛细管力等静电力的共同作用下，溶浸液在制粒矿堆孔裂结构内不断流动和扩散，存在两种模式[117, 118]：

（1）溶液优先流（Preferential flow），堆内溶液流动快速传导的主要形式，其流动路径较为稳定，表现为大孔道、大流量的溶液流，主要由溶液自身重力驱动，形成的溶液优先流路径通常可串联导通制粒矿堆，该优先流路径的形成、稳定时间与溶液穿透时间密切相关；

（2）溶液停滞流（Hysteresis flow），堆内溶液扩散缓慢传导的主要形式，其流动路径多变，受表面接触角等因素影响，表现为颗粒间溶液停滞区、颗粒内孔隙溶液或表面液膜，主要依赖毛细扩散作用，对溶质分布、传质过程影响显著，且与矿堆稳态持液率、残余持液率密切相关。

矿堆内部溶液优先流、溶液停滞流可随喷淋强度、喷淋模拟等工况条件的改变而产生变化，通常而言，高喷淋强度催生新流动路径，低喷淋强度消灭原有流动路径；发育的孔裂结构强化了液体迟滞行为，易导致矿堆持液行为差异，其内在机理尚待进一步探明。

对此，本章节利用第 2 章的最优制粒条件进行矿石制粒和筑堆，对比探究制粒矿堆、非制粒矿堆（实心玻璃球堆、破碎矿石堆）的静态持液行为规律，分析制粒矿堆孔裂结构对静态持液行为的影响机制，揭示不同筑堆颗粒类型、颗粒尺寸等因素对持液行为的影响机制，为后续章节进一步研究矿石浸出过程中制粒矿堆动态持液行为奠定基础。

3.2 关键考察参数

为实现制粒矿堆持液行为准确表征，本书采用 3 类表征参数：一是用于表征矿堆孔隙结构特征，如干堆积密度、全孔隙率、颗粒内孔隙率、颗粒间孔隙率等；二是用于表征矿堆持液特征参数，如初始毛细水含量、持液率、残余持液率、相对持液率等；三是材料固有参数，如固有密度、溶液密度等，见表 3-1。

表 3-1 本章节的关键参数定义、数值与单位

参数类别	基本描述	参数	数值	单位	对应公式
孔隙结构表征参数	干堆积密度	ρ_{dry}	—	g/cm^3	(3-1)
	湿堆积密度	ρ_{wet}	—	g/cm^3	(3-2)
	全孔隙率	ϕ_{total}	—	%	(3-3)
	颗粒内孔隙率	ϕ_{intra}	—	%	(3-4)
	颗粒间孔隙率	ϕ_{inter}	—	%	(3-5)
	相对孔隙率	n^*	—	—	(3-6)
持液行为表征参数	初始毛细水含量	u	—	%	(3-7)
	表面流速	v_s	—	mm/s	(3-9)
	持液率	θ	—	%	(3-10)
	残余持液率	$\theta_{residual}$	—	%	(3-11)
	相对持液率	θ^*	—	—	(3-12)
	矿堆饱和度	S_w	—	—	(3-13)

续表 3-1

参数类别	基本描述	参数	数值	单位	对应公式
材料固有参数	矿石密度	ρ_o	2.56	g/cm^3	—
	排水岩密度	ρ_r	2.72	g/cm^3	—
	液体密度	ρ	1	g/cm^3	—

对各类参数的基本定义与计算方法，如下所示：

（1）干堆积密度。堆积密度是指矿石等物料在某一容器内自然堆积直至充满后所测得的体积质量，它与物料颗粒大小、尺寸分布、颗粒形状、粗糙度等表面特征等因素有关。根据物料差异可分为干堆积密度（ρ_{dry}）、湿堆积密度（ρ_{wet}）。干堆积密度的计算方法，如式（3-1）所示。

$$\rho_{dry} = \frac{m_{dry}}{V} \tag{3-1}$$

式中，m_{dry}为干样品质量，g；V为总体积，cm^3。

（2）湿堆积密度。依据 Lyon 研究结果表明[119]，可将矿石样品在去离子水中浸泡 24h 后可使水充满颗粒内孔隙。需要指明的是：饱和溶液条件下，溶液通过扩散作用逐步充满了可触及的颗粒内孔隙，这些被填满的颗粒内孔隙对浸出反应是有效的，主要由裸露孔、开放孔组成；浸泡 24h 后，去除矿石样品表面的多余液体而后筑堆，即可获得湿堆积密度（ρ_{wet}），如式（3-2）所示。

$$\rho_{wet} = \frac{m_{wet}}{V} \tag{3-2}$$

式中，m_{wet}为湿样品质量，g；V为总体积，cm^3。

（3）全孔隙率。全孔隙率（ϕ_{total}）是指自然状态下散体堆内的全部孔隙体积与矿堆总体积之比，由颗粒间孔隙率（ϕ_{inter}）、颗粒内孔隙度（ϕ_{intra}）组成。散体矿石颗粒堆的全孔隙率与其密实程度成反比，计算方法，如式（3-3）所示。

$$\phi_{total} = 1 - \frac{\rho_{dry}}{\rho_o} \tag{3-3}$$

式中，ρ_o为矿石密度，g/cm^3。

（4）颗粒内孔隙率。颗粒内孔隙率是指在散体矿石、制粒颗粒内部孔隙或裂隙体积与矿堆总体积之比，如式（3-4）所示。

$$\phi_{intra} = \frac{(m_{wet} - m_{dry})/\rho_{water}}{V} \times 100\% \tag{3-4}$$

式中，m_{dry}为干燥矿石堆质量，g；ρ_{water}是溶液密度，g/cm^3。

（5）颗粒间孔隙率。颗粒间孔隙率是指散体矿石在堆积状态下，矿石颗粒间孔隙体积与松散矿石堆体积的百分比，由计算全孔隙率（ϕ_{total}）与颗粒内孔隙率（ϕ_{inter}）的差值来间接计算获取，如式（3-5）所示。

$$\phi_{inter} = \phi_{total} - \phi_{intra} \tag{3-5}$$

（6）相对孔隙率。相对孔隙率（n^*）描述颗粒间孔隙率和颗粒内孔隙率二者间关系，其定义为颗粒间孔隙率、颗粒内孔隙率之比，如式（3-6）所示。

$$n^* = \frac{\phi_{intra}}{\phi_{inter}} \tag{3-6}$$

（7）初始毛细水含量。散体颗粒堆、土壤中常用毛细水含量（u）对颗粒初始持液量进行表征[120]，由几何水分含量（u_g）间接计算获得，如式（3-7）所示，润湿过程中添加水量（m_{water}）可由式（3-8）计算：

$$u = u_g \cdot \rho_{dry} = \frac{m_{water}}{m_{dry}} \cdot \rho_{dry} = \frac{m_{water}}{V} \tag{3-7}$$

$$m_{water} = (\theta \cdot m_{dry}) / \rho_b \tag{3-8}$$

（8）喷淋强度与表面流速。喷淋强度是工业矿堆的关键变量，为消除由于矿堆布液面积不同导致的实际喷淋效果误差，采用表面流速表征，如式（3-9）所示。

$$v_s = \frac{Q}{A} \tag{3-9}$$

式中，v_s为表观流速，mm/s；Q 为溶液喷淋强度，mL/min；A 为矿堆横截面积，mm^2。

（9）持液率。持液率定义为液体在填充床中所占的体积占总体积之比，是评价填充床持液能力的参数。稳态持液率（θ）计算，如式（3-10）所示。

$$\theta = \frac{\int (v_{in} - v_{out})\,dt}{V} = \frac{v_{in}t - m_{out}/\rho}{V} \tag{3-10}$$

式中，v_{in}为流入量；v_{out}为流出量；m_{out}为流出液体量；ρ 为水密度。

（10）残余持液率。停止喷淋后堆内溶液量逐渐减少并趋于稳定，此时的持液率为残留持液率（$\theta_{residual}$），如式（3-11）所示，其中，V_{steady}是稳态持液量。

$$\theta_{residual} = \frac{V_{steady} - \int (v_{out})\,dt}{V} = \frac{\theta V - m_{out}/\rho}{V} = 1 - \frac{m_{out}}{V\rho} \tag{3-11}$$

（11）相对持液率。相对孔隙率（θ^*）描述稳态持液率和残余持液率二者间关系，其定义为稳态持液率、残余持液率之比，如式（3-12）所示。

$$\theta^* = \frac{\theta}{\theta_{residual}} \tag{3-12}$$

（12）矿堆饱和度。矿堆饱和度（S_w）用于描述填充液体的填充柱的饱和特征，为持液率与总体积之比，如式（3-13）所示。

$$S_w = \frac{\theta}{\text{total porosity}} = \frac{v_{in}t - m_{out}/\rho}{V^2} \tag{3-13}$$

3.3 制粒矿堆孔裂结构提取与特征分析

3.3.1 孔隙提取方法与装置

孔隙结构为堆内溶液流动、溶质传递提供了重要路径，其发育程度与有价矿物的浸出效率密切相关。当前，对于单颗粒矿石、散体颗粒堆孔隙结构的提取方法主要有两种[121, 122]，即基于 CT 等无扰动探测、基于堆积密度等物理实验，如图 3-2 所示。一是无扰动、非侵入扫描测试，包括显微计算机断层扫描（μCT）、X 射线计算机断层扫描（X-ray CT）、电镜扫描（SEM）等手段［见图3-2（a）］，对孔隙结构进行扫描，获取二维图像，结合图形算法和处理技术，对图像进行二值化处理等操作，精确获取和拆分孔隙结构，具有准确度高，对辨识度高等突出优势，但成本高，对测试样品尺寸要求较为苛刻。二是干湿矿样堆积测试实验，通过计算堆积密度间接获取孔隙率，堆积密度与孔隙率的换算方法，如式（3-1）~式（3-5）所示。

前人研究证实，相较于无扰动扫描，采用干湿测试实验的方法不受扫描装置尺寸的影响，具有方法简单易行，设备可操作性高、成本较低的突出优势，但测试精度受限，需要进一步优化，测试精度略低于 CT 等高精度扫描技术，本书采用的堆积密度测试实验装置，如图 3-2（b）所示。

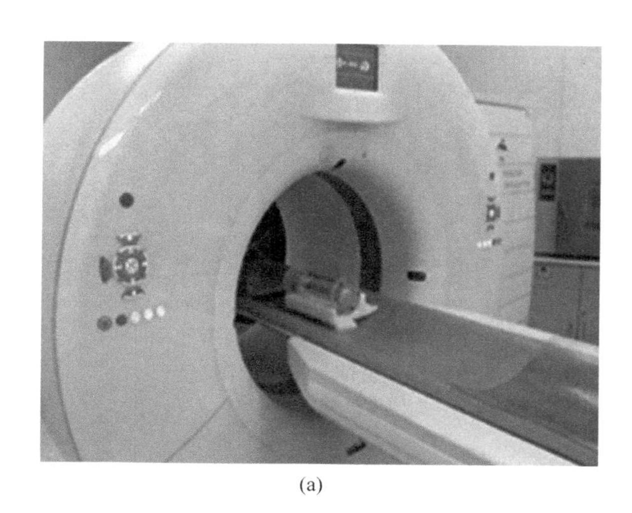

(a)

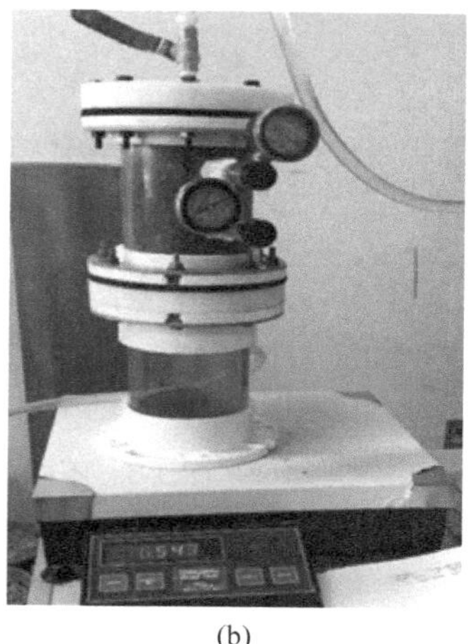

(b)

图 3-2 本书采用的孔隙结构特征分析的实验装置

（a）X-ray CT 扫描装置；（b）堆积密度测试装置

3.3.2 细观孔隙对持液行为的影响分析

在喷淋过程中，矿堆内部持液量受喷淋强度、颗粒尺寸影响，但并非线性持续增加，而是先增加后逐步趋稳，最终达到稳定持液的基本规律。

为进一步揭示矿堆持液行为随喷淋时间的演化特征，采用 Nikon D7200 摄像机，对喷淋过程中散体矿堆进行连续拍摄录制，并对所获得的图像进行处理，有效表征矿堆溶液渗流与浸润过程。

设置实验条件为：溶液表面流速为 0.2mm/s，颗粒粒径区间-11.2+9.5mm，颗粒几何平均尺寸为 10.32mm。在喷淋过程中，截取不同时刻矿堆图像，其中，黑色部分为孔隙，白色部分为矿石，利用图像处理技术，对已获得的原始图像进行二值化和降噪处理，如图 3-3 所示。结果表明：在喷淋过程中，溶液逐渐填充了部分孔隙，形成了溶液优先流和溶液停滞区，堆内溶液量随喷淋过程逐渐增加并趋于稳定，停止喷淋后持液量先下降后又趋于稳定，获得残余持液率。

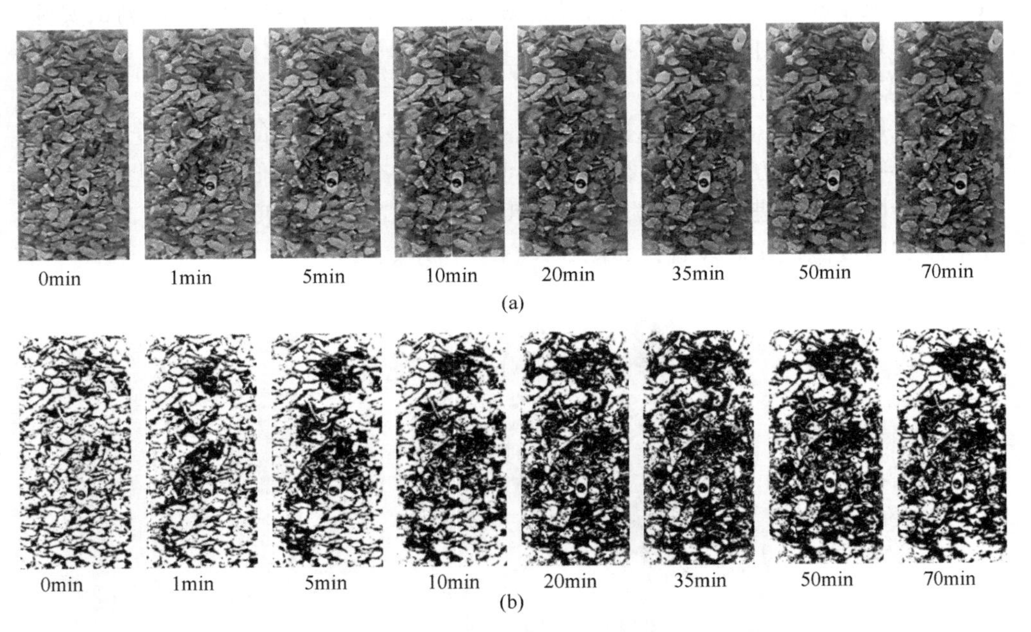

图 3-3 不同喷淋时间时矿堆持液行为特征及细观图像

(a) 矿堆持液行为；(b) 二值化图像

对图 3-3 进行定量化处理，获得矿堆持液行为与细观孔隙结构特征的对应变化关系，结果如图 3-4 所示。总体可分为 6 个阶段，包括：

(1) 初步润湿阶段。经蠕动泵泵送，溶液经由喷淋管路自由落下并均匀落在矿石上表面；在自身重力和毛细管力的作用下，溶液自上而下向下渗流逐步进入颗粒堆内部，形成局部润湿现象，该润湿阶段主要受喷淋强度、颗粒尺寸、颗粒表面性质的影响，该阶段时间较短，约为0~1min，主要体现为颗粒表面润湿，持液率保持上升。

（2）优势流穿透阶段。经初步润湿，部分矿石的颗粒内孔隙逐步被溶液填充，并在颗粒表面形成了液膜，液膜发育到一定厚度后相互黏结，形成优势液流，该优势流通常沿着大尺寸孔喉不断向下传递，最终至散体堆底部，实现了液流贯穿散体堆，形成流动通道贯通，对应图3-4中1~5min，持液率持续上升直至溶液穿透矿堆。

（3）快速渗流阶段。溶液穿透颗粒堆后部分溶液快速流出，导致矿堆持液率瞬时下降，随后，随着喷淋溶液的不断导入，堆内溶液优势流路径迅速扩展，形成新分支或优势流，直至溶液流动路径趋于稳定，对应图3-4中5~20min，矿堆持液率呈类指数迅速增加。

（4）缓慢扩散阶段。在毛细管力作用下，以溶液优势流路径为轴心，溶液逐步沿径向扩散，该过程十分缓慢，受颗粒尺寸、喷淋强度影响，是影响矿堆稳态持液率的重要因素，对应图3-4中20~35min的阶段，矿堆持液率增幅趋于平缓。

（5）稳定持液阶段。矿堆持液率连续15min保持稳定，表明矿堆持液行为达到稳定状态，此时，堆内溶液流动路径保持稳定，不再有新的优势流路径生成，排出液流速保持稳定，此刻的矿堆持液率为稳态持液率，对应图3-4中35min至停止喷淋阶段。

（6）残余持液阶段。停止喷淋后，堆内溶液仍持续排出，溶液排出流速由大变小，待连续15min无溶液从矿堆中排出，即可认定达到残余稳定持液状态，此刻的矿堆持液率为残余稳定持液率，对应图3-4中停止喷淋至70min，此外，达到残余稳定持液状态后，堆内残余溶液可视为不动液，流出溶液为可动液。

因此，自身重力驱动的优先流、毛细管力驱动的缓慢扩散流共存于非饱和散体矿堆，共同影响着溶液渗流扩散过程，矿堆持液行为不仅受复杂孔裂结构、喷淋强度的影响，还受历史灌溉过程的影响。结合该研究结果，可初步推断不动液的关键作用有：

（1）改善非饱和填充床的液体滞留条件；

（2）形成基于颗粒间、颗粒内缓慢毛细扩散过程和传质路径；

（3）灌溉条件再次改变时，基于矿石表面液桥等原有黏附液滴，快速形成新的溶液流动路径。

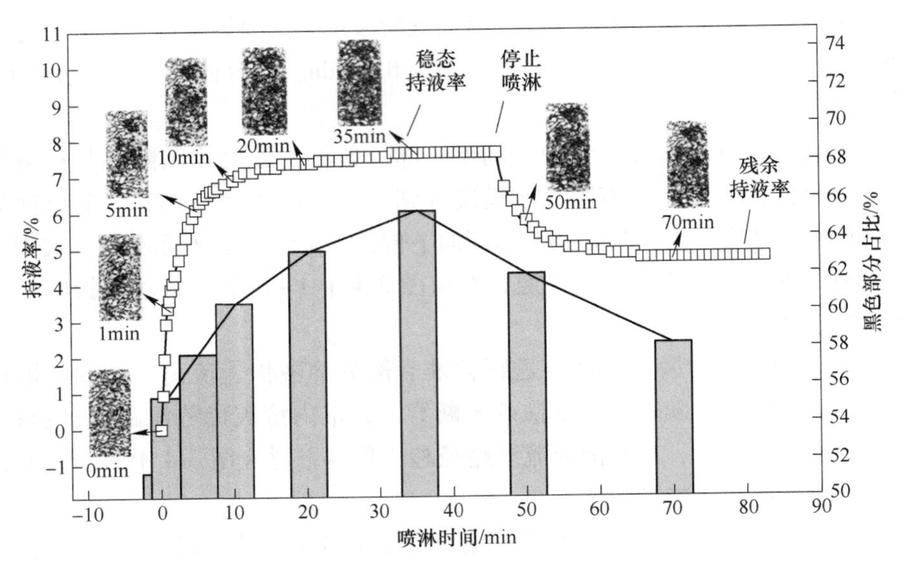

图 3-4 矿堆持液率随喷淋时间变化与二维图像特征

3.4 非饱和矿堆持液行为原位监测装置研发

3.4.1 实验装置组成

总结已有研究，矿堆持液率监测方法主要包括两种：一是依靠计算机断层扫描、核磁共振扫描、粒子图像处理等技术，获取矿堆瞬态、短时的分布状态；二是依靠内插式监测装置，内插式监测装置适于原位持液率监测，但是由于内插传感器的直接介入，易改变原有矿堆孔隙结构，对持液行为产生扰动，测试结果准确性、可靠性易受影响。因此，上述两类方法均无法实现非饱和矿堆持液率的原位、实时、精准和长效监测。

对此，为破解持液率研究的装置瓶颈，本书结合 Saman Ilankoon 等人研究装置成果，自主改良了非侵入式、非饱和矿堆持液行为原位监测实验装置（专利申请号：CN202010007939.6），该装置主要由悬吊测力系统、喷淋循环系统、实时数显系统、支撑与固定系统 4 部分组成，可依据堆浸作业工况条件对喷淋模式、矿石粒径等关键因素进行调节和考查，为更好地认识堆浸体系的持液行为、强化矿石浸出效率提供了良好技术支撑和借鉴。本书所用的实验装置，如图 3-5 所示。

对该持液率监测实验装置的各子系统进行拆分，主要特征如下：

（1）悬吊测力系统，由拉力传感器、测力仪表、耐酸有机玻璃柱、多孔隔筛、排水口构成，主要用于悬吊实验装置主体（通常为耐酸有机玻璃柱），来实时获取力学监测信号；

（2）喷淋循环系统，由导流弯管、双层导流板、导流直管、集液罐、蠕动泵、储液罐构成，主要用于实现溶液堆顶喷淋、底部集液和全流程溶液的闭路循环，可进行溶液喷淋模式和喷淋强度调节；

（3）实时数显系统，由 LabView 实时数显系统构成，主要用于对力学传感信号等进行数模转换，获得持液率等关键参数，并对监测参数进行降噪处理和可视化显示等；

（4）支撑与固定系统，由螺纹丝杠、固定螺栓、稳固板、连接板构成，主要用于支撑实验装置整体，连接关键测力部件等，确保喷淋过程中整体装置保持稳固，消减外界振动等对测力信号产生的不良扰动。

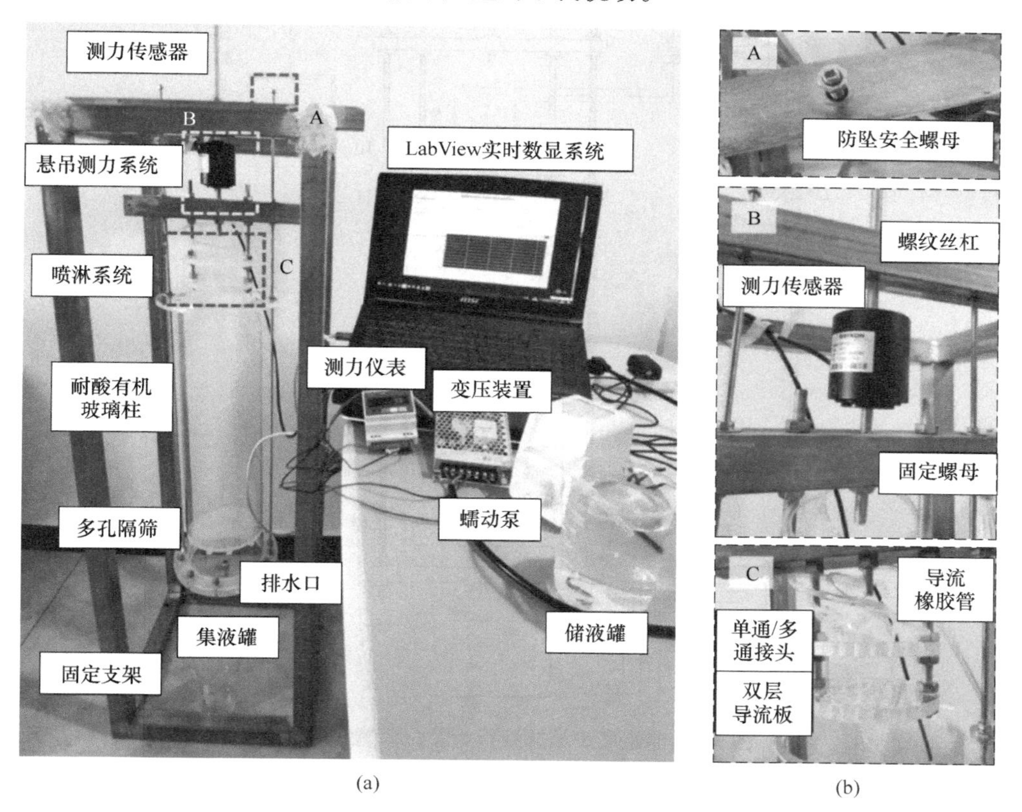

图 3-5 非饱和矿堆持液行为原位实时监测实验系统实物图
（a）持液行为动态监测实验平台；（b）部分装置细节

其中，螺纹丝杠与固定螺栓配合将拉力传感器的上端与稳固板进行连接固定，螺纹丝杠与固定螺栓配合将拉力传感器的下端与连接板连接固定，拉力传感器电信号传至测力仪表，测力仪表连接 LabView 实时数显系统，连接板下方设置一双层导流板；双层导流板下方设置耐酸有机玻璃柱；双层导流板、耐酸有机玻璃柱通过螺纹丝杠和固定螺栓的配合与连接板连接固定，耐酸有机玻璃柱下部安装多孔隔筛、底部留有排水口。喷淋循环系统为闭路循环，储液罐中溶浸液在蠕动泵泵送下，进入导流弯管实现溶液分流，溶浸液后经双层导流板间的导流直管，均匀、竖直地落入耐酸有机玻璃柱内。

研发的持液率监测实验装置主要结构，如图 3-6 所示。

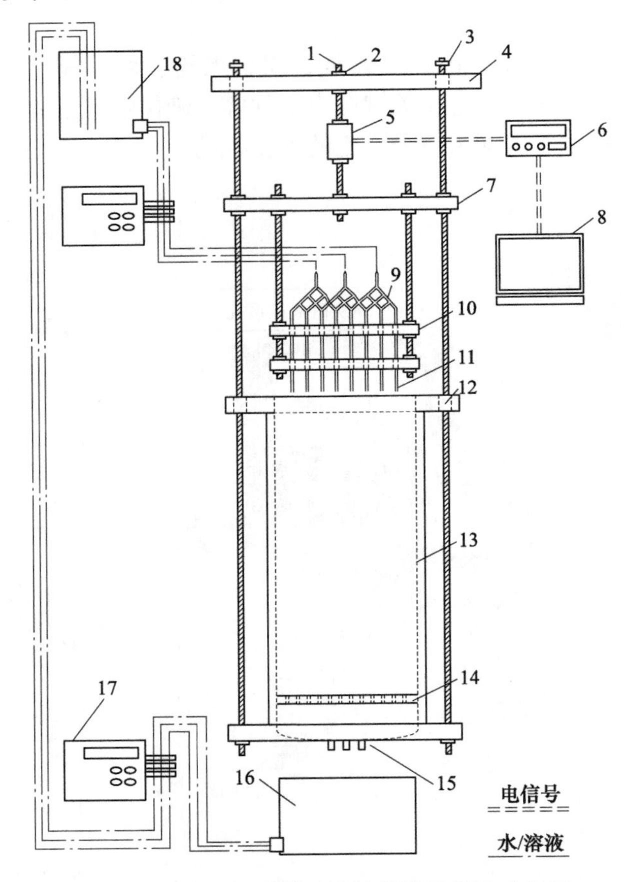

图 3-6　非饱和矿堆持液行为原位监测实验装置

1—螺纹丝杠；2—固定螺栓；3—防坠安全螺母；4—固定支架；5—拉力传感器；6—测力仪表；7—连接板；8—LabView 实时数显系统；9—单通/多通接头；10—双层导流板；11—导流橡胶管；12—导管；13—耐酸有机玻璃柱；14—多孔隔筛；15—排水口；16—集液罐；17—蠕动泵；18—储液罐

对比已有国内外类似测试装置，本书研发和采用的持液行为监测实验装置具有可视化程度高、可操作性强、设备成本低等优势，可实现矿堆整体持液率的实时、长效和精准监测，相关结论可为工业堆浸体系持液率监测与浸出过程强化提供借鉴。

3.4.2 装置结构及其特征参数

3.4.2.1 测力传感器

选用德国 Baykon 公司 MODEL BR5530 型测力传感器，该装置具有稳定性高、数据重复性好的优势，可精准检测拉、压双向作用力。

主要特点：精准测力量程，可承受安全超载为 150% F.S.，极限超载为 200% F.S.，输出灵敏度（2.0±2.5%）mV/V，非线性小于等于± 0.03% F.S.，滞后小于等于± 0.03% F.S.，重复性小于等于± 0.03% F.S.，零点温度漂移小于等于± 0.02% F.S./10℃，铝合金材质，电缆线尺寸 $\phi5\times3000$mm，工作温度为-20~70℃，防护等级 IP66。测力传感器与装置尺寸，如图 3-7 所示。

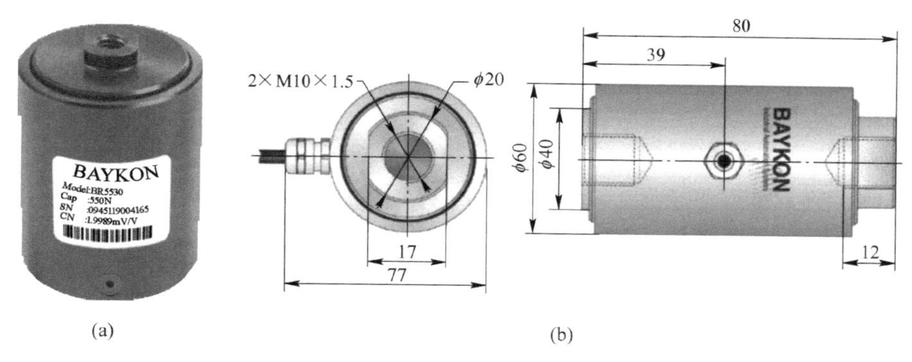

图 3-7 MODEL BR5530 型测力传感器实物与尺寸图
（a）装置实物图；（b）尺寸装配图

3.4.2.2 测力仪表

选用德国 Baykon 公司 MODEL BX186 Series 型测力仪表，如图 3-8 所示。该装置配备有 6 位 LED 数显系统，抗电磁干扰能力强，具有 200 次/s 的高速 A/D 数据处理能力，24 位数模转换，数据协议为 MODBUS-RTU 连续输出，最小输入电压 0.6μV/分度，模拟输入范围为 0~30mV，仪表尺寸为 86.8mm × 71.5mm × 57.9mm，外壳材质为绝缘聚酰胺工程塑料，防护等级 IP20，能够适应温度-10 ~ 40℃，最大湿度 95%的工作环境。

3.4.2.3 LabView 数显系统

选用美国国家仪器有限公司（National instrument，NI）LabView 2018 专业版开发系统，采用图形化编辑语言（G 语言）编写程序，框图式的编辑界面，具有操作简便、可视化程度高等特点，是一种常用的实验数据采集、多类仪器集成控制的实验编程软件。

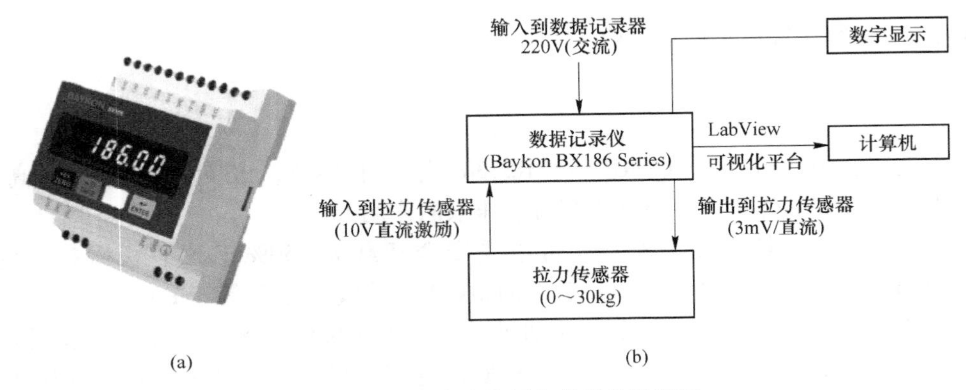

图 3-8 测力仪表实物图与信号传输框图

本书利用 LabView 软件，对测力仪表和测力传感器进行数据采集与编程嵌套，自行设计并实现了监测数据的原位实时可视化。基于 LabView 的持液行为监测数据集成平台的操作界面，如图 3-9 所示。

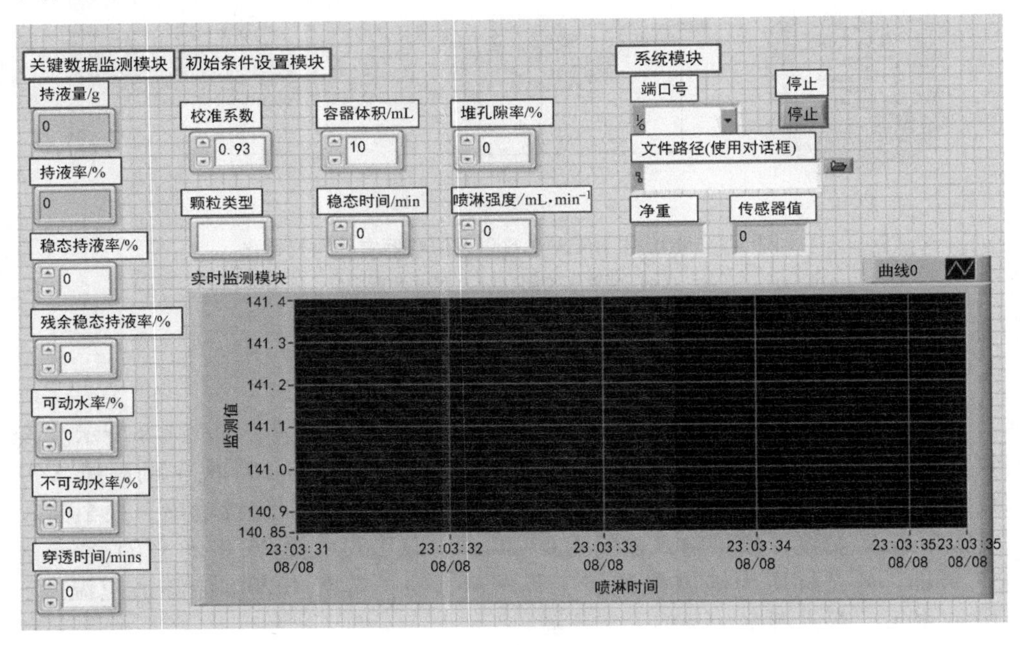

图 3-9 非饱和堆持液率原位监测装置的 LabView 参数可视化界面

由于制粒矿堆内部每增加 1mL 持液量，对应着测力仪表监测获得 1g 的质量增重。因此，本书通过设置 LabView 编程框图，结合数据关系方程，首先将实测电信号转化为力学信号，再将力学信号转换为持液率。本书采用的 LabView 可视化信号处置与编译流程，如图 3-10 所示。

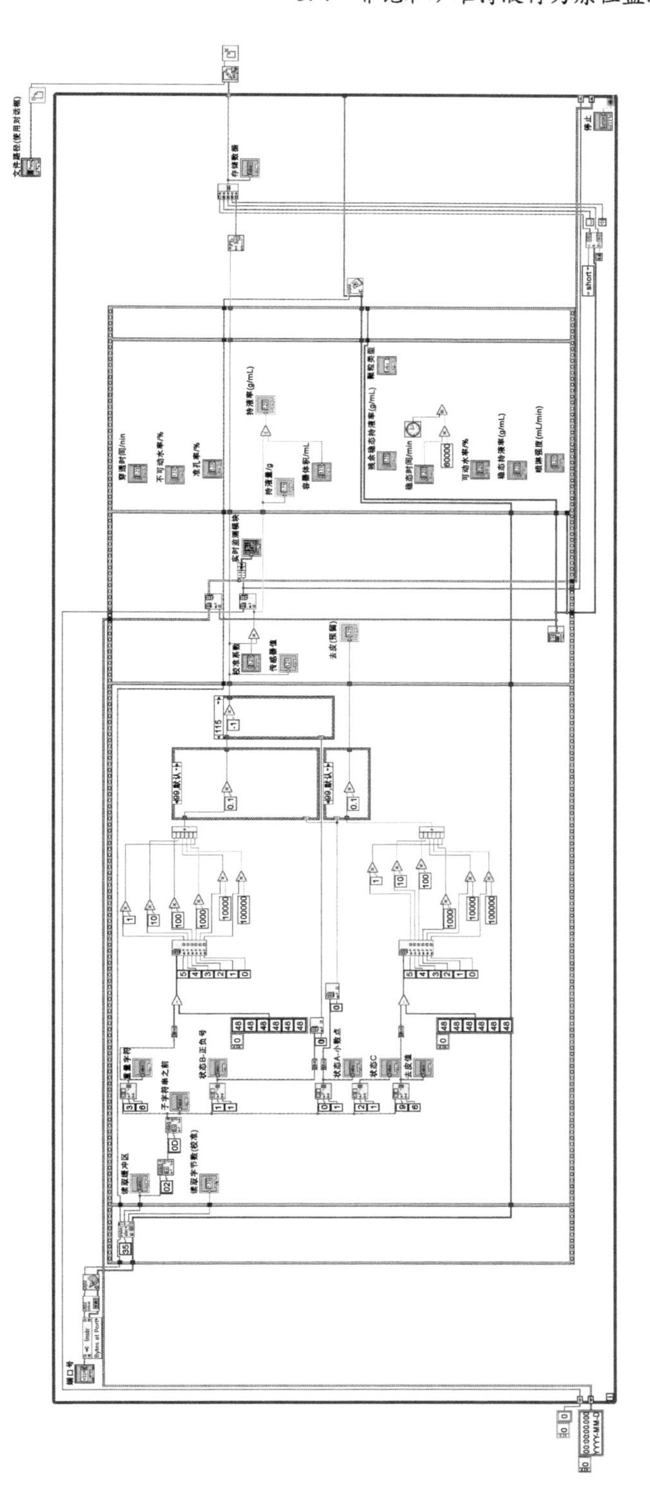

图 3-10 非饱和堆持液率原位监测装置的 LabView 数据编译界面

3.4.2.4　溶液蠕动泵

为控制溶液流动并实现颗粒堆溶液闭路循环，选用美国 Cole Parmer（科尔帕默）MFLEX L/S 8CH/4RL 型蠕动泵，电子显示，数字变速控制，实现溶液流速 0.001~3400mL/min 可调，共 8 个溶液通量出口，速度控制精度达±0.1%，量程比可达 6000：1。

3.4.2.5　喷淋系统

喷淋系统由双层玻璃隔板、导流直管（ϕ1.42mm × 50mm），导流软管（ϕ1.42mm）共同构成，如图 3-11 所示。其中，双层玻璃隔板是由两层多孔玻璃板、M10 螺纹杆与螺母固定连接，多孔玻璃板喷淋孔 83 个，孔径 0.5mm。为实现颗粒堆均匀布液，本研究选用了 9 个喷淋孔，如图 3-11（a）所示。

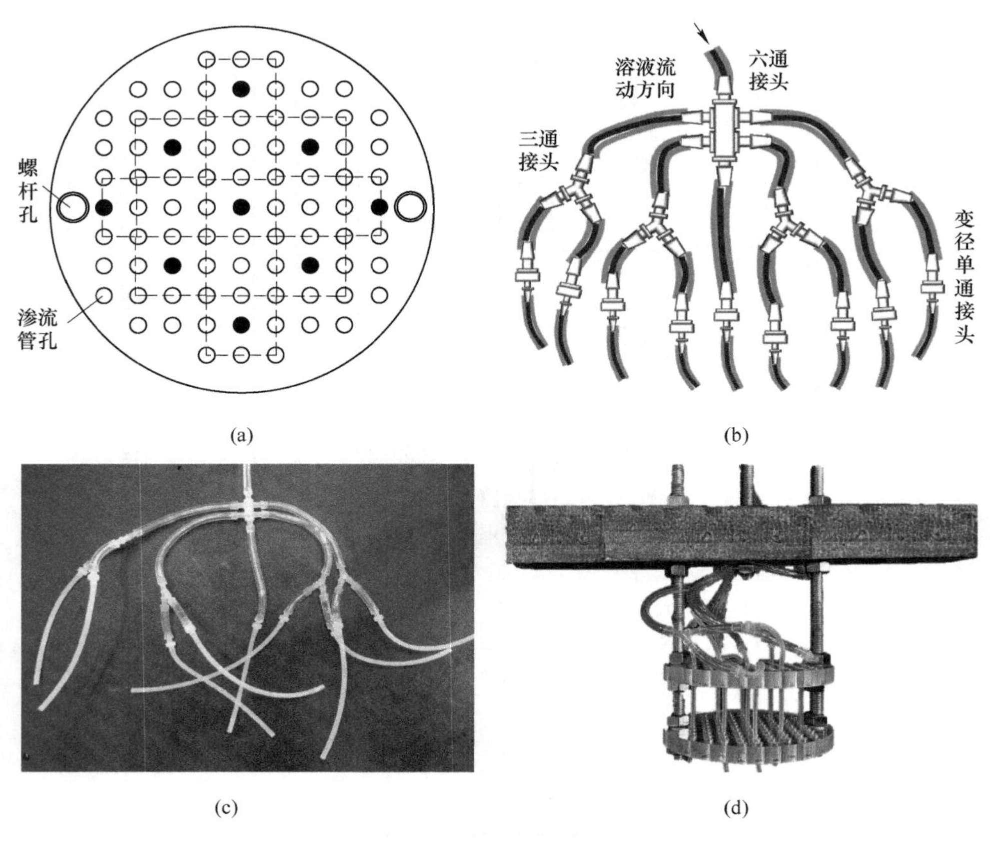

图 3-11　喷淋系统及其装置尺寸

（a）喷淋口固定板；（b）喷淋管路布置；（c）喷淋管路连接；（d）喷淋系统与管路布置

喷淋管路由六通接头、三通接头、变管径单通接头和 2 种导流橡胶管组成，如图 3-11（b）和图 3-11（c）所示。为更好地控制喷淋过程中各管路的流速和流量，溶液经六通接头、三通接头实现均匀分流，并使用变管径单通接头（管路内径从 3.0mm 减小为 1.0mm），实现各喷淋头流量稳定且相同，最终均匀喷淋至散体颗粒堆表面。为确保实验过程中管路密闭且不渗漏，进行喷淋管路的尺寸参数与配套设计，结果见表 3-2。

表 3-2 喷淋管路配置及其尺寸参数

单通/多通接头	流入端		流出端		数量
	内径/mm	外径/mm	内径/mm	外径/mm	
六通接头	3.7	4.6	3.7	4.6	1
三通接头	3.1	4.5	3.1	4.5	4
变径单通接头	1.0	2.5	2.0	4.4	9

导流橡胶管	内径/mm	外径/mm	数量
1 号导流橡胶管	3.0	5.0	若干
2 号导流橡胶管	1.0	3.0	若干

3.4.2.6 耐酸有机玻璃柱

采用圆柱形耐酸有机玻璃柱，设计尺寸为内径 ϕ150mm×500mm，有机玻璃柱上部经固定板与喷淋系统（喷淋多孔板直径 ϕ120mm）连接，底部连接固定法兰、圆弧形集液层和底部阀门，有机玻璃柱内部下方设置一个多孔玻璃隔筛，孔径为 2mm，如图 3-12 所示。

3.4.3 主要特点与优势

自主研发的非饱和矿堆持液率原位实时表征装置与方法，具有可操作性强、监测成本低、监测精度高等突出特点，基本满足了本书有关持液率监测的研究需求。与国内外已有同类持液率监测装置相比，本书实验装置的先进性和优势，主要体现在以下 4 方面：

（1）持液率无扰动监测。采用非内插式、非侵入型的悬吊测试方法，利用力信号、电信号的高效转换，有效避免了对制粒矿堆孔裂结构的不良扰动，最大限度地确保矿堆持液率监测准确性。

（2）持液率监测过程长效。测力传感器对持液量进行实时监测，并向测力仪表输出电信号，可长时间对悬吊装置进行测力监测，精度调教的时间间隔为（60±10）d，可基本满足本书对单次持液率监测实验研究的要求。

（3）监测精度高量程长。对持液率监测装置的测力仪表、测力传感器进行

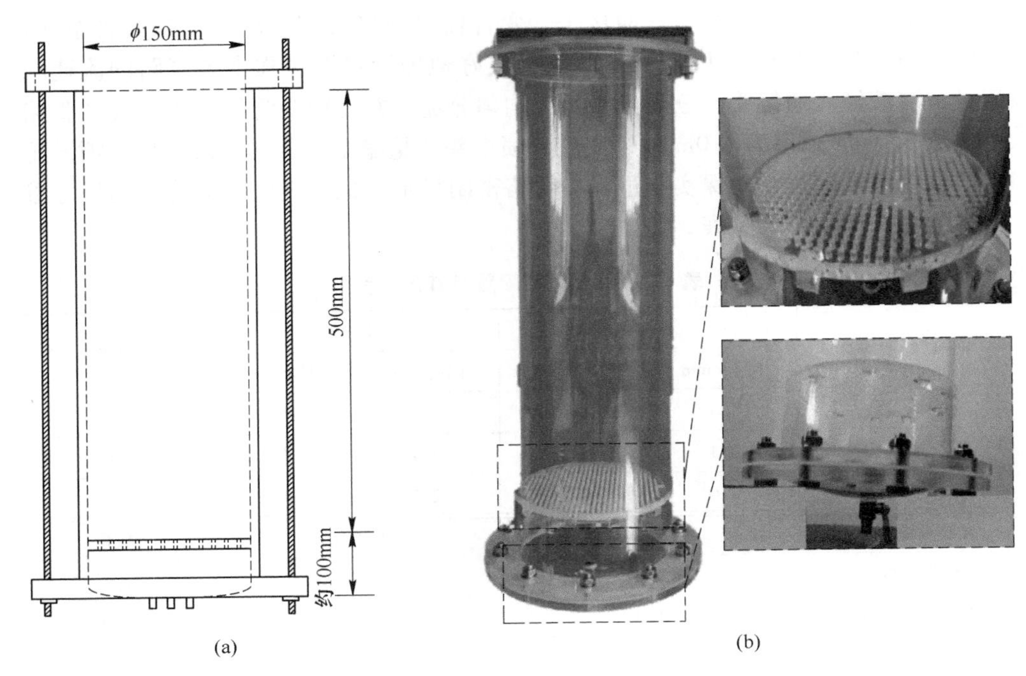

图 3-12 实验用有机玻璃柱及其装置尺寸

(a) 装置结构尺寸；(b) 实物装置与细节图

灵敏度调教，实现了精准测量的跨度为 30000 倍，最大测试量程为 30kg，测试精度为 0.001kg(1g)。

(4) 数据可视化程度高。结合 LabView 图形化编译系统，实现制粒矿堆持液行为监测过程中持液率、残余持液率等关键参数的可视化显示，以及对持液率数据自主监测与获取。

3.5 非饱和堆静态持液行为监测与表征实验

3.5.1 颗粒类型及特征

为清晰获取矿石制粒对非饱和散体堆静态持液行为的影响机制，本书对比研究了实心玻璃球（颗粒内孔隙可忽略不计）、破碎矿石颗粒（存在一定颗粒内孔隙）、矿石制粒颗粒（颗粒内孔隙发育）3 种不同筑堆颗粒类型条件对矿堆静态持液行为的作用规律。本书采用的筑堆颗粒，如图 3-13 所示。

在不同初始润湿条件下，颗粒表面宏观润湿状态差异显著。为获取不同毛细水条件下实验颗粒基本特征，本书以实验破碎矿石为例，将其在 75℃ 条件下烘干并监测矿石制粒变化，发现矿石质量自 6h 后变化逐步变小，待 20h 后变化极小可忽略不计。因此，基本认定烘干 24h 后颗粒内部结合水与表面附着水基本被

(a)

(b)

(c)

图 3-13 实验筑堆过程中的颗粒类型

(a) 实心玻璃球；(b) 破碎矿石颗粒；(c) 矿石制粒颗粒

蒸干，使得烘干矿石颗粒此时毛细水含量或者说持液率逼近 0%，将烘干矿石取出置于实验室条件静置，待矿石降至环境温度 (25±2)℃，随后，按照初始毛细水的研究需求，向矿石颗粒堆中施加一定量的水，并在混合疏水性实验袋中将水分与颗粒充分混合，最终获得不同初始毛细水条件下的颗粒宏观润湿状态，如图 3-14 所示。

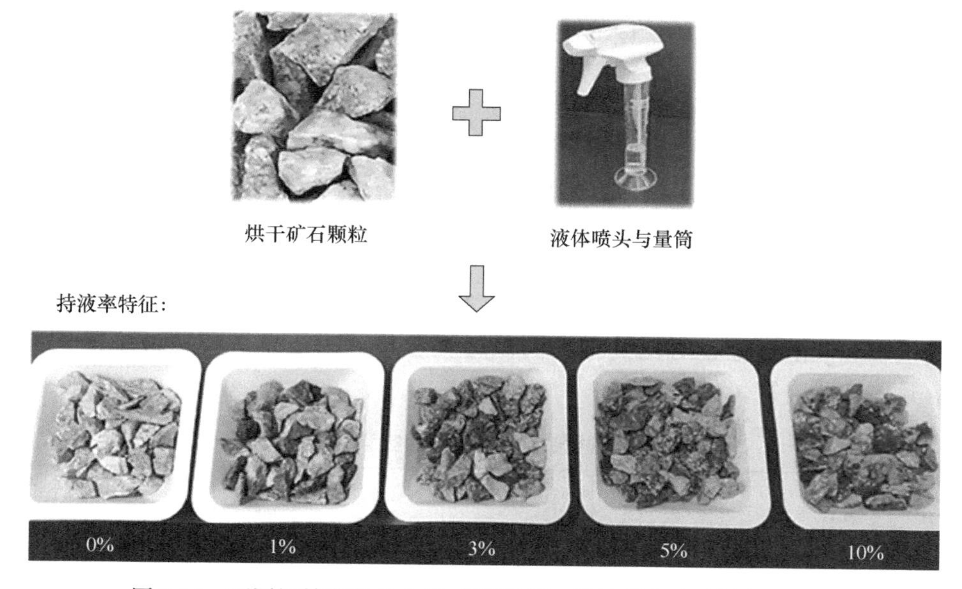

图 3-14 不同初始毛细水含量（持液率）条件下实验矿样宏观形态

3.5.2 实验方案设计

本书主要考察筑堆颗粒类型、颗粒尺寸、喷淋强度（表面流速）、喷淋模式、初始毛细水含量等不同影响因素条件下液体穿透时间、稳态持液率、残余持液率等关键参数特征，对比揭示各影响因素及其取值对非饱和矿堆静态持液行为的影响机制。此外，为避免由于颗粒尺寸差异导致的颗粒偏析、分层导致的实验结果偏差，本书采用均一粒径颗粒进行筑堆和喷淋作业，暂不考虑颗粒粒径分布的潜在影响，具体实验方案如下所述。

3.5.2.1 筑堆颗粒类型

为分别考察颗粒间孔隙不发育、较不发育和较发育3类条件下静态持液行为差异，进一步突出表明制粒矿堆发育的孔隙结构对静态持液行为的影响机制，采用实心玻璃球（颗粒内孔隙率视为0%）、破碎矿石、制粒颗粒3种类型材料，采用粒径为-19.0+13.5mm的颗粒，分别进行筑堆和喷淋作业，具体实验方案设计，见表3-3。三者的孔隙率不同。

表3-3 不同筑堆颗粒类型的实验方案设计

分组	颗粒类型	尺寸/mm	表面流速/mm · s^{-1}	喷淋模式	初始毛细水量/%
E1	实心玻璃球	-19.0+13.5	0.10	连续喷淋	0
E2	矿石颗粒	-19.0+13.5	0.10	连续喷淋	0
E3	制粒颗粒	-19.0+13.5	0.10	连续喷淋	0

3.5.2.2 筑堆颗粒尺寸

筑堆颗粒尺寸直接关乎颗粒堆积密度，影响矿堆孔隙率，反映矿堆持液行为差异，对此，为揭示筑堆颗粒尺寸对矿堆静态持液行为的影响，分别采用粒径区间为-26.5+22.4mm、-19.0+13.5mm、-11.2+9.5mm、-5.6+4.0mm的制粒颗粒，其对应的几何平均尺寸分别为24.36mm、16.02mm、10.32mm、4.73mm，开展筑堆和喷淋作业，对比揭示不同制粒颗粒尺寸对矿堆静态持液率的影响机制。具体实验方案，见表3-4。

表3-4 不同筑堆颗粒尺寸的实验方案设计

分组	颗粒类型	颗粒尺寸/mm	几何平均尺寸/mm	喷淋强度/L · m^{-2} · h^{-1}	喷淋模式	初始毛细水量/%
E1	制粒颗粒	-26.5+22.4	24.36		连续喷淋	0
E2	制粒颗粒	-19.0+13.5	16.02		连续喷淋	0
E3	制粒颗粒	-11.2+9.5	10.32		连续喷淋	0
E4	制粒颗粒	-5.6+4.0	4.73		连续喷淋	0

3.5.2.3 喷淋强度

工业矿堆运行过程中，喷淋强度是最易调控的关键参数之一，也是可有效调控以改善矿堆持液行为、实现浸出过程强化的重要指标。对此，本书结合加拿大某矿山常用的喷淋强度，利用式（3-9）换算成溶液表面流速，分别探究了表面流速为0.01mm/s、0.02mm/s、0.05mm/s和0.1mm/s条件下矿堆持液行为特征。具体研究方案，见表3-5。

表3-5 不同喷淋强度条件下的实验方案设计

分组	颗粒类型	颗粒尺寸/mm	表面流速/mm·s^{-1}	喷淋模式	初始毛细水量/%
E1	制粒颗粒	−19.0+13.5	0.01	连续喷淋	0
E2	制粒颗粒	−19.0+13.5	0.02	连续喷淋	0
E3	制粒颗粒	−19.0+13.5	0.05	连续喷淋	0
E4	制粒颗粒	−19.0+13.5	0.10	连续喷淋	0
E5	矿石颗粒	−19.0+13.5	0.01	连续喷淋	0
E6	矿石颗粒	−19.0+13.5	0.02	连续喷淋	0
E7	矿石颗粒	−19.0+13.5	0.05	连续喷淋	0
E8	实心玻璃球	−19.0+13.5	0.01	连续喷淋	0
E9	实心玻璃球	−19.0+13.5	0.02	连续喷淋	0
E10	实心玻璃球	−19.0+13.5	0.05	连续喷淋	0

3.5.2.4 喷淋模式

在实际堆浸过程中，溶液喷淋强度与周期存在叠加，导致不同区域存在多种喷淋模式，由此导致矿堆持液行为可能存在偏差。对此，为进一步揭示喷淋模式对静态持液行为的影响机制，本书探究了连续喷淋、间断喷淋、间断循环喷淋条件下矿堆持液行为特征，获取喷淋历史对矿堆持液与溶液流动迟滞行为的影响规律。具体实验方案，见表3-6。

表3-6 不同喷淋模式条件下的实验方案设计

分组	类型	颗粒尺寸/mm	表面流速/mm·s^{-1}	喷淋模式	初始毛细水量/%
E1	制粒颗粒	−19.0+13.5	0.10	连续喷淋	0
E2	制粒颗粒	−19.0+13.5	0.10	间断喷淋	0
E3	矿石颗粒	−19.0+13.5	0.10	间断喷淋	0
E4	实心玻璃球	−19.0+13.5	0.10	间断喷淋	0
E5	制粒颗粒	−26.5+22.4	0.001，0.005，0.01，0.02，0.05，0.10	间断循环喷淋（先增后减）	0

续表 3-6

分组	类型	颗粒尺寸/mm	表面流速/mm·s^{-1}	喷淋模式	初始毛细水量/%
E6	制粒颗粒	−19.0+13.5	0.001, 0.005, 0.01, 0.02, 0.05, 0.10	间断循环喷淋（先增后减）	0
E7	制粒颗粒	−11.2+9.5	0.001, 0.005, 0.01, 0.02, 0.05, 0.10	间断循环喷淋（先增后减）	0
E8	制粒颗粒	−5.6+4.0	0.001, 0.005, 0.01, 0.02, 0.05, 0.10	间断循环喷淋（先增后减）	0
E9	矿石颗粒	−19.0+13.5	0.001, 0.005, 0.01, 0.02, 0.05, 0.10	间断循环喷淋（先增后减）	0
E10	实心玻璃球	−19.0+13.5	0.001, 0.005, 0.01, 0.02, 0.05, 0.10	间断循环喷淋（先增后减）	0

3.5.2.5 初始毛细水量

为更明确地揭示各因素对矿堆持液行为的影响机制，避免堆内已有毛细水等液体对持液行为产生扰动，在前述实验方案中未考虑初始毛细水量的影响。在实际矿堆中，受自然降雨、人工喷雾降尘等外在因素干扰，喷淋作业前矿堆的初始持液行为是较为普遍的，以毛细水为主导，因此，初始毛细水量是影响矿堆稳态持液率的重要指标。

已有研究表明，矿堆自然毛细水占比，也就是自然含水率，或称初始持液率约为3%~5%。对此，为更全面地揭示不同初始毛细水量条件下矿堆静态持液行为，本书对比探究了初始毛细水量分别为0%、1%、3%、5%和10%条件下矿堆持液特征，具体实验方案见表3-7。

表 3-7 不同初始毛细水量的实验方案设计

分组	颗粒类型	颗粒尺寸/mm	几何平均尺寸/mm	表面流速/m·s^{-1}	喷淋模式	初始毛细水量/%
E1	制粒颗粒	−11.2+9.5	16.02	0.10	连续喷淋	0（干堆）
E2	制粒颗粒	−11.2+9.5	16.02	0.10	连续喷淋	1
E3	制粒颗粒	−11.2+9.5	16.02	0.10	连续喷淋	3
E4	制粒颗粒	−11.2+9.5	16.02	0.10	连续喷淋	5
E5	制粒颗粒	−11.2+9.5	16.02	0.10	连续喷淋	10
E6	矿石	−11.2+9.5	16.02	0.10	连续喷淋	10

3.5.3 持液行为特征及过程分析

溶液渗流与扩散，主要受喷淋参数设置、颗粒类型、颗粒间/颗粒内孔隙结构特征等多重因素制约，在自身重力、静电力作用下溶液逐步在堆内扩散形成溶液渗流扩散路径，矿堆持液率随喷淋时间逐步达到稳态持液状态。无论是制粒矿堆还是非制粒矿堆，当矿堆静态持液行为达到稳态后，堆内同时存在固、液、气三相介质，属于非饱和持液体系，实现流入溶液量、流出溶液量的动态平衡，堆内可动液、不可动液总量与所处位置基本趋于稳定。

制粒矿堆的静态持液行为及其过程，如图 3-15 所示。设置实验条件，包括：采用制粒颗粒，粒径尺寸区间为-19.0+13.5mm，几何平均粒径为 16.02mm，溶液表面流速为 0.1mm/s，干燥制粒颗粒床，初始毛细水量为 0，当持液率保持 15min 不变时，认定此时达到稳态或残余稳态持液。其中，图 3-15（a）为持液率-喷淋时间的关联特征，图 3-15（b）为不同时间节点处持液行为的假想物理模型。

由喷淋结果可知，穿透时间为（1.5 ± 0.5）min，稳态持液率为 11.22%（32min），残余稳态持液率为 8.28%（74min），由此计算可知：约有 26.20%液体在停滞喷淋后排出堆体，为可动液；反之，约有 73.80%液体在停滞喷淋后仍保留在堆体内，为不可动液。不同阶段的持液行为可表述为：

（1）喷淋 0min 时，启动蠕动泵，溶液自上而下流入制粒矿堆，由于堆内溶液均滞留于制粒矿堆内部并未排出，喷淋强度保持恒定，因此，在该阶段矿堆持液率保持线性上升，如图 3-15(b) ①所示；

（2）喷淋 1.5min 时，制粒矿堆内形成溶液优先流并形成渗流穿透，大量溶液在渗流穿透瞬间自下方排出矿堆，由于溶液持续喷淋，在溶液渗流与扩散的作用下，新溶液优先流路径不断生成，如图 3-15(b)②所示；

（3）喷淋 1.5~32min 时，堆内溶液以优势流为轴沿水平方向不断扩散流动，体现为溶液量持续增加，增速由指数式增加逐渐变小，直至达到最大稳态持液率，持液率净增值约为 5.77%，如图 3-15(b)③所示；

（4）喷淋 32min 时，制粒矿堆内溶液量保持基本稳定，达到稳态持液率，为 11.22%，此时堆内可动液、不可动液的溶液量及其所处堆内区域达到稳态，溶液优势流动路径稳定不变，如图 3-15(b)④所示；

（5）喷淋 46min 时停止喷淋，在 46~74min 时堆内可动液在自身重力作用下由下端排出矿堆，导致持液率在停止喷淋 4min 内自 11.22%骤降至 9.02%，持液行为特征如图 3-15(b)⑤所示；

（6）喷淋 74min 时，停止喷淋近 30min 后，制粒矿堆内部持液量基本保持稳定，达到残余稳态持液，此时的持液率为残余稳态持液率，约为 8.28%，持液行为特征如图 3-15(b)⑥所示。

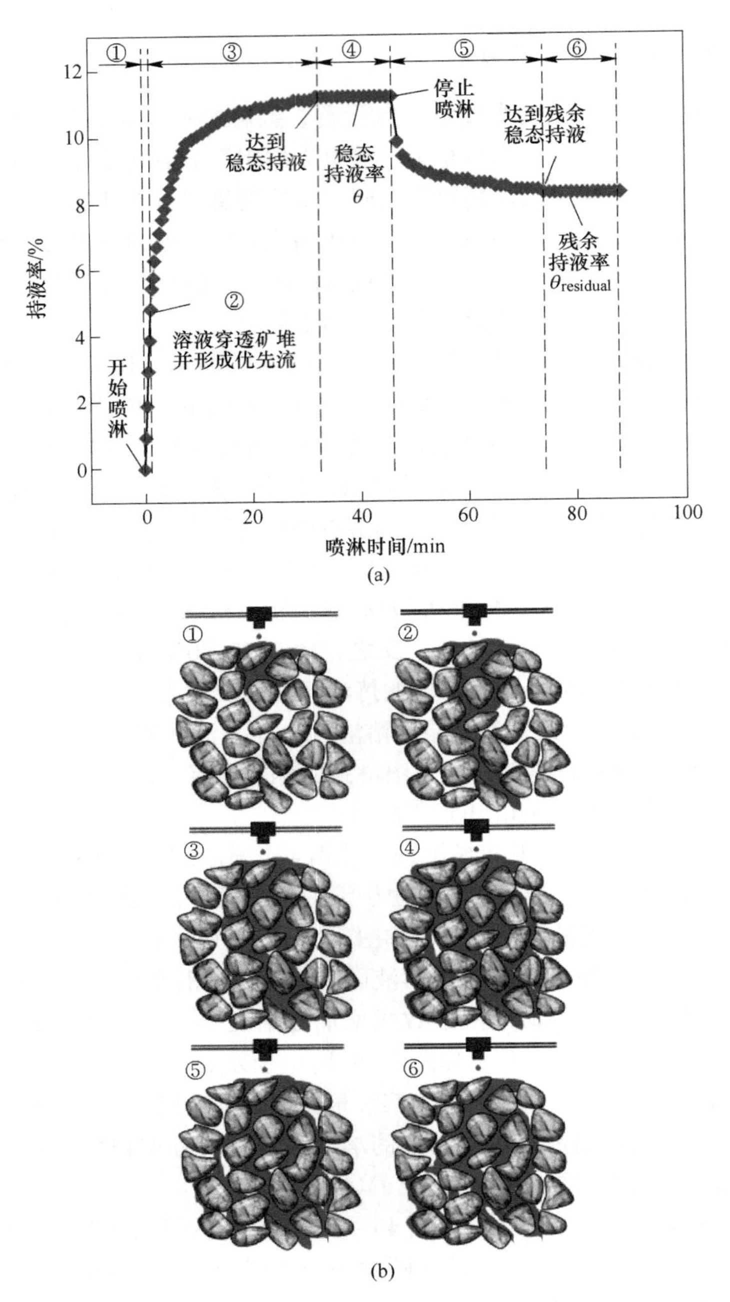

图 3-15　制粒矿堆持液率随喷淋时间变化及持液行为特征

（a）制粒矿堆喷淋时间-持液率关系；（b）制粒矿堆持液行为特征

综上可知，由于较为发育的孔裂结构，制粒矿堆内部的不可动液含量较高。

由于溶质通过离子扩散作用和液体流动进入孔隙不可动液区域，可动液区域与不可动液区域是“叠加的”或者称为“重叠的”，难以采用直接测量的方法进行区分和划定。本书采用持液率（θ）、残余持液率（$\theta_{residual}$），间接表征堆内可动液和不可动液量，获取不可动液可动液比，揭示制粒矿堆静态持液行为、动态持液行为对浸出效果的影响机制。

3.5.4 颗粒类型对静态持液的影响

本书对比了实心玻璃球、矿石颗粒、制粒颗粒条件下矿堆持液率随喷淋时间变化规律，如图 3-16 所示。其中，采用相同几何平均尺寸的各类颗粒分别进行筑堆，各类颗粒堆的颗粒间孔隙率视为基本一致，仅在颗粒内孔隙上存在显著差异，其中，相较于实心玻璃球堆、矿石颗粒堆，制粒颗粒堆的颗粒内孔隙率显著发育。结果表明，不同类型颗粒堆的持液行为规律基本相同，但各堆稳态持液率、穿透时间等方面差异显著。稳态持液率方面，制粒颗粒堆的稳态持液率最佳，达 11.22%，矿石颗粒堆稳态持液率较高，约为 3.25%，实心玻璃球堆稳态持液率最低，仅为 2.20%；渗流穿透方面，实心玻璃球堆、矿石颗粒堆、制粒颗粒堆的渗流穿透时间分别约为 0.25min、0.5min、1.5min，即实心玻璃球堆更容易催生溶液优势流，较早形成渗流穿透；反之，制粒颗粒堆的渗流扩散速度较慢，最晚形成穿透。因此，较高堆孔隙率对于强化溶液渗流扩散、提高稳态持液率具有积极影响。

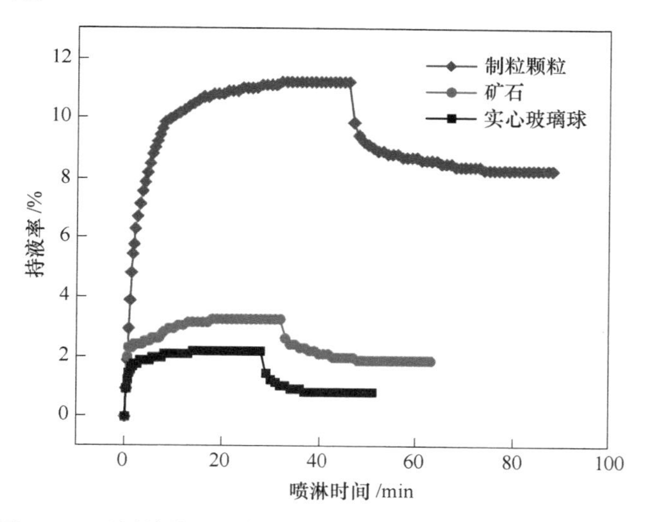

图 3-16 不同筑堆颗粒条件下矿堆持液率随喷淋时间变化规律

为进一步揭示不同筑堆颗粒类型下可动液、不可动液含量与占比，本书分别提取实心玻璃球、矿石颗粒、制粒颗粒的稳态持液率、残余持液率及其时间节点，如图 3-17 所示。如前所述，残余持液量表明停滞喷淋后堆内的不可动液，稳态持液量与残余持液量的差值视为可动液，由此计算可动液、不可动液所占持液总量的比例。

如图 3-17 所示，不同颗粒堆内可动液、不可动液含量存在显著差异，其中，制粒矿堆内不可动液占主导地位，占比超过 73%，而实心玻璃球堆内不可动液的含量较低，可动液占主导地位，占比超过 61%。具体而言，制粒颗粒堆、矿石颗粒堆和实心玻璃球堆的可动液所占比例分别为 26. 20%、41. 85%、61. 82%，不可动液所占比例分别为 73. 80%、58. 15%、38. 18%。因此，综合图 3-16 和图 3-17 可知，可做如下推断：随着颗粒堆的颗粒内孔隙率的增加，颗粒堆的稳态持液率显著上升，这种持液能力的提高是由于堆内不可动液含量增加所致，换言之，较发育的颗粒内孔隙稳定保持更多的不可动液，进而提高颗粒堆的稳态、残余稳态持液率。

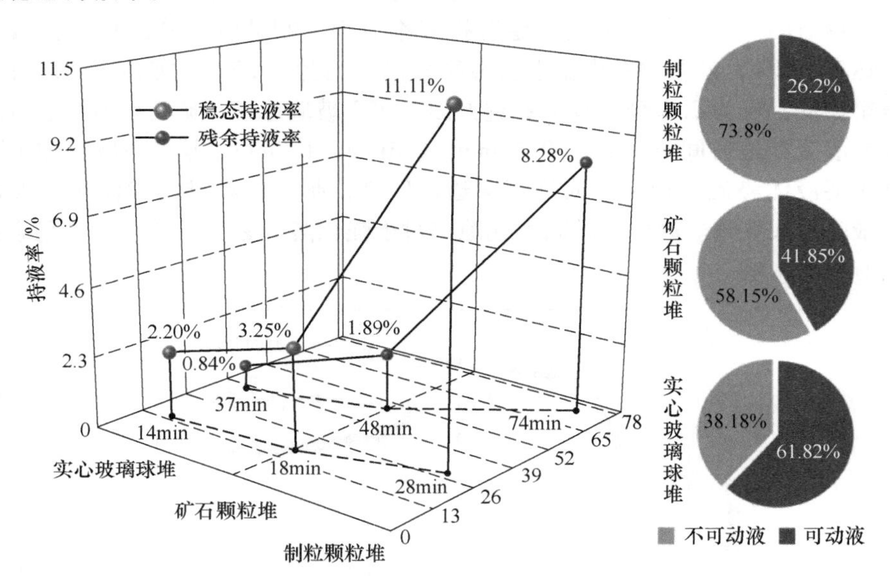

图 3-17 不同筑堆颗粒条件下矿堆稳态及残余持液率特征

3. 5. 5 颗粒尺寸对静态持液的影响

颗粒尺寸直接影响着颗粒堆的全孔隙率和潜在溶液渗流通道的形成，因此对矿堆的静态持液行为产生重大影响。对此，本书选取了−26. 5+22. 4mm、−19. 0+13. 5mm、−11. 2+9. 5mm、−5. 6+4. 0mm 共 4 类制粒颗粒堆的持液行为特征，其对应的颗粒几何平均尺寸分别为 24. 36mm、16. 02mm、10. 32mm、4. 73mm，获取制粒颗粒堆持液率随喷淋时间的变化规律，如图 3-18 所示。

喷淋结果表明，不同颗粒尺寸堆的持液行为规律相似，均经历了渗流穿透、溶液快速扩散、逐步达到稳态、残余稳态等典型过程，但是，不同颗粒尺寸堆的持液能力存在着显著差异，总体而言，颗粒堆的持液能力与颗粒几何平均尺寸呈负相关，减小制粒颗粒尺寸可显著提高颗粒堆的持液量，其中，当颗粒尺寸较大（24.36mm）时，堆持液率较低，稳态持液率仅为9.12%，残余稳态持液率为5.66%；当筑堆颗粒尺寸较小（4.73mm）时，堆持液率较高，稳态持液率可达26.00%，残余稳态持液率达20.45%，该残余稳态持液率甚至高于尺寸较大颗粒堆的稳态持液率。此外，当颗粒几何平均尺寸（24.36mm）较大时，颗粒堆更快达到稳态持液，为20min；反之，当颗粒几何平均尺寸（4.73mm）较小时，颗粒堆较晚达到稳态持液，为58min。

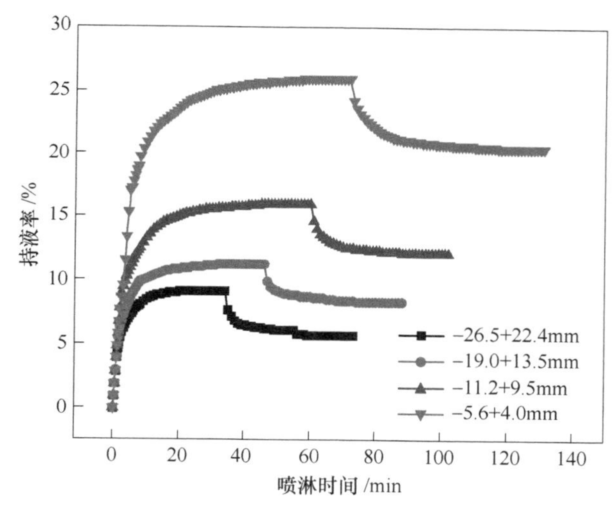

图 3-18 不同制粒颗粒尺寸下堆持液率随喷淋时间变化规律

为进一步揭示不同颗粒尺寸对颗粒堆持液的影响机制，提取关键时间节点处的稳态持液率、残余持液率和相对持液率，并对不同颗粒平均尺寸条件下相对持液率的关联关系进行非线性拟合，所获的拟合方程为$y=0.0089\exp(-x/-6.662)+1.267$，拟合优度（$R^2$）为0.989，因此，拟合曲线与实验值有较好匹配度，结果如图3-19所示。

结果表明，颗粒尺寸增加，导致堆稳态持液率、残余持液率呈现逐渐减小的总体趋势，以稳态持液率为例，当平均尺寸为24.36mm、16.02mm、10.32mm、4.73mm粒径时，堆的稳态持液率逐渐减小，分别为26.00%、16.04%、11.22%和9.12%；并且，随着颗粒几何平均尺寸的增加，堆相对持液率呈类指数变化；换言之，当增加颗粒几何平均尺寸时，相近尺寸间的相对持液率差异较小，趋于骤增；当减小颗粒几何平均尺寸时，相近尺寸间的相对持液率差异较小，趋于稳定。

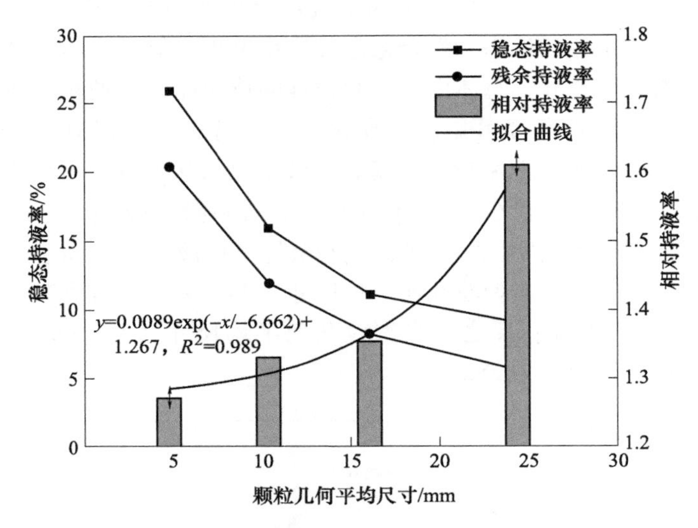

图 3-19　堆稳态持液率、残余持液率与相对持液率随几何平均尺寸的变化

为进一步探索不同颗粒尺寸条件下可动液、不可动液情况，分别计算了不可动液、可动液比例以及二者之比，对不同颗粒尺寸下可动液与不可动液之比进行线性拟合，所获拟合方程为 $y=-0.994x+4.167$，拟合优度（R^2）为 0.962，因此拟合曲线与实验值匹配程度较高，结果如图 3-20 所示。研究发现，不可动液、可动液之比与颗粒几何平均尺寸呈负相关。

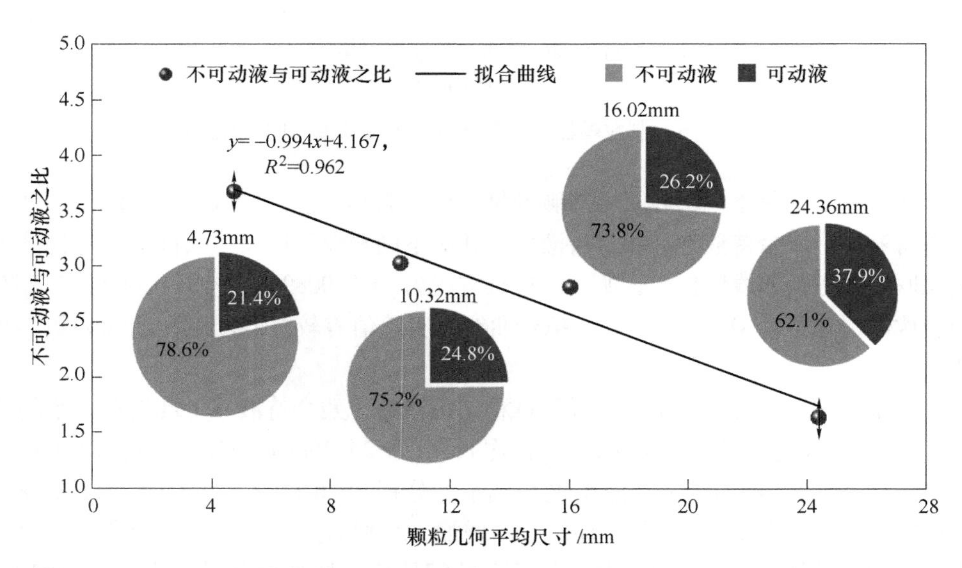

图 3-20　不同颗粒几何平均尺寸条件下堆内可动液与不可动液占比特征

当颗粒平均尺寸较小（4.73mm）时，不可动液、可动液之比偏大，达3.68；当颗粒平均尺寸较大（24.36mm）时，不可动液、可动液之比偏小，仅为1.64。此外，当颗粒平均尺寸较大（24.36mm）时，堆内大孔道路径较为发育，因此持液能力较差，可动液的占比较高，可达37.9%；反之，当颗粒平均尺寸较小（4.73mm）时，堆内以微细孔道为主，因此潜在的溶液渗流扩散路径较多、堆持液能力强，可动液的占比较低，约为21.4%。换言之，当颗粒平均尺寸降至4.73mm时，颗粒堆内不可动液占比自62.1%增至78.6%。

3.5.6 喷淋强度对静态持液的影响

溶液喷淋强度决定着堆内溶液的流动路径，通常认为存在一个临界喷淋强度，超过此喷淋强度，多孔介质中的水力条件发生变化，导致堆内溶液渗流扩散与持液行为产生显著差异。在具有一定非均匀尺度的颗粒堆中，一般表现为：低喷淋强度时（表面流速较小）溶液倾向于流入细颗粒区域，高低喷淋强度时（表面流速较大）溶液倾向于流入粗颗粒区域[123,124]，因而在实际矿堆中存在溶液饱和与非饱和区。由于相同喷淋强度、不同装置尺寸条件，可导致溶液的喷淋条件存在显著差异，应采用表面流速来替换喷淋强度，实现均一化表征。为进一步揭示喷淋强度对均匀尺寸颗粒堆的影响机制，对比考察了表面流速分别为0.10mm/s、0.05mm/s、0.02mm/s和0.01mm/s条件下制粒颗粒堆的静态持液规律，如图3-21所示。

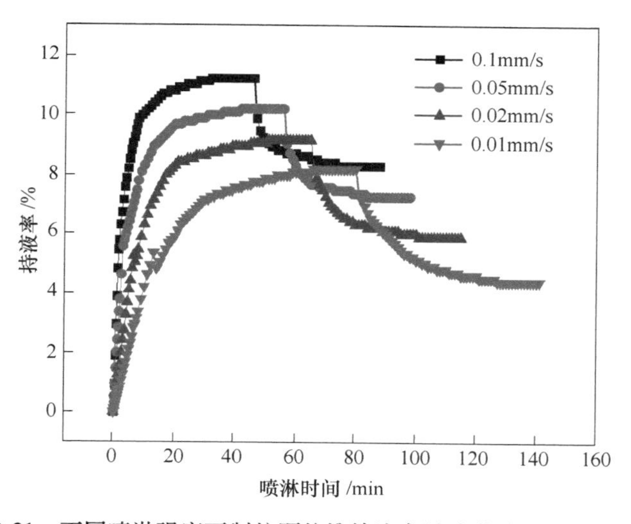

图3-21 不同喷淋强度下制粒颗粒堆持液率随喷淋时间的变化规律

研究结果表明，制粒颗粒堆的稳态持液能力与喷淋强度呈正相关，溶液渗流穿透时间与喷淋强度呈负相关，达到稳态的所需时长与喷淋强度呈负相关。具体而言，峰值持液率在表面流速 0. 10mm/处取得，在 32mins 时较快地达到稳态持液率，约为 11. 22%，在 74min 时较快地达到残余稳态持液率，约为 8. 28%；相反地，最低持液率在表面流速为 0. 01mm/s 处取得，在 78min 时达到稳态持液率，仅为 8. 18%，在 127min 时达到残余稳态持液率，约为 4. 40%。因此，较低表面流速不利于获得理想的颗粒堆持液率，较高的表面流速可加快溶液渗流扩散过程，有效改善颗粒堆持液状态。

为深入揭示不同喷淋强度下持液率特征，提取制粒颗粒堆稳态、残余稳态、相对持液率及其拟合曲线，如图 3-22 所示。此外，采用非线性拟合的方法对相对持液率数据进行拟合，所获拟合方程为 $y=1.355x+0.504/[1+(x/0.018)]$，拟合优度（$R^2$）为 0. 959，表明拟合曲线与实验值匹配度较高。由图 3-22 可知，制粒颗粒堆持液率与溶液表面流速呈正相关，相对持液率与表面流速呈类对数关系。具体而言，制粒颗粒堆的相对持液率自 0. 01mm/s 时的 1. 859 显著下降至 0. 10mm/s 时的 1. 355，净差值达 0. 504，但其相对持液率自 0. 05mm/s 至 0. 10mm/s 时的净差值仅为 0. 052。这表明相对持液率的临界值应介于 0. 02~0. 05mm/s 之间，因此，过高的喷淋强度虽可获得较高的稳态持液率，但是结合工业堆浸应用经验可知，过高的喷淋强度易造成潜在的溶液优势流和过高的喷淋费用；过低的喷淋强度虽不易造成溶液优势流，但是溶液渗流扩散速度过慢，达产速度慢，产量低，不适合工业堆浸。

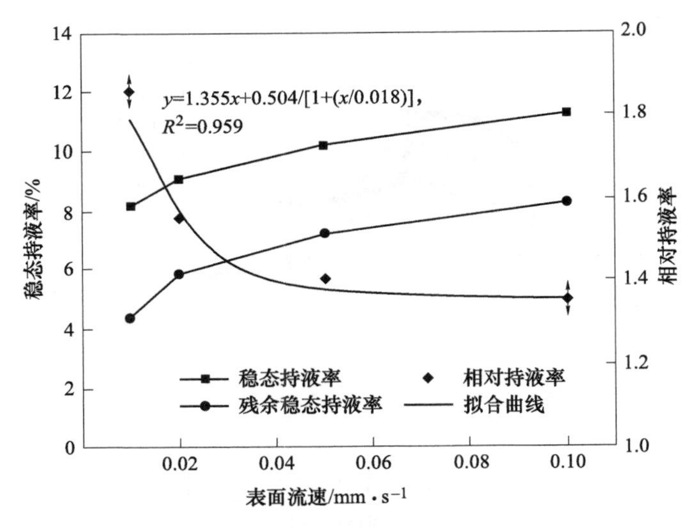

图 3-22 堆稳态持液率、残余稳态持液率与相对持液率随表面流速的变化

进一步对比不同表面流速下可动液、不可动液的比例及二者之比，如图 3-23 所示，对不可动液、可动液之比进行线性拟合，拟合方程为 $y=16.592x+1.315$，拟合优度（R^2）为 0. 844，拟合曲线与实验值匹配度较高。不可动液与可动液之

比与溶液表面流速呈正比关系。在较高表面流速下，制粒颗粒堆内的不可动液占比较高、可动液占比较低，反之，在较低表面流速下，制粒颗粒堆内的不可动液占比较低、可动液占比较高。

具体表现为：在较高表面流速（0.10mm/s）下，制粒颗粒堆内不可动液占比较高，约为73.8%；反之，在较低表面流速（0.01mm/s）下，制粒颗粒堆内不可动液占比较低，仅为53.8%。当溶液表面流速由0.01mm/s增加至0.10mm/s时，颗粒堆内的不可动液、可动液之比由1.164增加至2.816，分析认为，当提高喷淋强度，即提高溶液表面流速时，一是可显著提高颗粒堆的稳态持液率，二是导致颗粒堆内溶液优势流路径快速发育，形成了大流量孔道，因此，尽管较高表面流速下颗粒堆持液率较高，但堆内可动液经优势路径流入、流出颗粒堆，剩余大量不可动液滞留于颗粒堆内部，宏观表现为表面流速较高时，颗粒堆内的不可动液所占比例显著提高。

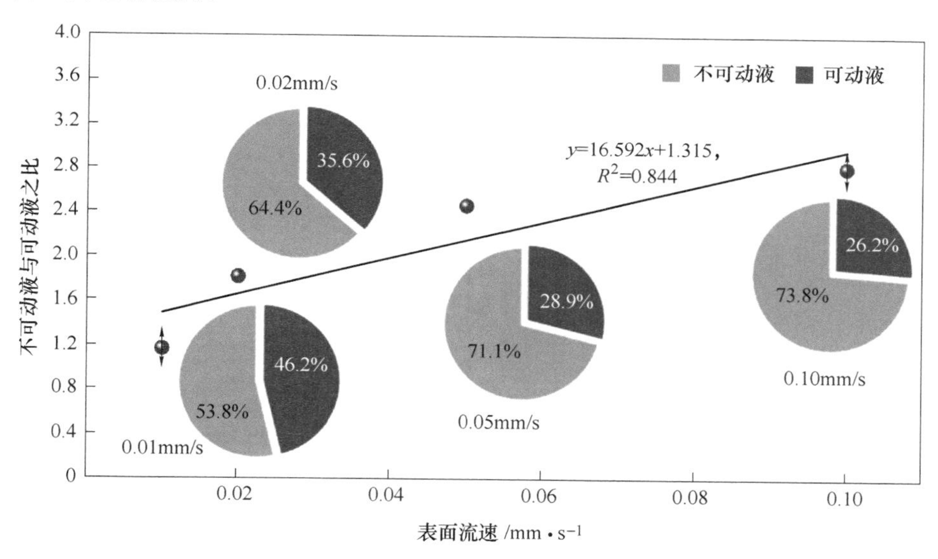

图 3-23 不同表面流速条件下堆内可动液与不可动液占比特征

3.5.7 喷淋模式对静态持液的影响

本书对比不同颗粒尺寸条件下连续喷淋、间断喷淋和循环喷淋3种模式对颗粒堆持液行为的影响机制。其中，间断喷淋模式的表面流速设为0.10mm/s，循环喷淋的表面流速共6个阶段，包括0.001mm/s、0.005mm/s、0.01mm/s、0.02mm/s、0.05mm/s、0.10mm/s，颗粒平均尺寸为16.02mm，典型连续喷淋、间断喷淋、循环喷淋，如图3-15、图3-24（a）和图3-24（b）所示。

由图3-24（a）可知，对于间断喷淋模式，若采用相同喷淋强度（或表面流

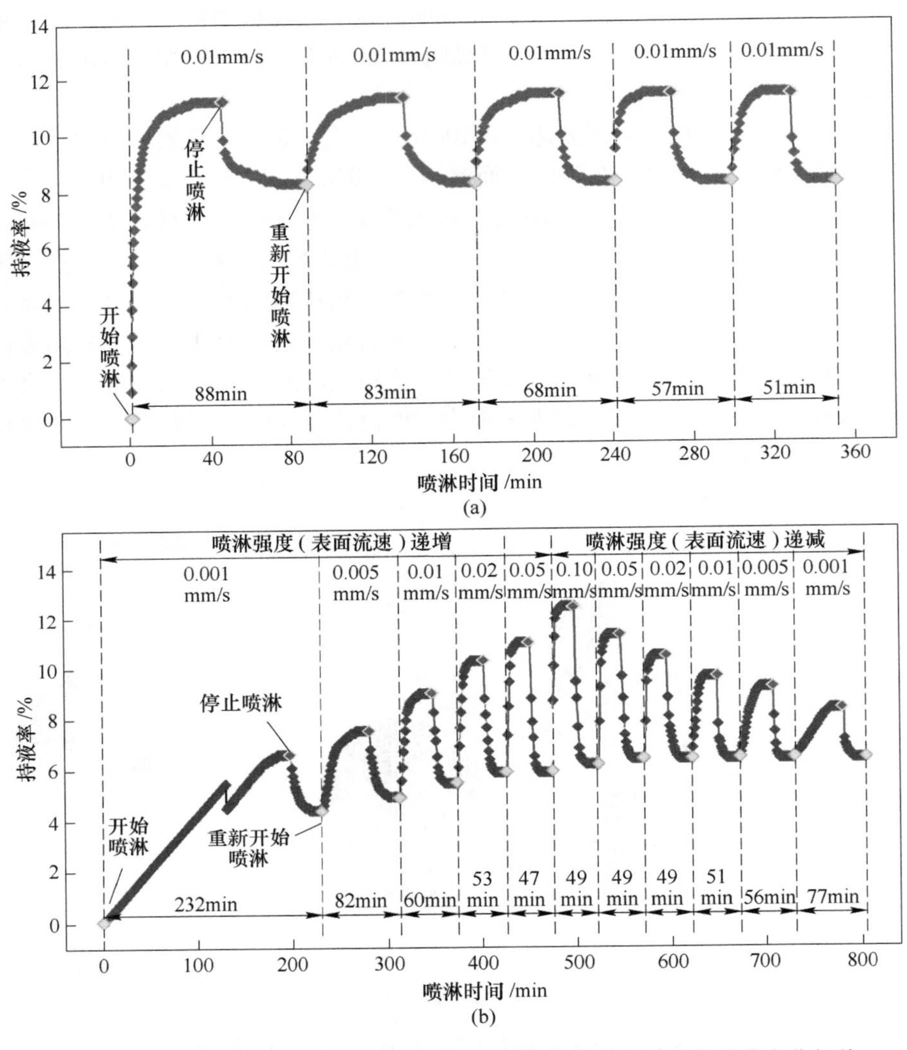

图 3-24 间断喷淋、循环喷淋条件下制粒颗粒堆持液率随喷淋时间变化规律
(a) 间断喷淋;(b) 循环喷淋

速),即每次喷淋环境均相同,无法有效提高制粒颗粒堆的稳态持液率,但可以更快地达到稳态持液,数据表明:在表面流速 0.1mm/s 条件下,制粒颗粒堆用时 32min 第 1 次达到稳态持液,持液率为 11.22%,随后开展 4 次间断喷淋,直至 315min 时第 5 次达到稳态,此时持液率为 11.43%,相较于第 1 次稳态持液率仅略高了 0.21%,但达到稳态的时间缩短了 17min,整个间断喷淋过程用时缩短了 36min,这是由于在第 2~5 次间断喷淋过程中,堆内已经形成了溶液优势路径,加速了颗粒堆的持液行为达到稳态。因此,在间断喷淋模式下,给予相同的

喷淋强度刺激，颗粒堆的持液率不会发生显著改变，但达到稳态的时间将有效缩短；换言之，固定喷淋强度条件，采用间断喷淋模式可有效缩短达到稳态持液的时间，但难以影响堆稳态持液率。

由图 3-24（b）可知，循环喷淋是指在某一流速下达到堆稳态与残余稳态后变更喷淋强度的喷淋方法，可有效揭示喷淋灌溉历史（即堆内已有不动水溶液或已有渗流路径）对非饱和堆持液行为的影响机制。依据溶液表面流速值，将循环喷淋分为两个阶段：喷淋强度（表面流速）递增阶段、喷淋强度（表面流速）递减阶段。

（1）在表面流速递增阶段（简称流速递增段），表面流速自 0.001mm/s 逐阶提高至 0.05mm/s，堆稳态持液率持续提升，自 6.61%增加至 12.48%，同时，残余稳态持液率提升显著，由 4.40%增至 6.29%，其净增值达 1.89%，这表明更高喷淋强度的介入可显著改善持液状态，强化堆内溶液渗流与扩散过程，有效提高堆稳态持液率、残余稳态持液率。

（2）在表面流速递减阶段（简称流速递减段），表面流速自 0.10mm/s 逐阶降低至 0.001mm/s，堆稳态持液率逐渐下降，自 12.48%降低至 8.39%，但均高于相同喷淋强度的早期稳态持液率。以 0.005mm/s 为例，对比 267min、693min 两次稳态持液可见，持液率自 7.55%增至 9.23%；残余稳态持液率基本保持不变，509~791min 间，残余持液率由 6.29%增至 6.40%，净增加值仅 0.11%，这表明在较低喷淋强度作用下，堆稳态持液率略有提升，但残余稳态持液率基本保持恒定，不受干扰。

分析循环喷淋对持液率的影响机制，绘制溶液循环喷淋过程“迟滞环”，如图 3-25 所示。在循环喷淋模式下施加相同喷淋强度，制粒颗粒堆的稳态持液率、残余稳态持液率存在显著差异，并且，在流速递减段的稳态持液率高于流速递增段，以 0.01mm/s 为例，流速递减段稳态持液率为 9.65%，高于流速递增段的稳态持液率（9.02%），净差值为 0.63%；不论在何种喷淋强度（表面流速）下，稳态持液率均高于残余稳态持液率；在低流速条件下，稳态持液率提升最为显著、净增值最大。对比说明，表面流速 0.001mm/s 时稳态持液率的净增值为 1.77%，远高于 0.05mm/s 时稳态持液率的净增值（0.31%）。综上所述，制粒颗粒堆的稳态持液率、残余稳态持液率均对喷淋强度（表面流速）较为敏感。

分别提取连续喷淋模式、间断喷淋模式、循环喷淋模式下稳态持液率及其关键时间节点，进一步分析不同喷淋模式下制粒颗粒堆稳态持液率随喷淋时间的分布特征，结果如图 3-26 所示。

结果表明，在同为表面流速 0.1mm/s 的喷淋条件下，循环喷淋模式的稳态持液率为 12.48%，均高于连续喷淋（11.22%）、间断喷淋（11.43%）；此外，在低于 0.05mm/s 喷淋条件下，循环喷淋稳态持液率的峰值为 11.01%，均低于

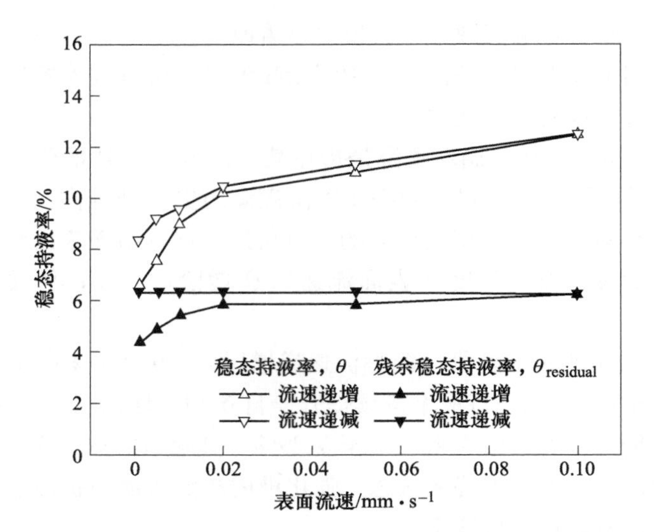

图 3-25　循环喷淋条件下制粒颗粒堆稳态、残余稳态持液率的“迟滞环”

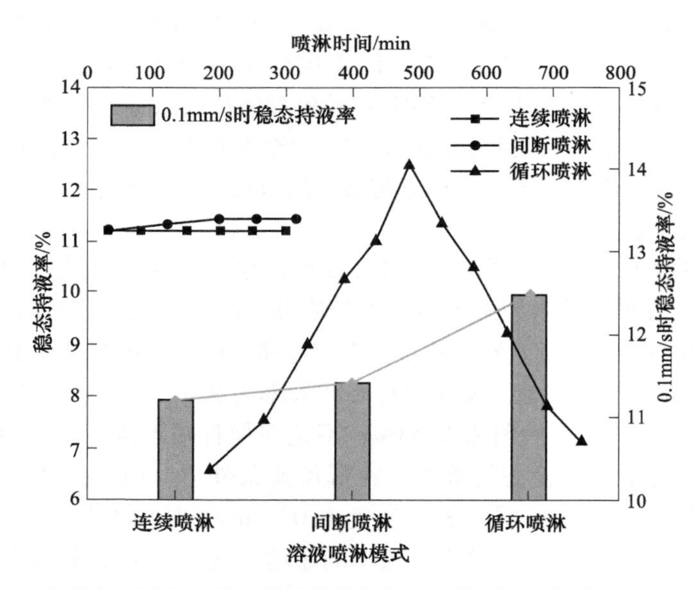

图 3-26　连续喷淋、间断喷淋、循环喷淋条件下制粒颗粒堆的稳态持液率分布特征

0. 10mm/s 条件下连续喷淋（11. 22%）、间断喷淋（11. 43%）的稳态持液率。因此，相较于间断喷淋、连续喷淋而言，采用循环喷淋模式可有效提高制粒颗粒堆的稳态持液率，但循环喷淋对持液行为的强化作用受喷淋强度制约。

因此，喷淋过程中制粒颗粒堆内同时存在可动液、不可动液，受喷淋强度、喷淋模式等因素的影响[125]，堆内不可动液、可动液的含量与比例处于动态演变、动态平衡过程。依据循环喷淋实验结果，绘制循环喷淋条件下制粒颗粒堆持液行为理想模型，如图 3-27 所示。

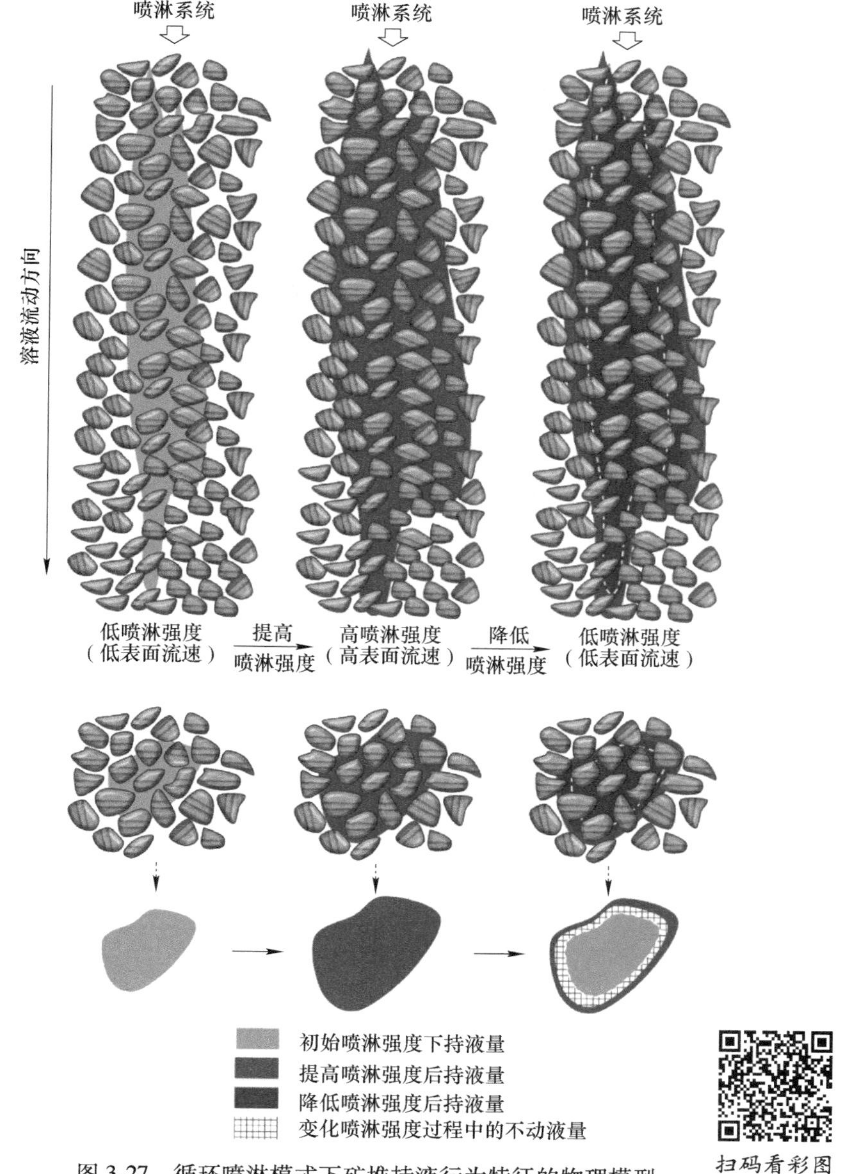

图 3-27 循环喷淋模式下矿堆持液行为特征的物理模型

由图 3-27 可见，当低喷淋强度达到稳态持液后（假定此时稳态持液率为 θ_1，下同），提高喷淋强度，可使得颗粒堆内持液率显著提升至 θ_2，随后再将喷淋强度降回低喷淋强度后，稳态持液率迅速下降达到 θ_3，三者持液率大小关系为 $\theta_2>$

$\theta_3>\theta_1$，其中，θ_3与θ_1的差值是由于不可动液量增加所致。换言之，喷淋强度先增后减过程，可有效增加非饱和颗粒堆的不可动液含量，提高稳态持液率。这是由于在高喷淋强度下有若干新的流动路径、润湿区域的形成，但当喷淋强度降低后，单位时间内堆内注入的溶液量迅速变小，大量溶液倾向于流入优势路径，但在高喷淋强度下生成的新流动路径、润湿区域并不会因为喷淋强度的降低而完全消除或变干燥，保存了更多不可动液，宏观表现为堆内稳态持液率θ_3比低喷淋强度下稳态持液率θ_1要高，即形成非饱和制粒颗粒堆的“溶液迟滞”（Liquid hysteresis）现象[126]。

为进一步定量表征循环喷淋过程中不可动液、可动液存在状态，计算稳态持液率条件下不可动液、可动液占比及其二者之比，如图 3-28 所示。对相对持液率数据进行拟合，流速递增段拟合方程为$y=1.039\exp(-x/0.015)+1.053$，拟合优度（$R^2$）为 0.969，流速递减段拟合方程为$y=2.154\exp(-x/0.009)+1.188$，拟合优度（$R^2$）为 0.946。结果表明，相比相同喷淋强度下流速递增段，流速递减段的不可动液占比更高；在低流速条件下，制粒颗粒堆更易出现溶液迟滞现象。考察表面流速 0.001mm/s，其流速递减段的不可动液、可动液之比为 3.21，明显高于流速递增段（2.00），前者可动液占比（76.3%）高于后者（66.6%）。

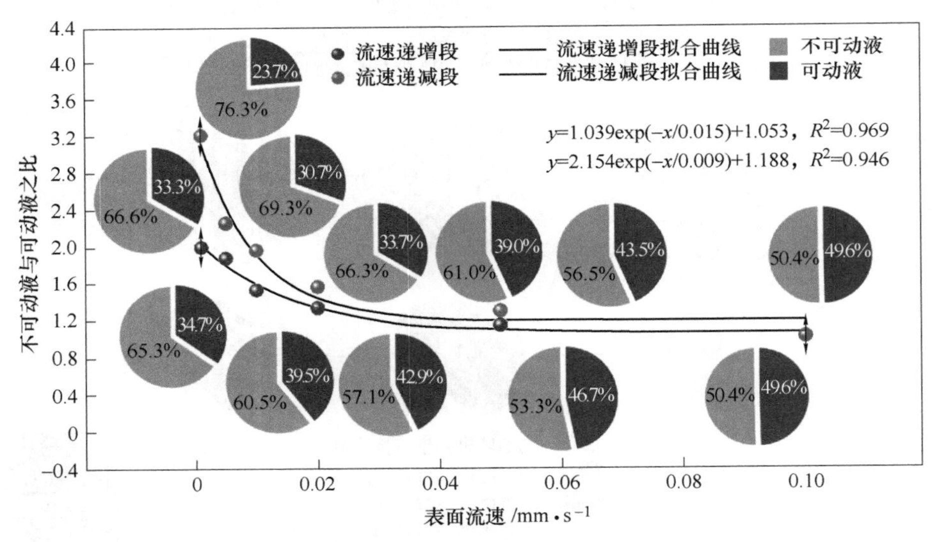

图 3-28 循环喷淋模式下不可动液、可动液的比例随表面流速的分布规律

3.5.8 初始毛细水含量对静态持液的影响

通常而言，不论是矿石颗粒堆、制粒颗粒堆，其堆内相邻颗粒

间或颗粒孔隙内部均含有一定量的毛细水，或以结合水的形式存在，换言之，真实工业矿堆喷淋前不可能是完全干燥的，其内部含有一定量的液体，全部为不可动液[127, 128]。一般用初始毛细水含量进行定义，来表征喷淋开始前颗粒堆的初始持液率，通常为3%~5%，若在降雨比较充沛的区域，则略高于5%。

为此，为进一步贴近真实制粒颗粒堆持液行为，探究不同初始毛细水含量对矿堆持液特征的影响机制，考察了初始毛细水含量分别为0、1%、3%、5%、10%条件下堆持液率随喷淋时间的分布规律，表面流速为0.1mm/s，如图3-29所示。研究发现，当初始毛细水含量较高时，以10%为例，于12min时达到稳态，稳态持液率可达17.55%，当初始毛细水含量较低时，以3%为例，于21min时达到稳态，稳态持液率达13.90%。因此，相较于较低初始毛细水含量条件（较干燥颗粒堆），在较高初始毛细水含量条件（润湿良好颗粒堆）下制粒颗粒堆的持液状态可以较快地达到稳态，并且稳态持液率、残余稳态持液率均较高。

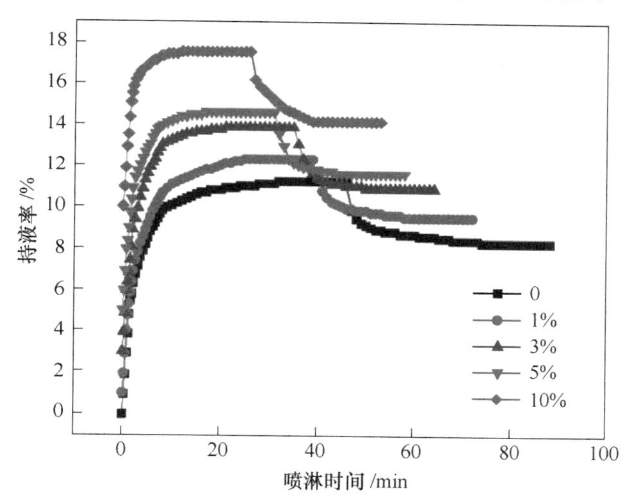

图3-29 不同初始毛细水含量条件下堆持液率随喷淋时间的变化规律

提取稳态持液率、残余稳态持液率、相对持液率及其时间节点，揭示初始毛细水量对持液行为的影响特征，如图3-30所示。其中，利用线性拟合方法对相对持液率数据进行拟合，所获方程为 $y=0.107\exp(-x/2.478)+1.241$，拟合优度（$R^2$）为0.952，与实验数据匹配度较高。

研究发现：稳态持液率、残余稳态持液率随初始毛细水含量的增加而显著提升；此外，相对持液率随初始毛细水含量呈类对数趋势，随初始毛细水含量的增加而降低并迅速趋于稳定。

分析制粒颗粒堆内不可动液、可动液占比情况，如图3-31所示。分析可知，初始毛细水含量为0%时，不可动液与可动液之比为2.82，其中，不可动液占比

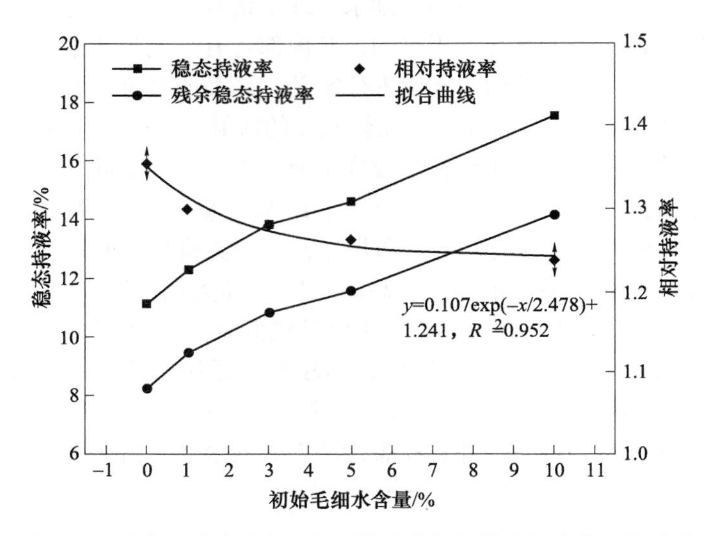

图 3-30　稳态、残余稳态和相对持液率与初始毛细水含量的关系

为 73.8%；当提高初始毛细水含量至 5%时，不可动液与可动液之比为 3.82，其中，不可动液占比提高至 79.2%。综上可得，制粒颗粒堆达到稳态持液后，堆内溶液以不可动液为主，可动液为辅；并且，制粒颗粒堆的初始毛细水含量与不可动液与可动液之比呈正相关，换言之，提高制粒颗粒堆的初始毛细水含量，可有效提高稳态持液时堆内不可动液占比。

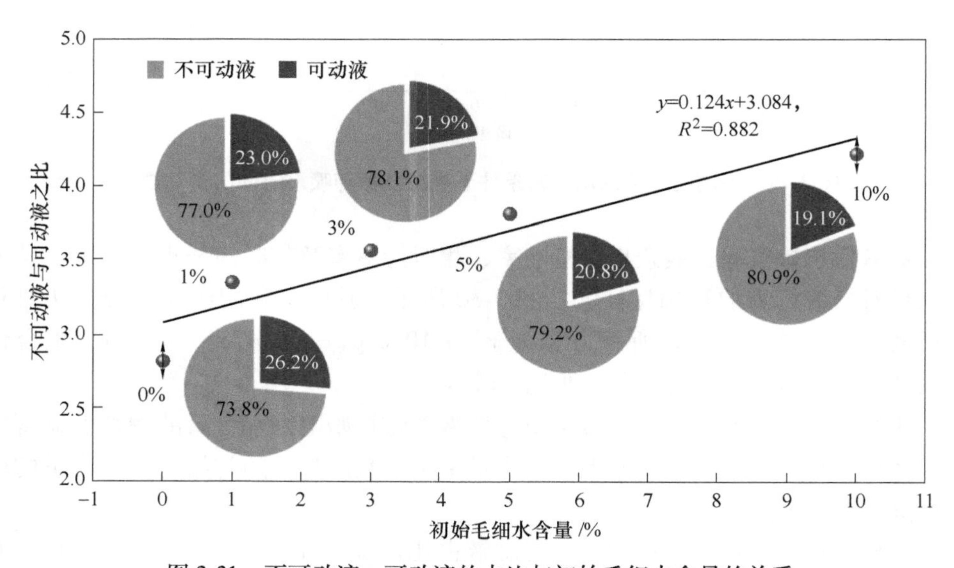

图 3-31　不可动液、可动液的占比与初始毛细水含量的关系

3.6 本章小结

本章主要利用堆积密度测试和持液行为原位监测装置，实现对制粒颗粒堆孔隙结构表征，开展不同颗粒类型、喷淋强度、喷淋模式、初始毛细水含量等条件下制粒颗粒堆的静态持液行为研究，主要研究包括：

（1）自主研发了非饱和堆持液行为原位监测装置（CN202010007939.6），实现了矿堆静态持液行为的实时、动态、长效、无扰动监测。引入高精度测力传感——器测力仪表、LabView在线监测调控系统，实现测力信号与电信号转换，精准测量范围30kg，测力精度0.001kg，具有持液率监测精度高、抗干扰能力强、可视化程度高等优势。

（2）系统分析了制粒颗粒堆筑堆、喷淋关键参数对其静态持液行为的影响机制。重点考察了筑堆颗粒类型（实心玻璃球、破碎矿石、制粒颗粒）、颗粒尺寸（24.36mm、16.02mm、10.32mm 和 4.73mm）、喷淋强度（表面流速0.10mm/s、0.05mm/s、0.02mm/s和0.01mm/s）、喷淋模式（连续、间断、循环喷淋）、初始毛细水含量（0、1%、3%、5%、10%）对制粒矿堆稳态持液率、残余稳态持液率、相对持液率，不可动液、可动液占比的影响。

（3）制粒矿堆孔隙率与稳态持液率、残余持液率均呈正相关，与相对持液率呈负相关，并且，提高堆孔隙率（降低制粒几何平均尺寸），堆内不可动液与可动液之比由1.64（4.73mm）提高至3.68（24.36mm）。

（4）随喷淋强度（表面流速）增加，矿堆不可动液与可动液之比呈线性正相关，宏观表现为：低流速下溶液渗透缓慢，以毛细扩散形式形成浸润面，可动液占比高，高流速下溶液渗流快，以优势流为主形成浸润尖端，可动液沿渗流通道快速离开矿堆，不可动液形成渗流停滞区。

（5）固定表面流速0.1mm/s条件下，循环喷淋作业下制粒矿堆的稳态持液率为12.48%，优于连续喷淋作业（11.22%）、间断喷淋作业（11.43%），即采用循环喷淋模式可有效提高堆稳态持液率，但循环喷淋的强化程度受喷淋强度制约。

（6）证实了非饱和制粒矿堆“渗流迟滞”现象，获取了由稳态持液率、残余稳态持液率构成的“迟滞环”，低流速下更易出现溶液迟滞现象，在相同喷淋强度（如表面流速0.001mm/s）循环喷淋实验中，流速递减段的不可动液与可动液之比（3.21）要高于流速递增段（2.00）。

（7）相对持液率随初始毛细水含量呈类对数趋势，在较高初始毛细水含量（润湿良好）下，制粒矿堆较快达稳态持液，稳态持液率、残余稳态持液率均较高；不可动液与可动液之比与初始毛细水含量呈正相关。

4 制粒矿堆动态持液行为及其与浸出过程关联机制

4.1 引言

溶液作为溶质运移、浸出反应的重要媒介，贯穿于整个矿堆矿物浸出过程，矿堆的持液行为直接影响着矿物浸出效率[129]。通常而言，矿石浸出过程中，矿石中有价金属矿物被逐渐溶解，由化合物转变为可溶性离子并进入溶浸液，最终随溶浸液自堆底排出矿石浸出体系，实现有价金属元素的回采过程。由第3章静态持液行为研究结果可知，制粒矿堆是气、固、液三相介质共存的复杂体系，溶液停滞区、溶液优势流分布于矿堆内部，其持液行为规律受颗粒类型、粒径尺寸、喷淋强度等多种因素影响，因此导致堆稳态持液率、残余稳态持液率、不可动液与可动液比例等关键因素存在显著差异，对矿物浸出效果存在潜在影响。

对此，结合硫化铜矿的矿物学组成特征[130]，绘制非饱和矿堆浸出反应区域的溶液流动与扩散特征，如图4-1所示。基本过程描述为：（1）在溶液喷淋过程中，在表面张力等作用力的共同作用下，颗粒被逐步润湿且表面逐步形成液膜层，其中，靠近颗粒表面的一侧形成不可动液区，远离颗粒表面的一侧为可动液区；不可动区域内溶液主要受毛细扩散，流动速度低，可动区域内溶液主要受重

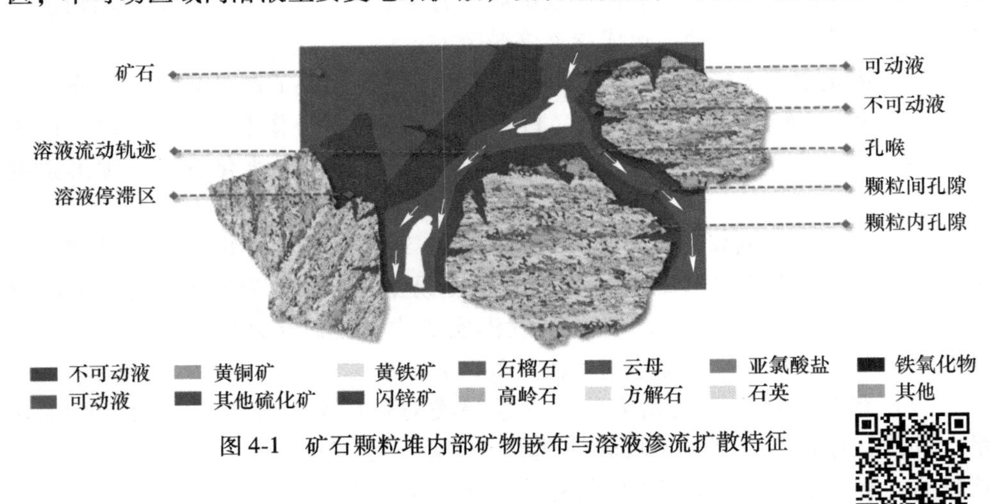

图4-1　矿石颗粒堆内部矿物嵌布与溶液渗流扩散特征

扫码看彩图

力驱动、渗流速度快[131]；（2）溶浸液中的Fe^{3+}、H^+等重要反应离子由可动溶液进入不可动溶液，由重力驱导下的快速渗流转化为毛细力驱导下的缓慢扩散，最终移动至矿物界面，参与浸出反应；（3）伴随着矿石浸出反应，矿物中有价金属元素由化合物转化为可溶性金属离子，产生的有价金属离子再经由不可动液转移至可动液，在重力驱动下快速向下流动至矿堆底部，在浸出富液池汇聚，转运至萃取-电积厂，获得成品阴极铜。综上，矿堆持液行为是影响矿物浸出过程的重要影响机制，为强化矿物浸出过程，需要深入揭示浸出前后过程中颗粒堆持液行为差异，探明初始持液行为差异对矿物浸出效率的影响机制。

为此，本章开展不同持液条件下制粒矿堆浸出反应，考察铜浸出率、pH 值、氧化还原电位等关键因素随浸出时间的变化特征，探索初始持液条件对浸出过程的响应机制；此外，利用示踪剂停留分布特征，对浸矿前后矿石持液行为规律分析；结合矿物浸出结果与持液行为差异，对不同持液行为对矿物浸出效率的影响机制进行综合研判。

4.2 研究思路与关键参数

4.2.1 整体研究方案

利用第 3 章静态持液行为研究，本书已经初步探明了颗粒类型、颗粒尺寸、喷淋强度等多类因素对静态持液行为的影响机制，有效揭示了不同工况下颗粒堆持液量的基本特征及差异。

开展不同初始持液条件下制粒颗粒柱浸实验研究，主要考察导致初始持液行为差异的关键因素，即筑堆颗粒尺寸和喷淋强度。浸出过程中，监测关键离子浓度、浸矿细菌浓度、pH 值等关键参数，探讨初始持液行为差异对反应传质、浸出效率的影响规律，见表 4-1。

表 4-1 不同初始持液条件下柱浸实验研究方案

考察因素	颗粒类型	颗粒几何平均尺寸/mm	表面流速/mm · s^{-1}
颗粒尺寸	制粒颗粒	10.32	0.10
	制粒颗粒	24.36	0.10
	制粒颗粒	16.02	0.10
喷淋强度	制粒颗粒	16.02	0.01
	制粒颗粒	16.02	0.02
	制粒颗粒	16.02	0.05

此外，为进一步考察持液行为对反应传质过程的影响机制，结合静态持液行为初始喷淋和筑堆条件，以示踪剂视为溶质，开展不同持液条件下示踪剂停留特征实验研究。

（1）研究思路为：检测盐溶液示踪剂导致的电导率变化，进而表明矿物浸出过程中溶质浓度潜在特征，揭示持液行为对反应传质影响。

（2）具体方案为：为考察不同喷淋强度、颗粒类型、颗粒尺寸条件下示踪剂停留特征，采用 4.00mol/L NaCl 示踪剂溶液，示踪剂溶液采用脉冲式一次注入，注入量为 0.05mL，监测底流溢出液的电导率随喷淋时间的变化规律，进而表征溶液内部传质特征，见表 4-2。

表 4-2 不同因素条件下示踪剂停留特征实验方案设计

考察因素	颗粒类型	颗粒几何平均尺寸/mm	表面流速/mm · s^{-1}
喷淋强度（表面流速）	制粒颗粒	16.02	0.01
	制粒颗粒	16.02	0.02
	制粒颗粒	16.02	0.05
	制粒颗粒	16.02	0.10
颗粒类型	矿石颗粒	16.02	0.10
	实心玻璃球	16.02	0.10
颗粒尺寸	制粒颗粒	24.36	0.10
	制粒颗粒	10.32	0.10

4.2.2 矿物浸出表征参数

为对比揭示不同持液条件下的矿物浸出行为与效率，对矿物浸出过程中的关键参数进行控制与监测，主要包括铜离子浓度/浸出率、铁离子浓度、浸矿细菌浓度、pH 值/电位等。监测依据与方法如下。

4.2.2.1 浸矿细菌浓度

矿样中的铜矿物以硫化铜矿、氧化铜矿为主，因此，本书引入了浸矿菌液对浸出过程进行强化。浸矿过程中，利用德国蔡司光学显微镜和血球计数板法，对浸出液中细菌进行取样计数并计算浸矿细菌浓度，溶浸液中的初始细菌浓度为 2.0×10^{6}个/mL。

4.2.2.2 离子浓度/浸出率

为揭示不同持液条件下矿物浸出程度，对浸出液定期取样并检测铜离子浓度，依据式（4-1）计算铜浸出率。

$$\eta = \frac{\lambda_1\varphi_i + \sum \lambda_2\varphi_{i-1}}{\nu} \times 100\% \tag{4-1}$$

式中，η 为铜离子浸出率,%；φ_i为第 i 次检测得到的溶液铜离子质量浓度，mg/L；λ_1为每个实验组中溶液总量，$\lambda_1=0.1$L；φ_{i-1}为第 $i-1$ 次检测得到的溶液铜离子浓度，mg/L；λ_2为每次检测消耗的溶液量，$\lambda_2=0.002L$；ν为矿石中铜的总质量。

由表2-2可知，除氧化铜矿外，含铜矿物主要为次生硫化铜矿（以辉铜矿、黄铜矿为主）。因此，在利用氧化亚铁硫杆菌浸出硫化铜矿的过程中，Fe^{2+}被氧化为Fe^{3+}，其浸出原理，如式（4-2）、式（4-3）和式（4-4）所示。因此，除监测Cu^{2+}外，作为浸出反应的重要离子，本书利用氧化还原电位变化，对Fe^{3+}/Fe^{2+}这一浓度比进行监测。

$$Cu_2S + 2Fe^{3+} \longrightarrow Cu^{2+} + 2Fe^{2+} + CuS \tag{4-2}$$

$$CuS + 2Fe^{3+} \longrightarrow Cu^{2+} + 2Fe^{2+} + S \tag{4-3}$$

$$CuFeS_2 + 4H^+ + O_2 \longrightarrow Cu^{2+} + Fe^{2+} + 2S + 2H_2O \tag{4-4}$$

4.2.2.3 溶液pH值/电位

溶液pH值与氧化还原电位影响着反应活化能，与矿物浸出效率密切相关。本书利用pH酸度计，对浸出液的pH值、氧化还原电位进行检测，记录不同持液状况下溶液酸度、电位特征，分析矿物浸出反应特征。溶浸液的初始pH值约为2.00，初始氧化还原电位Eh约为610mV。

4.2.3 持液行为表征参数

采用章节3.2中的毛细水含量u、表面流速v_s、持液率θ、残余持液率$\theta_{residual}$、相对持液率θ^*和矿堆饱和度S_w关键考察参数，对浸出过程制粒矿堆持液行为进行定量表征，因此，其计算方法本章节不再赘述。

为更好地考察颗粒堆内溶质扩散规律，本章采用脉冲示踪法，如图4-2所示，主要是通过对含示踪剂去离子水的电导率进行连续监测，探究不同初始持液行为条件下的传质规律。

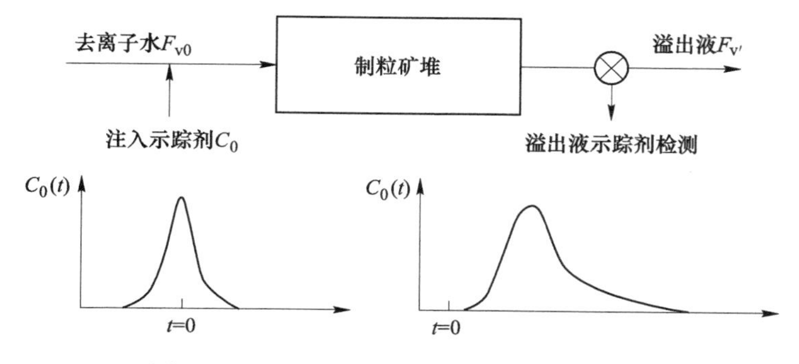

图4-2 基于脉冲示踪法的溶质停留时间研究

流体动力扩散系数D为有效分子扩散D_m与机械扩散D_h之和[132]，两种扩散过程不能独立存在，如式（4-5）所示。

$$D = D_m + D_h = D_m + \lambda v^{n_0} = D_w \tau_1 + \lambda v^{n_0} \tag{4-5}$$

式中，λ 为分散系数；n_0为经验常数；v 为孔隙水流速；机械扩散 D_h可被表述为 λv^{n_0}。此外，有效分子扩散 D_m定义为 $D_w \tau_1$，其中，D_w是流体在液体中的扩散系数，τ_1 是分子扩散的曲折因子。

经过系统检测，可以获取示踪剂电导率-喷淋时间曲线 $C(t)$。为更好地揭示溢出液电导率特征，对出口溢出液的示踪剂电导率分布，进行积分和归一化处理，计算依据，如式（4-6）所示。

$$E(t) = \frac{C(t)}{\int_0^{\infty} C(t)\,dt} \tag{4-6}$$

其中，停留时间分布（Residence time distribution，RTD）的取值范围介于 0~1 之间，代表停留时间小于特定值的盐示踪剂的分数。为更好地对比不同持液条件下的传质规律，以平均停留时间（Mean residence time，t_R）为指标，计算依据如式（4-7）所示。

$$t_R = \int_0^{\infty} t\,E(t)\,dt = \int_0^{\infty} t\,\frac{C(t)}{\int_0^{\infty} C(t)\,dt}\,dt \tag{4-7}$$

4.3 不同初始持液条件下矿物浸出过程规律

4.3.1 浸出过程铜浸出率变化规律

浸出过程中矿石中有价铜矿物被溶蚀，溶液中铜离子浓度增高，其浸出率受多种因素扰动[133]。对此，本书考察了不同制粒颗粒尺寸、喷淋强度条件下溶液铜浸出率变化及其与持液行为关联，如图 4-3 所示。

结合图 4-3，主要有以下研究发现：

（1）筑堆制粒颗粒尺寸与铜浸出率呈负相关［见图 4-3（a）］，峰值铜浸出率在 10.32mm 制粒矿堆获取，为 76.2%，这是由于溶液难以渗透进入大尺寸制粒颗粒的内核，导致存在大量浸出盲区，效率低[134]；

（2）溶液喷淋强度（表面流速）与铜浸出率呈非线性关系，随着喷淋强度的增加，制粒矿堆的峰值铜浸出率呈先增加后减小的趋势［见图 4-3（b）］，峰值铜浸出率在表面流速为 0.05mm/s 处获得；

（3）固定喷淋强度条件下，不可动液与可动液之比与铜浸出率呈类指数关系，即颗粒粒径与铜浸出率呈负相关［见图 4-3（c）］，表明小尺寸制粒颗粒堆的不可动液与可动液之比较高（3.032），溶液毛细扩散作用增强，加速了矿物的溶蚀反应；

（4）提高不可动液与可动液之比，浸出液铜浸出率呈先增后减的趋势［见图 4-3（d）］。这表明提高喷淋强度可改善矿堆的持液状况，提高矿物浸出效率，然而，结合图 3-25 可知，高喷淋强度使可动液占比升高，易导致堆内溶液流速

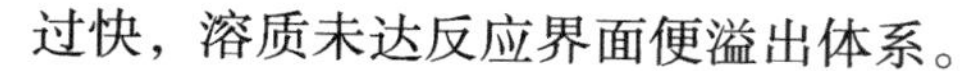

过快，溶质末达反应界面便溢出体系。

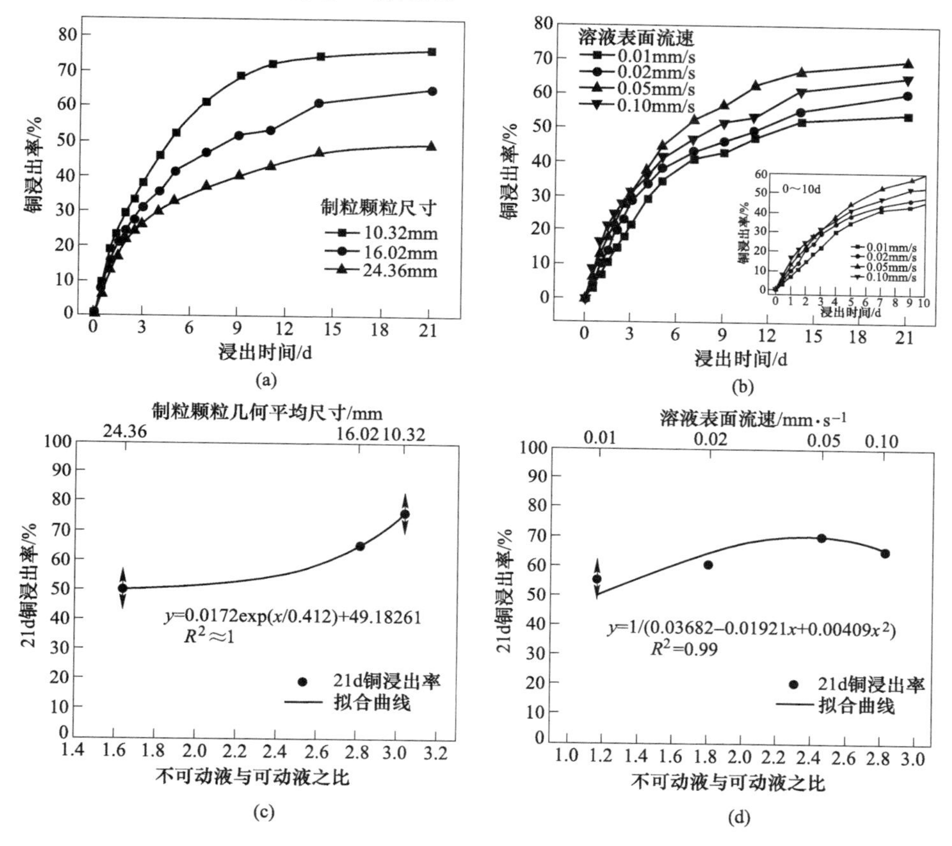

图 4-3 浸出过程中铜浸出率变化及其与持液行为的关联

(a) 制粒颗粒尺寸；(b) 溶液表面流速；(c) 不同颗粒尺寸下持液参数——浸出率；(d) 不同喷淋强度下持液参数——浸出率

4.3.2 浸出过程细菌浓度变化规律

除氧化铜矿酸化浸出外，对于制粒颗粒内的次生硫化铜矿物，浸矿细菌在氧化负二价硫（Acidthiobacillus thiooxidans）、氧化二价铁（Acidthiobacillus ferrooxidans）中起到了关键作用。细菌浓度的动态变化规律，直接体现和影响着矿物浸出效率。对此，本书考察了细菌浓度、颗粒尺寸、喷淋强度、持液特征（不可动液与可动液之比）间的关联关系，如图 4-4 所示。

（1）在不同制粒颗粒尺寸条件下，细菌峰值浓度与颗粒尺寸呈负相关［见图 4-4（a)］，峰值浓度在颗粒尺寸 10.32mm 矿堆内取得，为 1.7×10^8个/mL。当筑堆颗粒尺寸较小时，颗粒内孔隙发育、比表面积大，为吸附菌提供了大量黏附空间，增强了固－液接触；此外，颗粒尺寸较小时不可动液占比较高（见

图 3-23)，堆内溶质停留时间较长（见图 4-8)，堆内溶液量较大且溶质毛细扩散更为充分［见图 4-4（c)］，有助于为细菌增殖提供必要营养物质。

(2) 在不同喷淋强度（表面流速）条件下，细菌浓度与喷淋强度呈先增加后减小的趋势［见图 4-4（b)］，峰值浓度在表面流速 0.05mm/s 处取得，为 1.91×10^8个/mL。当表面流速较小时，堆内溶液量小，不可动液占比较低，主要为可动液；提高溶液表面流速，改善矿堆持液状况，提高堆内溶液量和不可动液占比［见图 4-4（d)］，可在一定程度上提高细菌浓度，但流速过快时，溶液内以大孔道、快速优先流为主，表现为细菌浓度降低、浸润盲区较多、矿物浸出的均匀程度低。

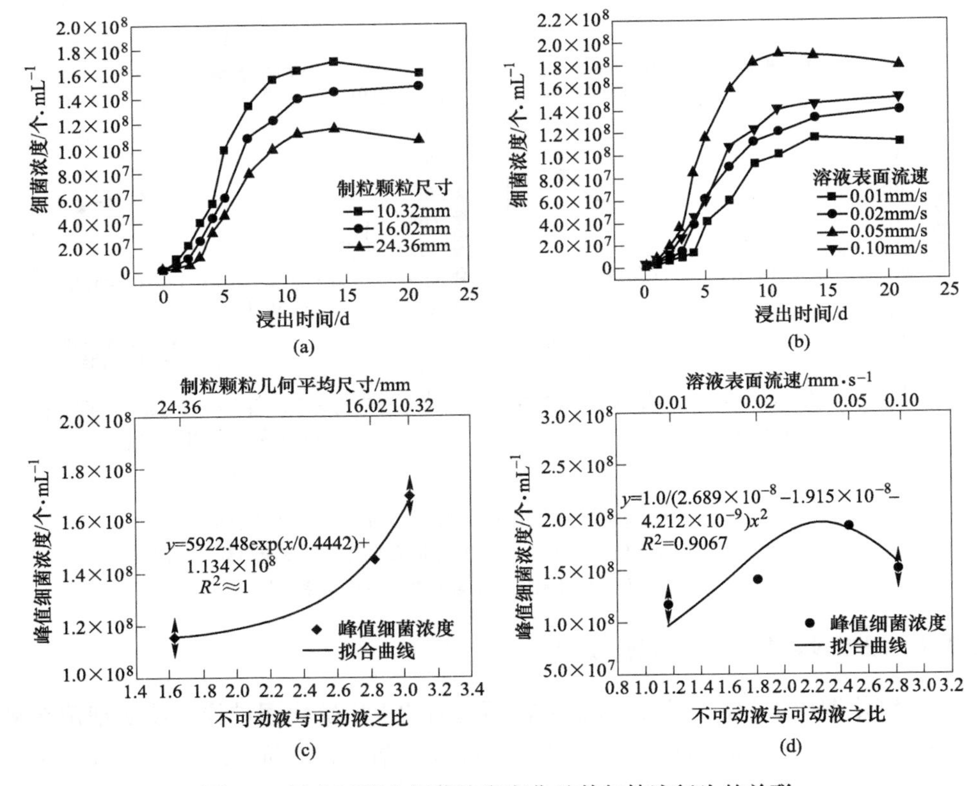

图 4-4 浸出过程中细菌浓度变化及其与持液行为的关联

(a) 制粒颗粒尺寸；(b) 溶液表面流速；(c) 不同颗粒尺寸下持液参数——峰值细菌浓度；(d) 不同喷淋强度下持液参数——峰值细菌浓度

4.3.3 浸出过程溶液 pH 值/氧化还原电位特征

矿物浸出过程，是属于基于水溶液的复杂化学反应，浸出过程中，氧化还原电位变化与氧分压有关，也受溶液 pH 值的影响[135]。

由图 4-5 可见，无论是不同制粒颗粒尺寸还是喷淋强度，溶液 pH 值较低时氧化还原电位高，pH 值较高时，氧化还原电位低。在浸出过程中，溶液内 H^+ 与氧化铜矿、碱性脉石发生反应，大量酸被消耗，如式（4-8）所示；浸矿后期，部分 Fe^{3+} 被还原反应生成黄钾铁矾、多硫化物等钝化物质，S^{2-} 被氧化产生 S 和 SO_4^{2-}，促进了 H_2SO_4 生成，如式（4-4）、式（4-9）所示，导致溶液 pH 值呈先增大后减小的趋势，峰值 pH 值约为 2.61［见图 4-5（a）~（b）］。

$$Cu_2(OH)_2CO_3 + 4H^+ \longrightarrow 2Cu^{2+} + 3H_2O + CO_2 \tag{4-8}$$

$$3Fe^{3+} + 2SO_4^{2-} + 6H_2O + M^+ \longrightarrow MFe_3(SO_4)_2(OH)_6 + 6H^+ \tag{4-9}$$

式中，M^+ 为 Na^+、K^+ 等。

还原剂失去电子（氧化剂得到电子）的倾向，为氧化还原电位（Oxidation-reduction potential，ORP），可利用 Nernst 方程计算[136]，如式（4-10）所示。

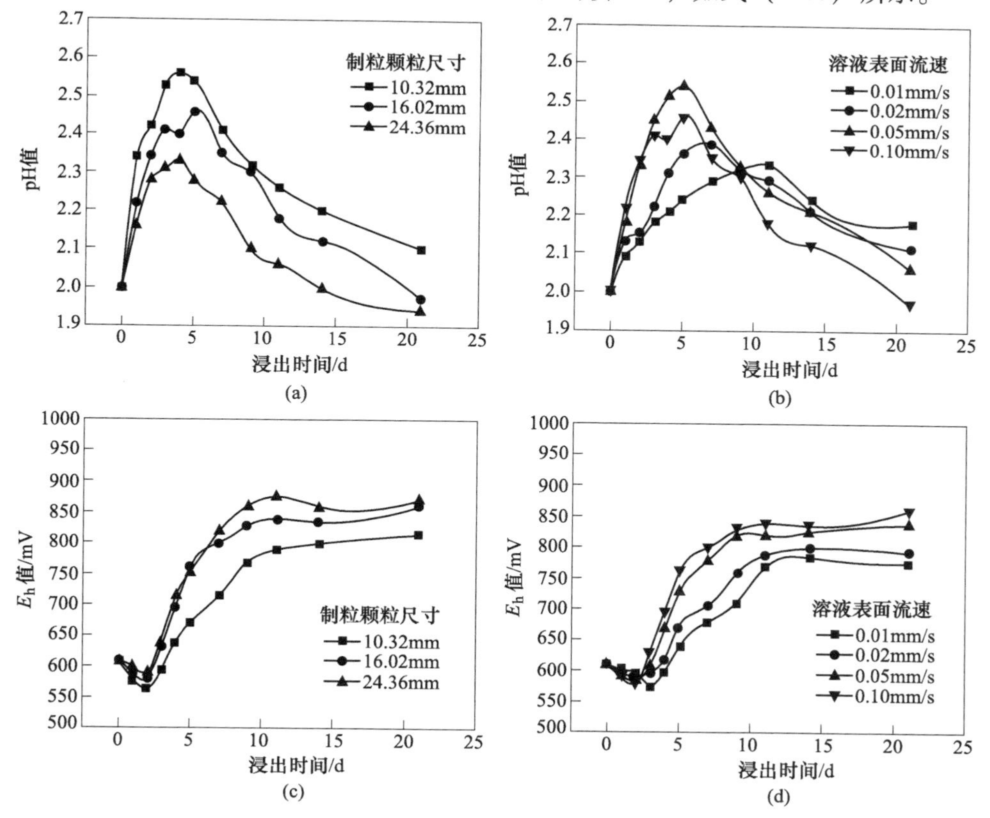

图 4-5 浸出过程中 pH 值、电位值变化及其与持液行为的关联

（a）制粒颗粒尺寸；（b）溶液表面流速；（c）不同颗粒尺寸下浸出时间-氧化还原电位（电位值）关系；（d）不同表面流速下浸出时间-氧化还原电位（电位值）关系

$$E_{Fe^{3+}/Fe^{2+}} = +0.77 + \frac{RT}{F}\ln\frac{[Fe^{3+}]}{[Fe^{2+}]} \tag{4-10}$$

与 pH 值变化相反的是，浸出过程中溶液的氧化还原电位呈减小后增大的趋势，峰值电位为 875mV［见图 4-5（c）］。矿物浸出可分为两阶段：第一阶段浸出是通过 Fe^{3+}扩散通过产物层来控制的，主要受浓度和温度的影响；第二阶段浸出通过矿物分解和 Fe^{2+}还原来控制[137]。

结合图 4-3 可知，浸矿初期氧化还原电位普遍低于 650mV，矿物浸出速率较慢；浸矿 10d 后，不同制粒颗粒尺寸、喷淋强度条件下溶液电位值均增至 750 ~ 850mV，该电位条件下铜矿物被快速溶解浸出。即氧化还原电位较高时，溶液氧化性较高，矿物容易被快速溶出，反之浸矿速率慢。

4.4 不同初始持液条件对溶质运移的影响规律

在溶液流动的拖曳带动下，溶质在多孔介质内进行传输，假设溶质将像塞流一样线性流动（即达西假设），则可以采用示踪剂柱塞式注入矿堆，进而反映堆内溶质扩散规律。

对此，为清晰表征制粒矿堆内的溶质扩散规律，本书结合 4.2.3 节中有关示踪实验的描述，采用溶浸液电导率曲线、RTD 曲线对溶质扩散过程进行定量描述，考察不同喷淋强度、颗粒类型和颗粒尺寸下溶质扩散规律，揭示制粒矿堆的动态持液行为。

4.4.1 喷淋强度对溶质停留时间分布的影响

探索不同喷淋强度条件下溶质停留时间分布特征，对溢出液的电导率进行测量并获取电导率分布曲线，利用式（4-6）和式（4-7）进行归一化和积分，获取 RTD 曲线，结果如图 4-6 所示。

研究表明，注入 NaCl 示踪溶液后，不同喷淋强度下溶液电导率均存在脉冲式上升，电导率脉冲峰值出现时间差异明显。例如，在高喷淋强度（表面流速 0.10mm/s）下溶液的电导率峰值出现较早（约 270s），反之，在低喷淋强度（表面流速 0.01mm/s）下溶液的电导率峰值出现较晚（约 570s）。分析认为，在主脉冲进入并溢出矿堆后，在溶液内浓度差和电位差的作用下，停滞区域内溶质被缓慢释放至回流中，导致非对称分布。

由图 4-6（a）可见，溶液电导率上升曲线与下降曲线不对称，下降曲线耗时较长且呈“拖曳状”，该特征随喷淋强度减小而更为显著；例如，在高喷淋强度（表面流速 0.10mm/s）下电导率下降耗时与上升耗时之比为 1.56，在低喷淋强度（表面流速 0.01mm/s）下电导率下降耗时与上升耗时之比为 2.11。此外，低喷淋强度下，溢出液电导率存在多个波峰和波动的现象，这是由于堆内存在溶

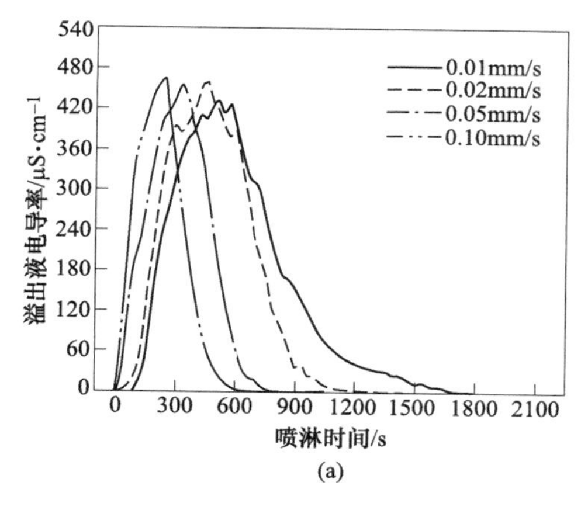

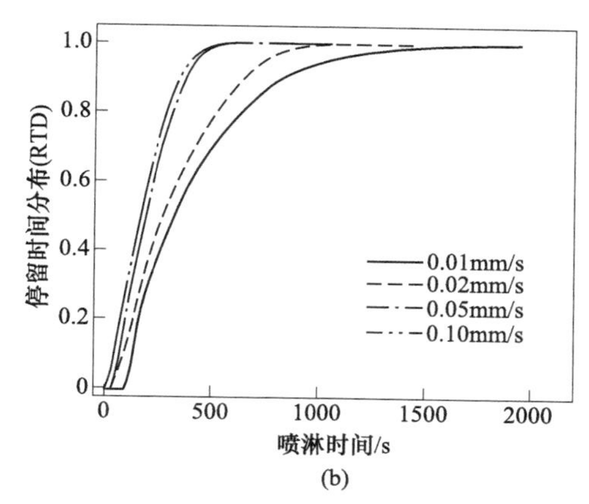

图 4-6 不同喷淋强度条件下溢出液电导率与停留时间分布特征
（a）溢出液电导率随喷淋时间变化；（b）溶质停留时间分布（RTD）随喷淋时间变化

液流动的内循环[138]，也就是存在明显的溶液停滞区。

由图 4-6（b）可见，增大喷淋强度（表面流速），可提高堆内溶液的平均停留时间；但是，过高的喷淋强度加速了溶质流出矿堆、形成溶液优先流，这对矿物浸出过程是十分不利的，但对排出浸矿富液是具有一定促进作用。由图 4-3 可知，0.05mm/s 喷淋条件下铜浸出率高于 0.10mm/s 喷淋条件。分析认为，0.10mm/s 喷淋条件可有效提高浸矿初期铜浸出率，但推测后期易形成溶液优先流动，不利于溶液毛细扩散，大量溶质和反应物未发生浸出反应，直接经优先路径溢出反应体系。

4.4.2 颗粒类型对溶质停留时间分布的影响

不同颗粒类型的颗粒间/颗粒内孔隙结构不同，导致颗粒堆的持液行为存在差异。本书利用溶质示踪和 RTD 曲线，考察不同颗粒类型（实心玻璃球和制粒颗粒）下溶质扩散与停留特征，如图 4-7 所示。

结果表明，相同筑堆颗粒尺寸和喷淋强度条件下，实心玻璃球堆的电导率脉冲上升段、下降段具有良好的对称性，即无明显的“拖曳状”曲线［见图 4-7（a）］；并且，实心玻璃球堆的溶液平均停留时间相较于制粒矿堆较短，后者平均停留时间约 100s，脉冲示踪全部溢出需 310s，前者平均停留时间约为 220s，脉冲示踪全部溢出需 620s［见图 4-7（b）］。

结合 3.5.5 节，可知制粒矿堆的颗粒内孔隙结构较发育，实心玻璃球堆的孔隙结构不发育，颗粒内孔隙率可视为 0%。在制粒矿堆内溶质扩散过程中，除了受颗粒间重力流动拖曳外，颗粒内毛细流动扩散也发挥着较为重要的作用[139]。颗粒间孔隙内存在溶液流动停滞区，这是连接大孔道优势流动（低浓度区）和

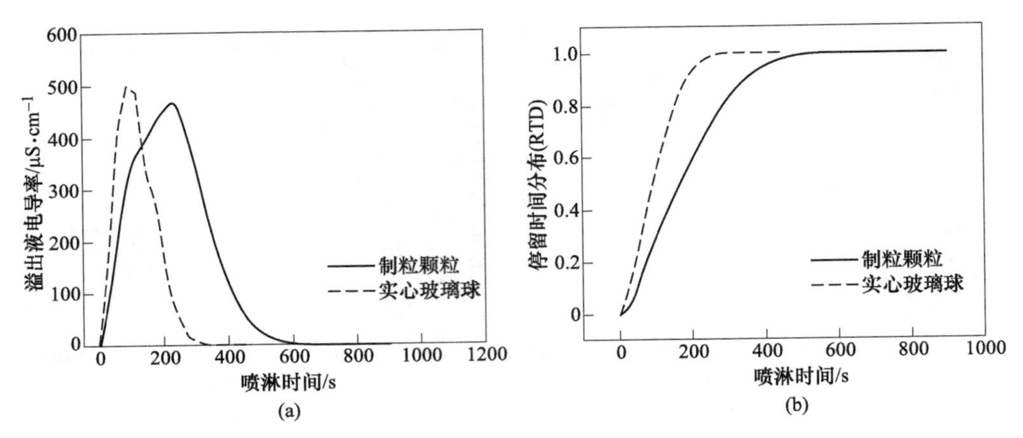

图 4-7　不同颗粒类型条件下溢出液电导率与停留时间分布特征

（a）溢出液电导率随喷淋时间变化；（b）溶质停留时间分布（RTD）随喷淋时间变化

矿物反应界面液膜（高浓度区）的“桥梁”，其传质过程不仅受浓度差驱动，而且受温度等多个因素扰动[140,141]，影响着矿物浸出过程和浸出效率。当颗粒内孔隙较发育（制粒矿堆）时，有利于提高颗粒堆内溶质停留时间，提高矿物浸出效率。

4.4.3　颗粒尺寸对溶质停留时间分布的影响

除喷淋强度（表面流速）、筑堆颗粒类型外，本书探究了不同制粒颗粒尺寸条件下溶质停留时间分布特征，如图 4-8 所示。

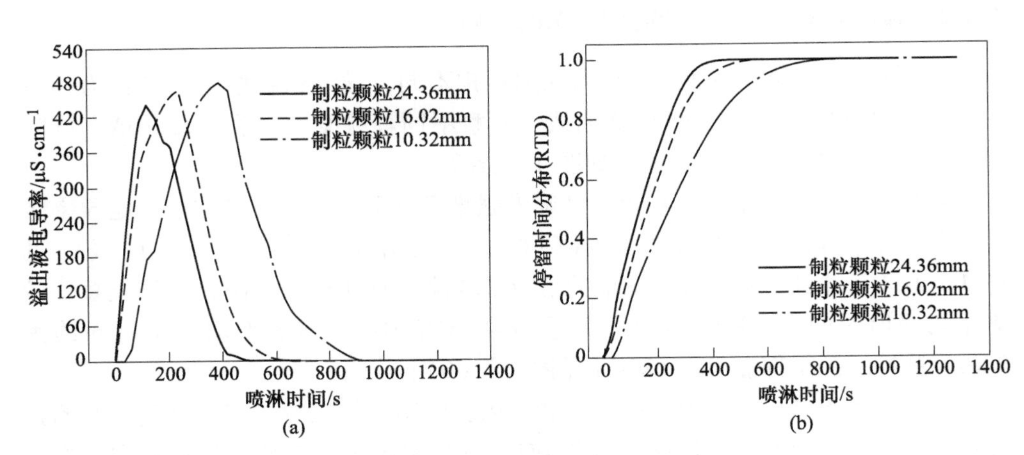

图 4-8　不同颗粒尺寸条件下溢出液电导率与停留时间分布特征

（a）溢出液电导率随喷淋时间变化；（b）溶质停留时间分布（RTD）随喷淋时间变化

（1）随着筑堆制粒颗粒尺寸变得越小，溶质脉冲峰值出现时间与全部溢出时间发生越迟。由图 4-8（a）可知，当制粒颗粒几何平均尺寸为 24.36mm 时，溶质脉冲峰值出现时间约在 180s，全部溢出耗时约 510s；当几何平均尺寸减至 10.32m 时溶质脉冲峰值出现时间约在 390s，消失时间约在 1050s。

（2）随着筑堆制粒颗粒尺寸的增大，溶质平均停留时间变短。分析认为由于制粒颗粒的尺寸与孔隙发育程度呈负相关，筑堆颗粒尺寸越小堆内孔隙结构越发育，因此矿堆持液能力越强。由图 4-8（b）可知，溶质停留时间反映了反应物在矿堆内的停留特征，停留时间越长在一定程度上预示着更高的矿物浸出率，与峰值浸出率变化相吻合（见图 4-3）。

4.5 动态持液行为对浸出过程关联机制分析

4.5.1 浸矿作用下制粒矿堆动态持液行为特征

为进一步揭示浸矿反应过程与持液行为动态演变间关联关系，揭示制粒矿堆动态持液特征，本书利用喷淋实验（方法与第 3 章的 3.4 节与 3.5 节相同），以可动液与不可动液之比为指标，重点探讨了不同初始喷淋强度（表面流速）、制粒粒径尺寸条件下制粒矿堆的动态持液行为特征。

4.5.1.1 不同喷淋强度（表面流速）条件

浸矿 0、21d 时，不同喷淋强度（表面流速）下制粒矿堆内不可动液与可动液之比的变化规律，如图 4-9 所示。研究发现包括：

（1）矿物浸出反应对不可动液可动液之比的影响程度，要明显小于喷淋强度，宏观表现为：提高溶液的喷淋强度，浸矿 0、21d 时制粒矿堆的不可动液可动液之比均呈递增趋势。

（2）固定喷淋强度，则制粒矿堆的不可动液可动液之比呈减小趋势，不可动液可动液之比的变化与表面流速成正比，其中，在高表面流速（0.10mm/s）下比例净负值最大，为-0.950。

（3）可动液所占比例不同程度地增加；可动液的所占比例由浸矿 0d 的 26.2%增加至浸矿 21d 的 34.9%，净增值为 8.7%。

浸矿作用倾向于提高堆内可动液占比、降低堆内不可动液占比，使制粒矿堆内的可动液、不可动液比例趋于均衡。这可能是由于浸出作用下矿石矿物、脉石矿物不断溶蚀，部分溶液由原有的优先路径进入到渗透盲区，催生了新的溶液流动或渗透路径，进而强化了毛细扩散和溶液分布的均匀程度；较高喷淋强度下矿物溶蚀浸出反应速率快，溶液渗流路径发育速度快[142]。因此，宏观表现为不可动液与可动液之比降低，并且在高喷淋强度下可动液占比增幅最大。

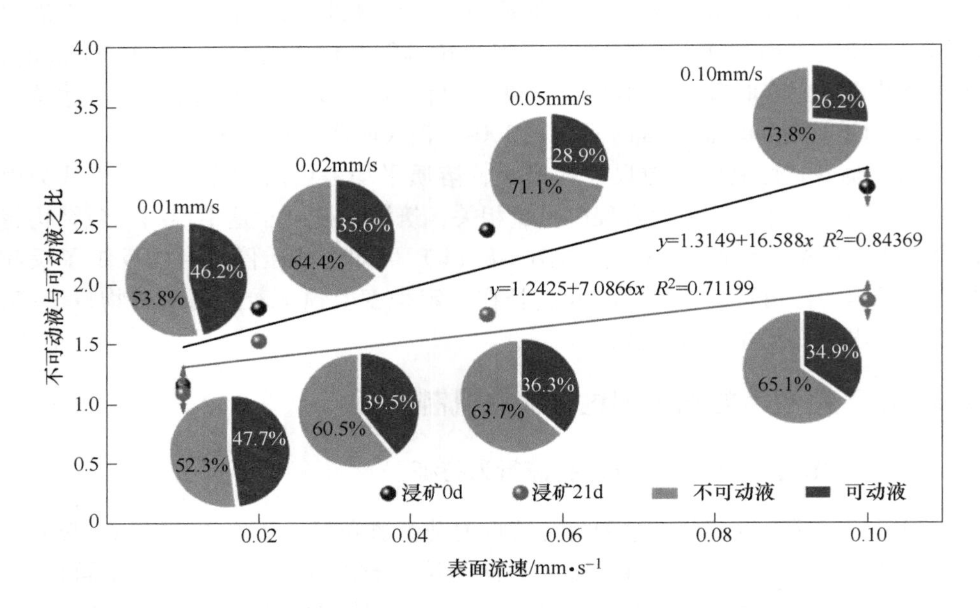

图 4-9　浸矿作用下不可动液与可动液之比随表面流速的变化规律

4.5.1.2　不同制粒粒径条件

浸矿 0、21d 时，不同筑堆颗粒尺寸下制粒矿堆内不可动液与可动液之比的变化规律，如图 4-10 所示。主要研究发现包括：

（1）与喷淋强度类似，浸矿反应对不可动液与可动液之比的影响要明显小于制粒颗粒尺寸，宏观表现为：增大制粒颗粒的尺寸，不可动液与可动液之比在浸矿 0、21d 时均呈递减趋势。

（2）固定颗粒尺寸，制粒矿堆不可动液与可动液之比呈减小趋势，不可动液与可动液之比的变化率与表面流速成正比。在小制粒颗粒尺寸（4.73mm）下，制粒矿堆不可动液与可动液之比净负值最大，为-0.750。

（3）可动液所占比例不同程度的增加；可动液占比由浸矿 0d 的 21.4%增加至浸矿 21d 的 25.5%（制粒颗粒平均尺寸 4.73mm），净增值为 4.1%。

上述事实表明，与喷淋强度（表面流速）类似，随着堆内矿物的不断溶蚀浸出，制粒矿堆内可动液的占比逐渐增高，不可动液、可动液的比例趋于均衡，该趋势随筑堆颗粒粒径的减小而增大。结合毛细管上升理论可知，溶液流动/上升距离是与毛细管内径（与筑堆颗粒尺寸呈正相关）、溶液密度和重力加速度成反比[143]，因此，在筑堆颗粒尺寸较小的矿堆内，溶液毛细扩散和渗透行为更为显著。

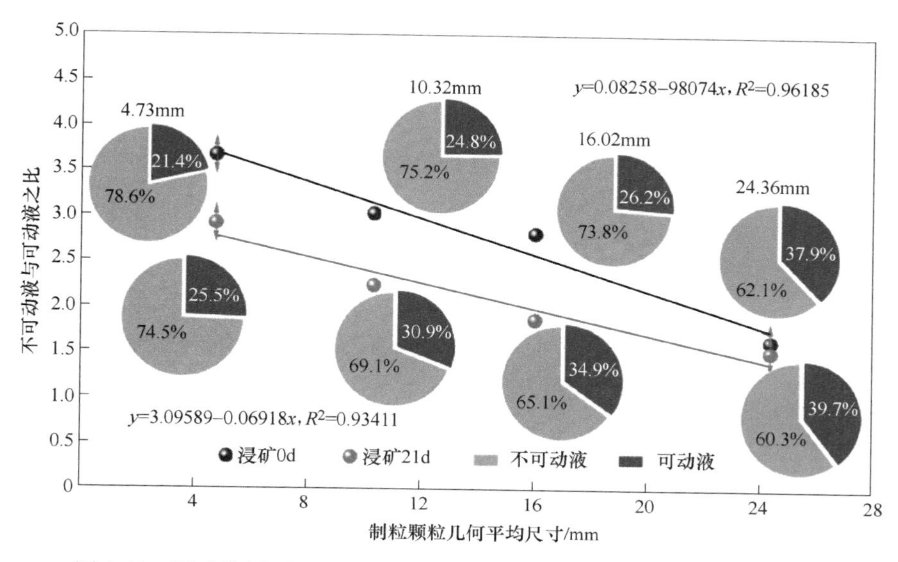

图 4-10 浸矿作用下不可动液与可动液之比随制粒颗粒尺寸的变化规律

4.5.2 制粒矿堆持液行为与浸出反应传质动态关联

作为溶质的重要媒介，矿堆内部溶液赋存状态（持液行为）直接影响着反应传质过程和浸出效率。制粒矿堆的宏、细观持液行为差异使得矿物浸出反应速率、有价金属回收率不同[144]。

结合第 2 章有关矿石制粒研究可知，在制粒机旋转和刮板作用下，粗细矿石颗粒不断滚动、抛掷、碰撞和黏结［见图 4-11（a）］，依据制粒颗粒密度、质量差异，抛掷角度和运移轨迹不同，宏观表现为大尺寸制粒颗粒的抛掷角度大、距离长，小尺寸制粒颗粒的抛掷角度小、距离短［见图 4-11（b）］。在制粒黏结剂、分子间作用力（范德华力等）作用下在颗粒间发生物理黏结（液桥）和化学黏结（钝化物质等反应产物桥），最终获取形态良好的制粒颗粒。

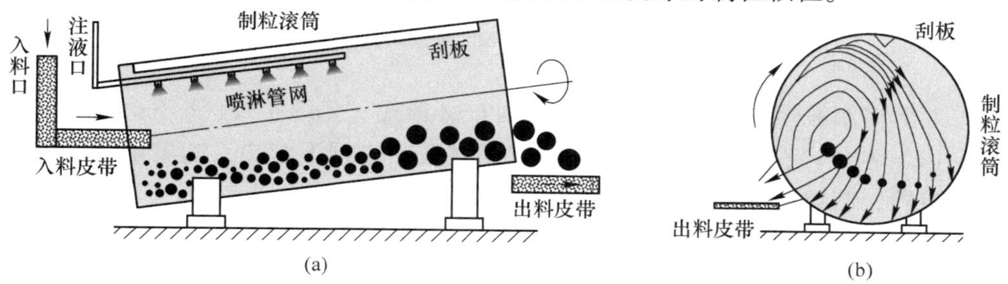

图 4-11 工业制粒机制粒过程及颗粒运移抛掷机制

（a）工业滚筒制粒机的制粒过程；（b）滚筒制粒机内颗粒运移抛掷机制

相邻的粗、细颗粒经碰撞成核、内核发育、黏结成团，最终获取形态良好的制粒颗粒［见图 4-12（a）］。浸矿过程中，酸液长期侵蚀制粒，其内部有价矿物不断被溶出，溶质进入溶液并溢出反应体系，发生损伤崩解[145]。持液行为差异对单颗粒、矿堆结构的损伤失稳形式有直接影响。

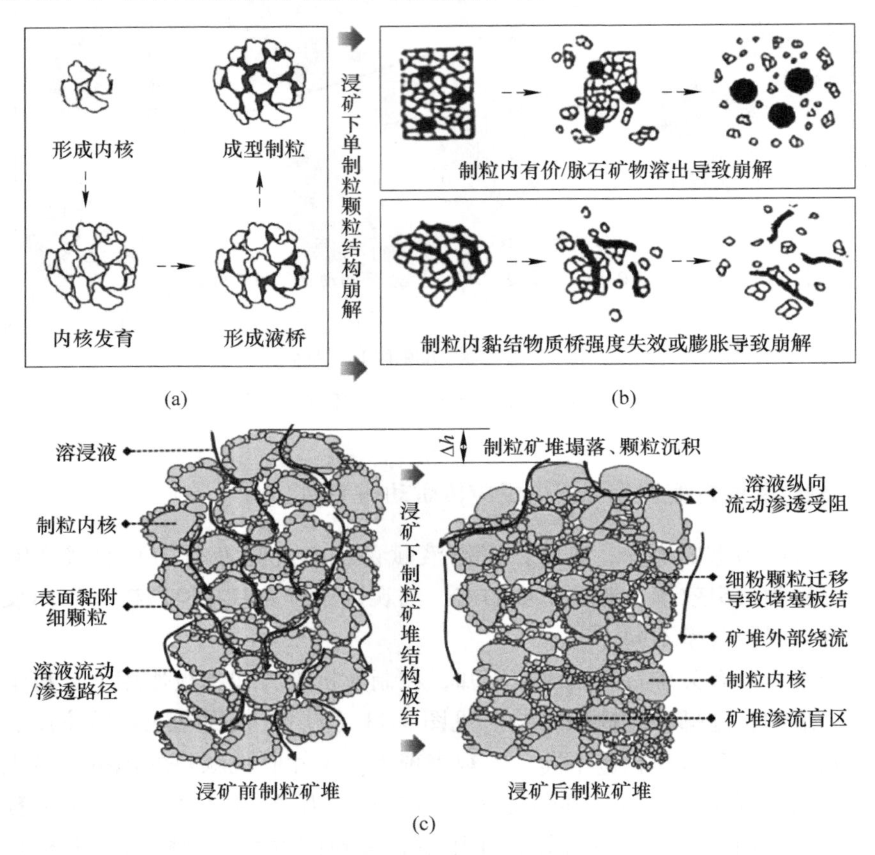

图 4-12 浸矿作用下单制粒颗粒、矿堆尺度结构损伤塌落特征

（a）制粒颗粒的形成过程；（b）浸矿作用下单制粒颗粒的溶蚀破坏；（c）浸矿作用下制粒矿堆的结构损伤

对于单制粒颗粒而言，主要存在 2 种破坏形式［见图 4-12（b）］：

（1）制粒内有价矿物、碱性脉石矿物在酸液作用下溶出，随着溶液润湿和矿物浸除，制粒颗粒由外及内地产生裂缝、孔洞甚至结构崩解[146]，该类破坏行为一般发生在制粒矿堆内持液率偏低的区域；

（2）制粒颗粒内存在黏结物质桥，这些黏结物在颗粒挤压、酸液溶蚀作用下发生强度劣化或者是膨胀结晶等，使得制粒颗粒由内及外地发生结构裂解和破坏，该类破坏一般发生在持液率较高区域，崩解速率与持液率呈正相关。

对于制粒矿堆而言，主要存在 2 种破坏形式［见图 4-12（c）］：

（1）大流量、高流速溶液重力流的冲刷作用，导致制粒颗粒表面弱吸附的细粉颗粒在溶液拖曳下发生纵向迁移，易导致堆内孔喉堵塞、渗流盲区或优势流动，多发生在堆顶或堆内流速较高的区域；

（2）低速流动、毛细扩散的溶蚀作用，导致区域反应传质速率快，矿物快速溶蚀，所在区域结构强度劣化明显，易导致矿堆塌落甚至工业矿堆的整体失稳，多发生在堆底或堆内持液率较高但流速较小区域。

此外，结合本书第 3、4 章中有关制粒矿堆静态、动态持液行为特征的研究，有效揭示并证实了两点认识：（1）颗粒类型、颗粒尺寸、喷淋强度（表面流速）、喷淋模式、初始毛细水量等因素影响着矿堆的持液行为特征，导致制粒矿堆的持液行为差异；（2）该持液行为差异导致堆内溶液渗透、浸出效果不同，包括：1）宏观稳态/残余稳态持液率、不可动液与可动液之比等指标差异；2）细观矿堆内部优势流动路径、毛细润湿、溶液分布等存在差异。

正如莫纳什大学 Ilankoon 教授所指出的[147]，堆内的传质过程是受到持液行为控制的，特别是受重力、毛细扩散的共同作用，二者对反应传质的影响程度，受矿堆持液行为差异而处于动态演变（见图 4-13）：（1）当溶液完全由重力控制（忽略毛细作用）时，可预期到溶液流动路径上存在一个尖锐的润湿前沿；（2）当溶液由毛细作用主导时，溶液流动更为缓慢，存在更大的扩散分散效果，可使矿堆润湿更为充分，持液量分布更为均匀；（3）当流体处于毛细管和重力为主的流体之间的过渡区域时，毛细作用和重力都会对溶液流动产生影响。其中，重力作用于使润湿前沿变尖，但是毛细作用会试图将其散布开。

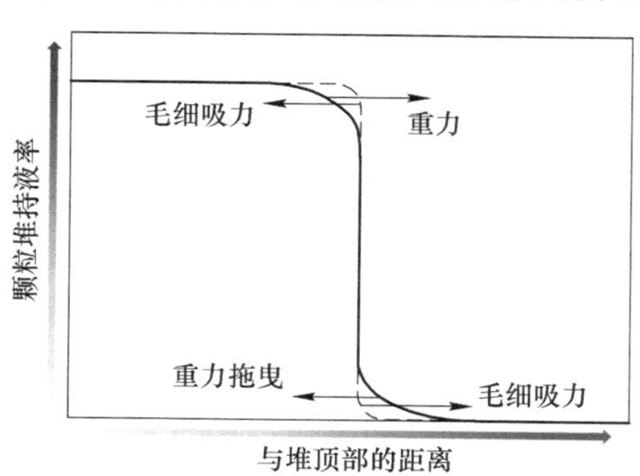

图 4-13 颗粒堆内毛细作用-重力拖曳作用下溶液浸润特征

重力使溶液前端变尖的原因是持液量随溶浸液流速的增加而增加，低流速条件意味着向前移动的液体将变慢，毛细扩散作用下溶液浸润前端逐步被制粒颗粒捕获。当这两种效果达到平衡时，湿润前端的运动会形成驻波，此时，渗流前端形状不会随其移动而改变，形成稳定浸润面，不断地进行渗透扩散，直至矿堆达到稳态/残余稳态持液率。

因此，过高的喷淋强度会导致区域流速骤增，加速润湿尖端形成，溶液渗透贯通矿堆后迅速形成优势流动[148]，致使大量浸矿溶液未经反应便溢出反应体系，不利于溶液分布均匀和反应传质过程；过低的喷淋强度会导致溶液渗透尖端较缓，堆内溶液渗透速率慢、渗流穿透时间长，局部制粒崩解、颗粒沉降和板结现象严重，导致工业矿堆的实际生产周期变长。

4.6 本章小结

本章立足浸矿作用下制粒矿堆动态持液行为规律，采用柱浸实验、示踪实验、喷淋实验等手段，对比揭示了制粒矿堆内溶质扩散特征、溶质停留时间分布、浸矿前后矿堆动态持液行为等基础规律，获取了不同喷淋强度（表面流速）、颗粒尺寸条件下铜浸出率、pH 值/电位值、细菌浓度等变化，探讨了动态持液与反应传质间的内在关联。相关研究对第 3 章静态持液行为形成补充，为揭示制粒矿堆强化浸出机制提供支撑，主要研究工作包括：

（1）探讨了制粒矿堆内溶质迁移扩散与停留时间分布规律。制粒矿堆内溶质扩散过程受颗粒间重力流动拖曳、颗粒内毛细扩散共同作用。增大堆孔隙率、喷淋强度（表面流速）可延长溶质平均停留时间，但喷淋强度过高时易催生溶液优先流，加速溶质流出矿堆。

（2）随碱性脉石和矿石矿物的浸出，溶液 pH 值呈先增后减，同时，溶液电位值由约 630mV 增至 750~850mV，表明浸矿初期溶液氧化性有所提高，加速有价矿物被快速氧化溶蚀，宏观表现为铜浸出率骤增。

（3）浸矿作用倾向于提高堆内可动液占比、降低堆内不可动液占比，使可动液、不可动液比例趋于均衡，但浸矿反应对可动液与不可动液之比的影响，要显著小于制粒颗粒尺寸和喷淋强度（表面流速）。

（4）探讨了不同喷淋强度、颗粒尺寸下不可动液与可动液之比、浸出效率的关联特征，在相同喷淋强度下，不可动液与可动液之比与铜浸出率呈类指数关系；在相同颗粒尺寸下，提高不可动液与可动液之比，铜浸出率呈现先增后减的趋势。

（5）在颗粒尺寸较小时，不可动液与可动液之比较高（3.032），溶液毛细扩散速度快，加速了矿物溶蚀反应；适当提高喷淋强度，堆内可动液占比逐步增加，但易致溶液流速过快、大量溶质未实质参与反应。

（6）探讨了制粒矿堆持液行为与浸出反应传质动态关联特征，考察了浸矿作用下单制粒颗粒、制粒矿堆结构损伤和崩解行为，分析了持液行为差异对制粒崩解形式的影响机制。

5 制粒矿堆持液行为机理分析与数学表征

5.1 引言

矿堆内部溶液流动和溶质传输取决于介质的水力特性，主要包括堆饱和度、孔隙率、喷淋强度、喷淋模式等关键因素，堆内矿石颗粒与溶液并非孤立存在，而是在毛细管差压、表面张力和黏性力共同作用下形成液桥[149]，如图 5-1 所示。其中，毛细管差压、表面张力为静态液桥力，与液桥几何形状和颗粒的湿特性相关，黏性力为动态液桥力，是颗粒相对运动引起的，两者对堆内传质过程至关重要。

矿堆内部溶质（无论是引入堆中还是在堆中生成）随液体介质（水基溶液）传递和移动，并倾向于通过对流和扩散机制与溶质混合，对堆浸浸出效率产生重要影响。在非饱和多孔介质中，水流和溶质运移的建模通常基于土壤水分动力学 Richards 方程，包括：对流扩散方程（Advection-diffusion equation，ADE）、对偶域模型（Dual domain model，DDM）、可动液-不可动液模型（Mobile-immobile liquid model，MIM）等表征模型[150~152]。制粒矿堆孔裂结构发育，其孔隙率分布更加均匀，减少了堆内不良优先流的过早形成，提高了堆的液体饱和度、强化了传质过程和浸出反应强度。因此，定量表征、预测制粒矿堆内部溶液渗流迟滞行为，探明堆持液行为规律，对提高制粒矿堆内有价金属的回收效率具有重要意义。

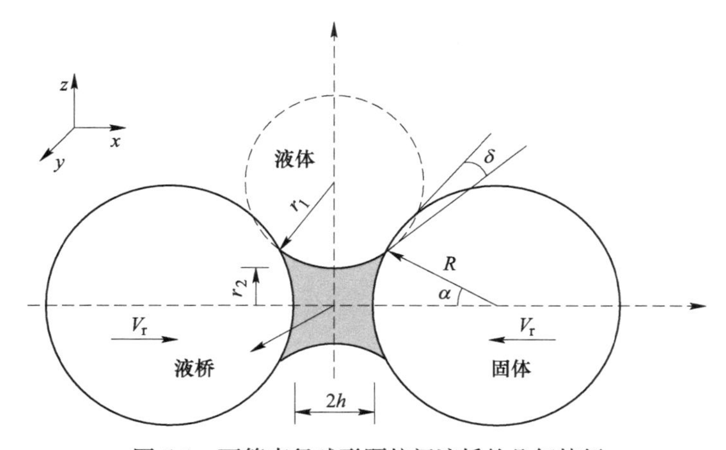

图 5-1　两等直径球形颗粒间液桥的几何特征

然而，已有持液行为表征模型，无论是可动液-不可动液模型、对流传质模型还是混合流动模型，主要针对矿石颗粒堆体系，对于矿石制粒矿堆体系存在一定偏差，适用性较低。为此，本章开展制粒颗粒堆持液行为机理分析与数学表征研究，考虑制粒颗粒内孔隙率等关键特征，对已有持液行为数学模型进行优化，力求构建适于制粒颗粒堆的持液行为数学模型。

5.2 制粒矿堆持液行为特征及其对浸矿影响机理

不饱和多孔制粒堆内的溶质运移是一个复杂的过程，它通常表现出一些与众不同的特征，使其不同于饱和溶液条件下的运移[153]。这些特征的出现主要是由于在流动网络的不同区域的运输时间尺度不同，这些时间尺度可以分为渗流流动区域和渗流停滞区域，分别由对流和扩散作用控制[154,155]。本书从多重孔隙结构特征、渗流迟滞行为规律、强化反应传质过程 3 个方面，对制粒矿堆持液行为特征及其对浸矿过程的影响机理进行简要剖析。

5.2.1 多重孔隙结构特征

不同于矿石矿堆，矿石颗粒堆的优势在于更为发育的颗粒内孔隙。对于单制粒颗粒[156]，其孔类型主要包括 3 种：一是裸露孔（通常全部暴露于制粒颗粒表面）；二是连接孔（部分孔位于制粒颗粒内部，通常表现为在制粒表面和内部之间的连通孔/路径）；三是封闭孔（完全位于制粒颗粒的内部，与外界空气、溶液不直接接触，其暴露需依赖溶液扩散和颗粒崩解）。

与孔隙结构对应的是有价矿物嵌布，为矿物固液接触反应界面，直接影响矿物浸出效率。结合已有研究成果[157]，不难发现对于多孔介质，特别是制粒颗粒内的矿物嵌布形态多样，主要包括 5 种基本类型：（1）在矿石表面上的绝对暴露；（2）通过孔隙或裂缝的直接暴露；（3）仅在浸出反应后才通过孔隙或裂缝的间接暴露；（4）通过颗粒表面边缘的部分暴露；（5）不暴露且完全位于团聚内部。在由硫化铜矿物填充的矿石堆中，同时存在着不同类型的金属矿物（如黄铜矿、辉铜矿等）。多类孔隙相互影响关联，共同形成复杂多重孔裂结构、大量溶液渗流通道、潜在的浸矿反应界面。发育的孔裂结构对于强化有价矿物溶蚀、减小矿物浸出周期具有重要意义。

5.2.2 渗流迟滞行为规律

相较于实心玻璃球堆（忽略颗粒内孔隙）、矿石颗粒堆（颗粒内孔隙较不发育），制粒颗粒堆（颗粒内孔隙较为发育）的渗流迟滞行为最为显著。特别是在循环喷淋模式下，制粒矿堆受不同喷淋强度（表面流速）刺激，其内部的静态、动态渗流迟滞行为均获得了有效验证（本书第 3、4 章），通常表现为在相同喷淋强度、不同喷淋时刻条件下，同一制粒矿堆的堆持液率、残余持液率均存在明显偏差，受前期喷淋条件的极大影响。

总体而言，导致该现象的内在原因主要有两方面[158,159]：

（1）孔隙尺寸效应。制粒矿堆内溶液渗流孔道的尺寸并不是均一的，而是复杂多变的，如图5-2（a）所示，直接影响着矿堆持液行为特征。比如：当制粒矿堆的持液率达稳态后，给予一个较高的喷淋强度刺激，导致溶液在毛细吸力和负压作用下，由渗流孔道扩散进入颗粒间“储液空腔”，形成溶液停滞区域，当喷淋强度改变后，该空腔内的溶液并不能完全溢出并流出矿堆，导致堆残余持液率增加。

（2）接触拖曳效应。制粒颗粒表面比表面积较大，存在大量潜在的渗流扩散孔道，提供了大量的溶液溶质黏附传递空间，制粒颗粒表面通常存在大量的液膜层，溶液渗流存在一定“滞后性”，存在着干燥锋与浸润锋，如图5-2（b）所示，极易导致溶液扩散过程中存在宏观渗流迟滞行为[160,161]。对此，对于制粒矿堆而言，需要充分考虑制粒颗粒表面液膜对溶液渗流和反应传质的影响机制，这对于提高表征预测精度具有重要意义。

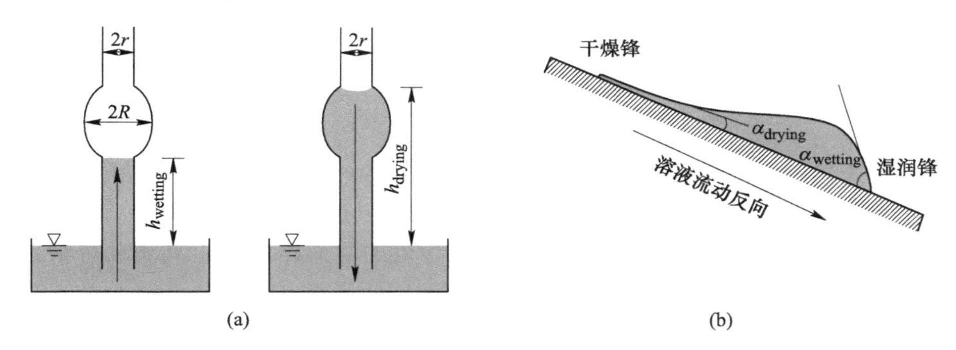

图5-2 导致非饱和矿堆渗流迟滞行为的几种关键效应
（a）孔隙尺寸效应；（b）接触拖曳效应

5.2.3 强化反应传质过程

结合第3、4章研究内容可知，基于较发育的孔裂结构、较均匀的溶液分布状态、较充分的固液接触状态，制粒矿堆的持液率和残余稳态持液率显著高于矿石矿堆、实心玻璃球矿堆。并且，制粒颗粒堆内存在大量溶液停滞区域（溶液内溶质扩散的重要媒介），提供了较多的反应界面，由此导致其反应速率明显优于矿石矿堆和低品位废石堆浸出效率。

以制粒表面液膜为例，其空间结构和水力特性对周围环境较为敏感，液膜厚度随着堆持液率、饱和度增加[162,163]。并且，堆导水率和流体流速（喷淋强度）

呈类指数增长，促进了 Cu^{2+}、Fe^{3+}/Fe^{2+}、Cl^{-} 等离子、热和氧气等介质的传递速率，对于实现反应传质过程强化具有重要意义。

此外，在颗粒制粒过程中也可以对矿石进行预处理，比如加入酸性氯化铁，酸性氯化铜，硫酸溶液等添加剂，对矿石进行预酸化除矸等操作，以提高铜的最大浸出率[164]。国外数据显示，制粒技术可实现浸出时间缩短约为1/3～1/2，酸耗减少20%～30%。需要注意的是，制粒颗粒的结构强度、浸出效率是需要同时考虑的两大重要指标，避免因颗粒崩解导致矿堆结构崩坏和不良压实，并实现矿堆浸出效率的最优。

5.3 矿石颗粒堆溶液渗流基本规律

5.3.1 溶液流动达西定律

经典达西定律（Darcy's law），又称线性渗流定律，如式（5-1）所示，表明单位时间内通过多孔介质的渗流量与渗流路径长度成反比，而与过水断面面积和总水头损失成正比。达西定律提供了一种精确的关系，即可以通过考虑与静水压头的压力梯度，水的黏度和多孔介质的局部渗透性来确定水通过多孔介质的速度。

$$Q = \frac{KA(h_1 - h_2)}{L} \tag{5-1}$$

式中，Q 为单位时间渗流量，L；K 为渗透系数，m/d；A 为渗流路径断面面积，m^2；h_1-h_2 为上下游的水头差，m；L 为渗流路径长度，m。

对于各向异性的多孔介质，流体流动的惯性力可忽略不计，其流动可满足达西定律，x、y、z 方向的流动速率，如式（5-2）所示。

$$u_x = -\frac{k_x}{\mu}\frac{\partial p}{\partial x} \quad u_y = -\frac{k_y}{\mu}\frac{\partial p}{\partial y} \quad u_z = -\frac{k_z}{\mu}\frac{\partial p}{\partial z} \tag{5-2}$$

若是考虑溶液受重力影响，获得达西定律的微分形式，则如式（5-3）所示。

$$u_x = -\frac{k_x}{\mu}\left(\frac{\partial p}{\partial x}\right) \quad u_y = -\frac{k_y}{\mu}\left(\frac{\partial p}{\partial y}\right) \quad u_z = -\frac{k_z}{\mu}\left(\frac{\partial p}{\partial z} + \rho_w g\right) \tag{5-3}$$

式中，u_x、u_y、u_z 为 x、y、z 方向上的溶液表面速度，m/s；k_x、k_y、k_z 为 x、y、z 方向上的有效渗透率，m^2；μ 为溶液流动黏滞系数，kg/(m · s)；p 为渗流压力，Pa；ρ_w 为溶液密度，kg/m^3；g 为重力加速度，m/s^2。

5.3.2 不可压缩黏性溶液渗流规律

溶浸液中含有一定的离子溶质，一般被认定为不可压缩的黏性流体，基本符合质量守恒方程和动量守恒方程。在矿堆持液或浸出反应过程中，单个制粒颗粒内部、制粒矿堆内部各处存在浓度差，因此，时刻存在着溶液对流扩散过程，直接影响着矿物浸出过程和最终的浸出率。

本书依据质量守恒定理，推导流体连续性方程，揭示不可压缩黏性流体流动的一般规律。以无穷小微团作为基本单元，微元质量的变化率为流入微元质量与流出微元质量的差值，如图 5-3 所示。

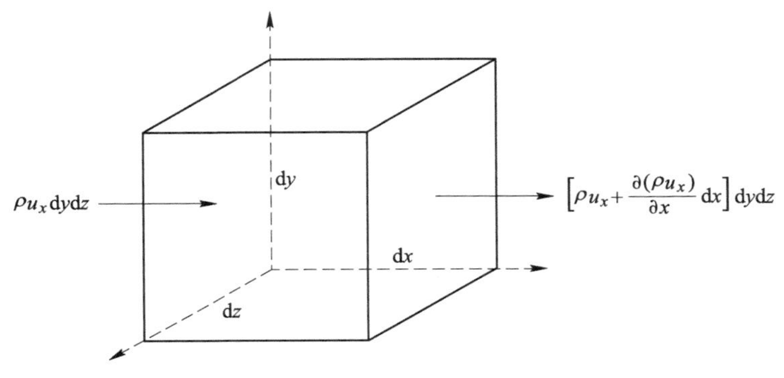

图 5-3 流场内某一微元六面体的流入和流出

在已知密度的情况下，微团质量的变化率如式（5-4）所示。

$$\frac{\partial \mathrm{d}m}{\partial t}=\frac{\partial \rho \mathrm{d}x\mathrm{d}y\mathrm{d}z}{\partial t}=\frac{\partial \rho}{\partial t}\mathrm{d}x\mathrm{d}y\mathrm{d}z \tag{5-4}$$

以 x 方向为例，左侧质量对流通量为 ρu，则右侧质量对流通量可由泰勒公式求解，为 $\rho u+\frac{\rho u}{\partial x}\mathrm{d}x$，进一步求 x 方向的净质量对流通量，即从 x 左侧流入微元的质量与右侧流出微元质量之差，如式（5-5）所示。

$$\rho u_x\mathrm{d}y\mathrm{d}z-\left(\rho u_x+\frac{\partial \rho u_x}{\partial x}\mathrm{d}x\right)\mathrm{d}y\mathrm{d}z=-\frac{\partial \rho u_x}{\partial x}\mathrm{d}x\mathrm{d}y\mathrm{d}z \tag{5-5}$$

同理，计算出 y、z 方向的净质量对流通量，如式（5-6）和式（5-7）所示。

$$\rho u_y\mathrm{d}x\mathrm{d}z-\left(\rho u_y+\frac{\partial \rho u_y}{\partial y}\mathrm{d}y\right)\mathrm{d}x\mathrm{d}z=-\frac{\partial \rho u_y}{\partial y}\mathrm{d}x\mathrm{d}y\mathrm{d}z \tag{5-6}$$

$$\rho u_z\mathrm{d}x\mathrm{d}y-\left(\rho u_z+\frac{\partial \rho u_z}{\partial z}\mathrm{d}z\right)\mathrm{d}x\mathrm{d}y=-\frac{\partial \rho u_z}{\partial z}\mathrm{d}x\mathrm{d}y\mathrm{d}z \tag{5-7}$$

将式（5-5）~式（5-7）整理可得单位体内某一微元的全部净质量通量，结果如式（5-8）所示。

$$-\frac{\partial \rho u_x}{\partial x}\mathrm{d}x\mathrm{d}y\mathrm{d}z-\frac{\partial \rho u_y}{\partial y}\mathrm{d}x\mathrm{d}y\mathrm{d}z-\frac{\partial \rho u_z}{\partial z}\mathrm{d}x\mathrm{d}y\mathrm{d}z=\left(\frac{\partial \rho u_x}{\partial x}+\frac{\partial \rho u_y}{\partial y}+\frac{\partial \rho u_z}{\partial z}\right)\mathrm{d}x\mathrm{d}y\mathrm{d}z \tag{5-8}$$

由于微元的净质量通量与质量变化率相同，故整理式（5-8），可得流体连续型微分方程的一般形式，如式（5-9）所示。

$$\frac{\partial \rho}{\partial t}+\frac{\partial \rho u_x}{\partial x}+\frac{\partial \rho u_y}{\partial y}+\frac{\partial \rho u_z}{\partial z}=0 \tag{5-9}$$

以 x 方向为例，分别获得矢量形式、张量形式，如式（5-10）和式（5-11）所示。

$$\frac{\partial \boldsymbol{\rho}}{\partial \boldsymbol{t}}+\nabla\cdot(\boldsymbol{\rho}\boldsymbol{u}_x)=0 \tag{5-10}$$

$$\frac{\partial \boldsymbol{\rho}}{\partial \boldsymbol{t}}+\frac{\partial \boldsymbol{\rho}\boldsymbol{u}_i}{\partial \boldsymbol{x}_i}=0 \tag{5-11}$$

当介质为不可压缩黏性流体时，符合式（5-12），进一步将式（5-9）进行简化，如式（5-13）所示。

$$\frac{\partial \rho}{\partial t}=0 \tag{5-12}$$

$$\frac{\partial u_x}{\partial x}+\frac{\partial u_y}{\partial y}+\frac{\partial u_z}{\partial z}=0 \tag{5-13}$$

其中，$\nabla\cdot u=0$，$\partial u_i/\partial x_i=0$，基于所获得的不可压缩流体的连续性微分方程［见式（5-13）］，进一步考虑切应力与主应力的关系特征，如图 5-4 所示。

其中，黏性流场中微元体任意一点的应力有 9 个分量，包括 3 个主应力分量和 6 个切应力分量。在这 6 个切应力分量中，互换下标的每一对切应力是相等的，即 $\boldsymbol{\tau}_{yx}=\boldsymbol{\tau}_{xy}$，$\boldsymbol{\tau}_{yz}=\boldsymbol{\tau}_{zy}$，$\boldsymbol{\tau}_{zx}=\boldsymbol{\tau}_{xz}$。

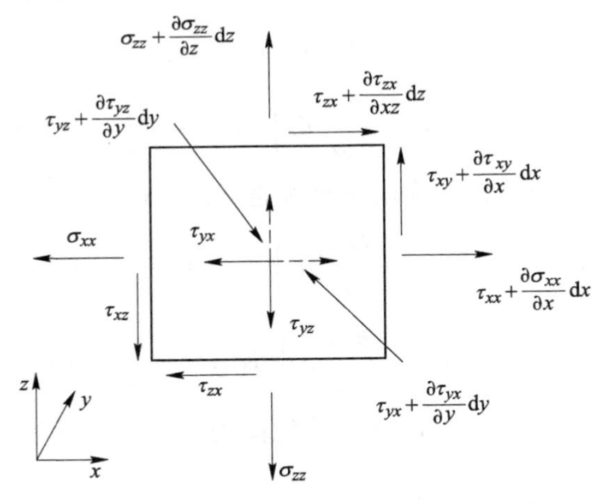

图 5-4　微元体切应力与主应力的分布特征

将应力从运动方程中消去，得到由速度分量和压力表示的常黏度下不可压缩黏性流体运动微分方程，即纳维斯托克斯（Navier-Stokes，N-S）方程，如式（5-14）所示。

$$\begin{cases} X - \frac{1}{\rho}\frac{\partial P}{\partial x} + v\nabla^2 u_x = \frac{du_x}{dt} = \frac{\partial u_x}{\partial t} + u_x\frac{\partial u_x}{\partial x} + u_y\frac{\partial u_x}{\partial x} + u_z\frac{\partial u_x}{\partial x} \\ Y - \frac{1}{\rho}\frac{\partial P}{\partial y} + v\nabla^2 u_y = \frac{du_y}{dt} = \frac{\partial u_y}{\partial t} + u_x\frac{\partial u_y}{\partial y} + u_y\frac{\partial u_y}{\partial y} + u_z\frac{\partial u_y}{\partial y} \\ Z - \frac{1}{\rho}\frac{\partial P}{\partial z} + v\nabla^2 u_z = \frac{du_z}{dt} = \frac{\partial u_z}{\partial t} + u_x\frac{\partial u_z}{\partial z} + u_y\frac{\partial u_z}{\partial z} + u_z\frac{\partial u_z}{\partial z} \end{cases} \tag{5-14}$$

其中，∇^2 是拉普拉斯算符，如式（5-15）所示。

$$\nabla^2 = \frac{\partial^2}{\partial x^2} + \frac{\partial^2}{\partial y^2} + \frac{\partial^2}{\partial z^2} \tag{5-15}$$

因此，x、y、z 方向的拉普拉斯算符，如式（5-16）所示。

$$\begin{cases} \nabla^2 u_x = \frac{\partial^2 u_x}{\partial x^2} + \frac{\partial^2 u_x}{\partial y^2} + \frac{\partial^2 u_x}{\partial z^2} \\ \nabla^2 u_y = \frac{\partial^2 u_y}{\partial x^2} + \frac{\partial^2 u_y}{\partial y^2} + \frac{\partial^2 u_y}{\partial z^2} \\ \nabla^2 u_z = \frac{\partial^2 u_z}{\partial x^2} + \frac{\partial^2 u_z}{\partial y^2} + \frac{\partial^2 u_z}{\partial z^2} \end{cases} \tag{5-16}$$

5.4 溶液对流、扩散与弥散过程

基于已有认识，矿石浸出过程中的溶液传质包括对流（Advection）和扩散（Diffusion）。在宏观层面上，分散类似于扩散，但与扩散不同的是扩散一般是由于堆内溶液流动而导致的；在微观层面上，传质过程由溶液扩散、对流和弥散（Dispersion）三者共同构成[165]，如图 5-5 所示。

（1）对流是溶解在水中的物质随水流一起运移的过程，其运移量和运移方向与溶液流动方向一致；

（2）扩散是由于分子的随机热运动而发生的物质扩散；

（3）弥散是在有对流存在的情况下发生的，是由于流体流动时溶质的流动速度不均匀而引起的一种对扩散现象强化。换言之，弥散作用就是流体因为速度不均匀而引起一种对溶质扩散。

在多孔介质中，溶液弥散的速度不均是由于孔隙壁面的摩擦、孔径不均匀性、溶质的运动轨迹随机性三者差异所引起的[166]。由于机械弥散和分子扩散两者是共同存在的，难以将机械弥散从分子扩散中分离出来，所以又把分子扩散和机械弥散两重作用合起来成为水动力学弥散。

通常而言，采用菲克扩散定律（Fick's law）来描述分子扩散过程中传质通量与浓度梯度之间关系，用于求解扩散系数，包括稳态扩散（菲克第一定律）

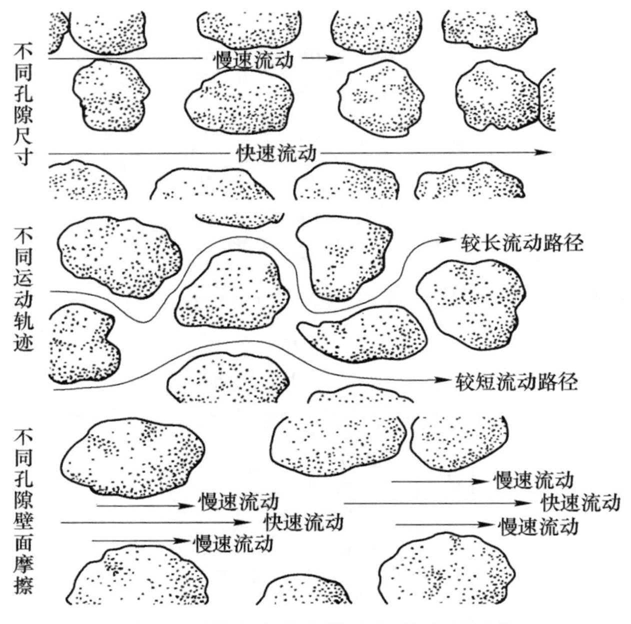

图 5-5　影响溶液弥散过程的重要因素

和非稳态扩散（菲克第二定律），如图 5-6 所示，其数学定义可由式（5-17）和式（5-19）进行表征。

（1）菲克第一定律［见图 5-6（a）］，表征扩散过程中各处的溶质浓度不随时间变化：

$$J = - D\frac{\partial\varphi}{\partial x} \tag{5-17}$$

式中，J 为扩散通量，kg/(m^2·s)；D 为扩散参数，m^2/s；φ 为扩散物质浓度，kg/m^3；x 为水平方向的距离，m。

将式（5-17）拓展，获得三维菲克第一扩散定律，如式（5-18）所示。

$$\boldsymbol{J} = \boldsymbol{i}J_x + \boldsymbol{j}J_y + \boldsymbol{k}J_z = - D\left(i\frac{\partial\varphi}{\partial x} + i\frac{\partial\varphi}{\partial x} + i\frac{\partial\varphi}{\partial x}\right) \text{或} J = - D\nabla\varphi \tag{5-18}$$

式中，$\boldsymbol{i}$、$\boldsymbol{j}$、$\boldsymbol{k}$ 为 x、y、z 方向的单位矢量；φ 为浓度，为数量场；∇为梯度算子。

（2）菲克第二定律［见图 5-6（b）］，表征扩散过程中各处浓度可随时间不断变化，扩散时间与扩散距离的平方相关。取体积元 $A\Delta x$，流入体积元的物质量为 J_x，流出体积元物质量为 $Jx+\Delta x$，如式（5-19）所示。

$$\frac{\partial C}{\partial t} = - \frac{\partial}{\partial x}\left(D\frac{\partial^2 C}{\partial x^2}\right) \tag{5-19}$$

将式（5-19）拓展，获得三维菲克第二扩散定律，如式（5-20）所示。

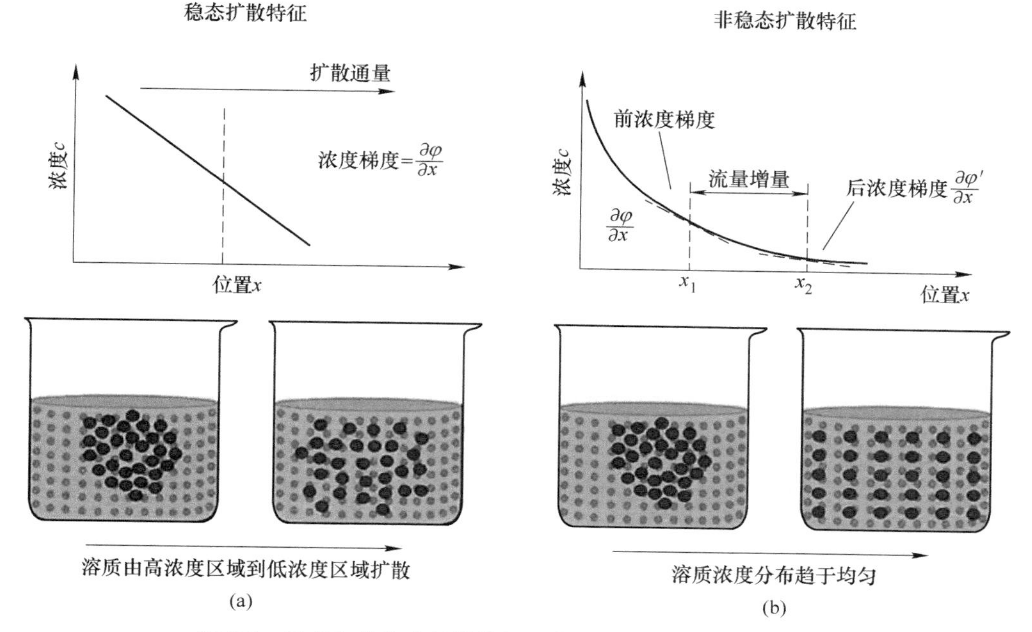

图 5-6 稳态和非稳态扩散特征（菲克第一、第二扩散定律）
（a）稳态扩散特征；（b）非稳态扩散特征

$$\frac{\partial C}{\partial t}=\frac{\partial}{\partial x}\left(D_x\frac{\partial C}{\partial x}\right)+\frac{\partial}{\partial y}\left(D_y\frac{\partial C}{\partial y}\right)+\frac{\partial}{\partial z}\left(D_z\frac{\partial C}{\partial z}\right) \tag{5-20}$$

类比式（5-14）中 N-S 方程的推导方法，对微元体的对流扩散方程进行推导。以 x 方向为例，进一步推导对流-扩散方程。

首先，计算浓度的对流通量，如式（5-21）所示。

$$Cu_x\mathrm{d}y\mathrm{d}z-\left(Cu_x+\frac{\partial Cu_x}{\partial x}\mathrm{d}x\right)\mathrm{d}y\mathrm{d}z=-\frac{\partial Cu_x}{\partial x}\mathrm{d}x\mathrm{d}y\mathrm{d}z \tag{5-21}$$

其次，计算浓度的扩散通量，如式（5-22）所示，其中，左侧界面浓度梯度为$\partial C/\partial x$，右侧界面的浓度梯度为 $\partial C/\partial x+\partial(\partial C/\partial x)\mathrm{d}x/\partial x$。

$$-D\frac{\partial C}{\partial x}\mathrm{d}y\mathrm{d}z=-\left[-D\left(\frac{\partial C}{\partial x}+\frac{\partial(\partial C/\partial x)}{\partial x}\mathrm{d}x\right)\mathrm{d}y\mathrm{d}z\right]=D\frac{\partial^2 y}{\partial x^2}\mathrm{d}x\mathrm{d}y\mathrm{d}z \tag{5-22}$$

结合式（5-21）和式（5-22），获得同时考虑对流、扩散过程的微元体的净浓度通量，如式（5-23）所示。

$$\frac{\partial C}{\partial t}\mathrm{d}x\mathrm{d}y\mathrm{d}z=\left(-\frac{\partial Cu_x}{\partial x}-\frac{\partial Cu_y}{\partial y}-\frac{\partial Cu_z}{\partial z}+D\frac{\partial^2 C}{\partial x^2}+D\frac{\partial^2 C}{\partial y^2}+D\frac{\partial^2 C}{\partial z^2}\right)\mathrm{d}x\mathrm{d}y\mathrm{d}z \tag{5-23}$$

整理式（5-23），获得对流扩散方程的分量形式，如式（5-24）所示。

$$\frac{\partial C}{\partial t} + \frac{\partial Cu_x}{\partial x} + \frac{\partial Cu_y}{\partial y} + \frac{\partial Cu_z}{\partial z} - D\left(\frac{\partial^2 C}{\partial x^2} + \frac{\partial^2 C}{\partial y^2} + \frac{\partial^2 C}{\partial z^2}\right) = 0 \tag{5-24}$$

若为一维、稳态、无源项的情况，则对流-扩散方程可做如下简化。

$$\frac{\partial C}{\partial t} = - u_x \frac{\partial C}{\partial x} + D \frac{\partial^2 C}{\partial x^2} \tag{5-25}$$

式中，C 为溶液浓度，kg/L。推导过程与一般的流体微元一致，将流体微元视为一个包含有固体和流体的多孔介质微元，多孔介质孔隙率为各向相同。左侧第一项表示的是浓度随时间的变化率，右边第一项为对流项，第二项为水动力弥散项。

5.5 考虑对流扩散过程的持液行为数学表征

本书采用 HeapSim 2D 模拟平台，立足制粒矿堆的特殊环境，对数学模型进行优化和修正，最终实现对制粒矿堆持液行为进行表征和模拟。该模拟软件是由加拿大英属哥伦比亚大学 David Dixon 教授和南非开普敦大学的 Jochen Petersen 教授共同研发[167]，由 Liu 等人进行了渗流模块优化。

采用若干单个圆柱体对结构进行简化，假设堆表面被一组以规则间隔 $2R$ 进行间隔布置的滴水喷头灌溉，形成一组组圆柱体，每个圆柱体内的溶液以相等的 U kg/(m^2 · h) 的表面流速排出体系，如图 5-7 所示。

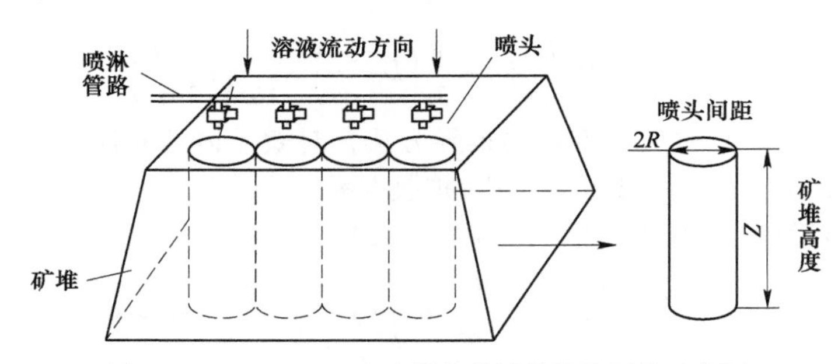

图 5-7 HeapSim 2D 渗流模拟的计算模块划分示意图

其中，边界坐标系中的任何点都由（z，r）表示，分别代表距滴头的垂直和径向距离。

需要注意的是，从严格意义上讲，获取单个数学点（z，r）的水分含量值是不切实际的，甚至是不可能的。因此，持液量空间分布是一定小空间区域内的平均值，由于围绕垂直轴的轴向对称性，渗透过程视为轴对称流[168]。

除了柱内轴向的快速优势流动（对流过程），还有横向的缓慢毛细流动（扩散过程），包括大流量流动、制粒间扩散流动、颗粒间扩散流动、颗粒内扩散流动。流动轨迹分布特征与数学简化模型，如图 5-8 所示。

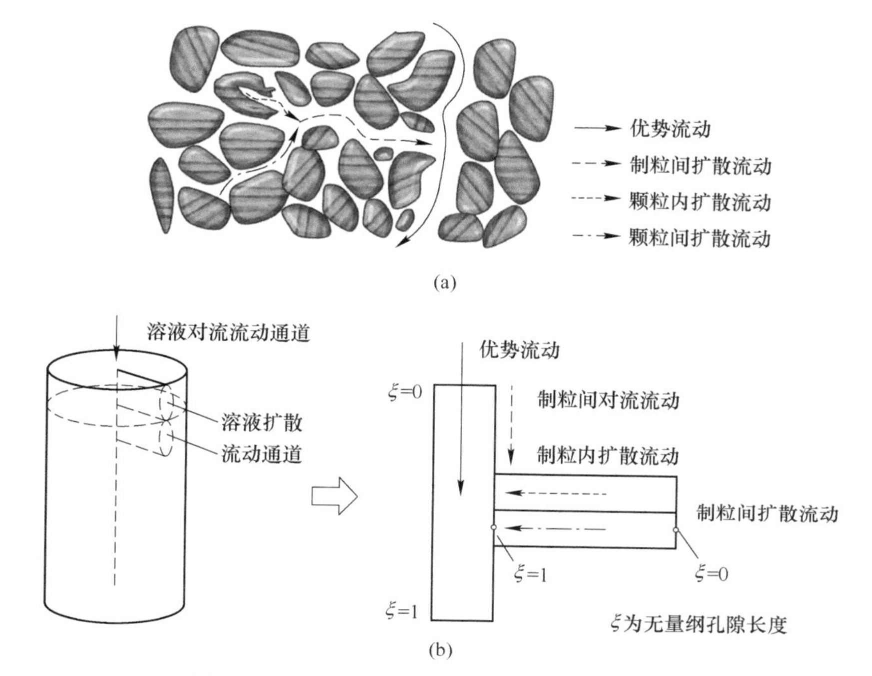

图 5-8 制粒堆浸体系对流扩散特征与简化模型

（a）制粒矿堆内部溶液流动的主要形式；（b）制粒矿堆内部溶液流动简化模型

5.5.1 孔隙结构表征

首先，为定量定义孔隙结构特征，采用有效孔隙长度$\tilde{R}$与无量纲孔隙长度 ξ，如式（5-26）和式（5-27）所示。

$$\tilde{R} = \tau R \tag{5-26}$$

$$\xi = r/ \tilde{R} \tag{5-27}$$

式中，τ 为曲率系数；R 为孔隙长度；r 为孔隙长度。当 $\xi= 0$ 时，表明此边界没有溶液穿透，边界条件如式（5-28）所示；当 $\xi= 1$ 时，表明此边界与渗流通道重合，边界条件如式（5-29）所示。

$$\left.\frac{\partial C_i}{\partial \xi}\right|_{\xi=0} = 0 \tag{5-28}$$

$$\left.\frac{\partial C_i}{\partial \xi}\right|_{\xi=1} = 1 \tag{5-29}$$

5.5.2 溶液渗流表征

溶液渗流过程，本书由关键数学方程式（5-30）、式（5-32）、式（5-33）和式（5-34）进行表征。

需要说明的是，严格意义上讲获取某个单数值点（z，r）的持液状态（如持液量）是不切实际的甚至是不可能的，因此，持液量的空间分布通常用单位体积持液量的平均值来表征。

其中，式（5-30）是由浸出溶液质量守恒推导的控制方程。基于溶液流动动量守恒，结合达西定律式（5-3），将液体通量（v_w）与相对渗透系数（k_{rw}）进行关联，如式（5-28）所示。

$$-\nabla\cdot v_w = -\frac{\partial v_{w,z}}{\partial z} - \frac{1}{r}\frac{\partial(rv_{w,r})}{\partial r} = \frac{\partial \theta}{\partial t} - \frac{M_w}{\rho_w}S_w \tag{5-30}$$

其中，包含两个未知变量作为模型输出，即总水（或溶液）通量（v_w）和持液率（θ）。

此外，Van Genuchten-Mualem（VGM）经验模型[169]，可有效表征不同孔隙结构条件下颗粒堆、土堆的渗流持液特征，常用于表征颗粒堆非饱和渗流行为，如式（5-31）所示。

$$\theta = \theta_r + \frac{\theta_s - \theta_r}{[1 + (\alpha h_c)^n]^m} \tag{5-31}$$

式中，m、n 为与介质孔隙尺寸相关的关键参数，二者关系为 $m = 1 - 1/n$，本书开展了制粒矿堆非饱和渗流实验，得到不同尺寸参数下制粒矿堆水土特征曲线（见图 5-9），确定了制粒矿堆 m、n 参数分别为 0.3、1.43。

式（5-32）和式（5-33）是通过应用经验 VGM 模型获得，将相对水力传导率（k_{rw}）与有效饱和度（S_e）进行关联，如式（5-32）、式（5-33）和式（5-34）所示，实现上述两个输出变量相关联。

$$v_w = \frac{k_w k_{rw}}{\mu_w}(\rho_w g\,\nabla z + \nabla p_c) = k_w k_{rw}(\nabla z + \nabla h_c) \tag{5-32}$$

$$k_{rw} = \begin{cases} S_e^{\frac{1}{2}}(1 - y)^2 & S_e < 1 \\ 1 & S_e \geqslant 1 \end{cases} \tag{5-33}$$

$$h_c = h_{c,0}\left(\frac{y}{S_e}\right)^{\frac{1}{rw}},\ y = (1 - S_e^{1/m})^m,\ S_e = \frac{\theta - \theta_r}{\theta_s - \theta_r},\ \theta = \theta_r + (\theta_s - \theta_r)S_e \tag{5-34}$$

将式（5-31）与式（5-32）~式（5-34）进行联立，获得适于制粒颗粒堆溶液渗流的控制方程，该修正模型将用于后续基于 HeapSIM 软件的溶液渗流持液行为的模拟研究工作，如式（5-35）所示。

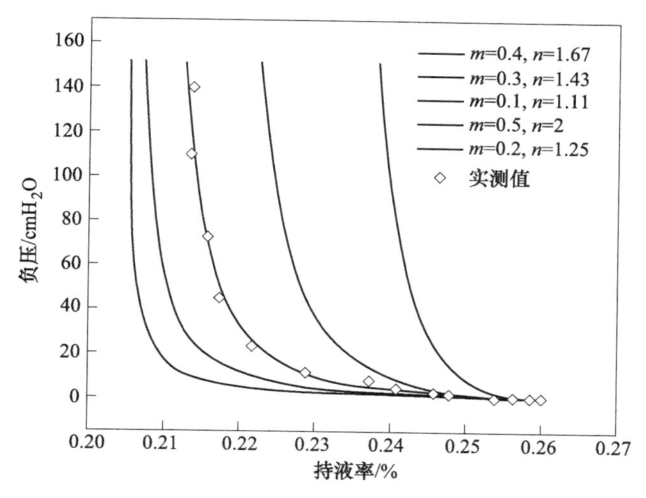

图 5-9 不同 m、n 参数条件下制粒矿堆的水土特征曲线
（$1\text{cmH}_2\text{O} = 98.0665\text{Pa}$）

$$\begin{cases} \nabla \cdot v_w = \dfrac{\partial v_{w,z}}{\partial z} + \dfrac{1}{r}\dfrac{\partial (r v_{w,r})}{\partial r} = \dfrac{M_w}{\rho_w} S_w - \dfrac{\partial \theta}{\partial t} \\ v_w = \dfrac{k k_{rw}}{\mu_w} \rho_w g (\nabla z + \nabla h_c) \\ k_{rw} = \begin{cases} S_e^{1/2} [1 - (1 - S_e^{10/3})^{0.3}]^2 & S_e < 1 \\ 1 & S_e \geqslant 1 \end{cases} \\ h_c = h_{c,0} \left[\dfrac{(\theta_s - \theta_r)(1 - S_e^{10/3})^{0.3}}{\theta - \theta_r} \right]^{\frac{1}{rw}} \\ S_e = \dfrac{1}{(1 + |0.6\psi|^{1.43})^{0.3}} = \dfrac{\theta - \theta_r}{\theta_s - \theta_r} \end{cases} \tag{5-35}$$

5.6 考虑液膜流动的可动液-不可动液模型

为进一步揭示堆持液行为对溶质传递、浸出效率的影响机制，进一步尝试构建溶液渗流与反应传质间的数学关联。目前，国内外学者通常认为无论是矿石矿堆还是制粒矿堆，其内部溶液均由可动液、不可动液组成，如式（5-36）所示，直接影响着渗流传质效率。

$$\theta = \theta_{mobile} + \theta_{immobile} \tag{5-36}$$

式中，θ_{mobile}为可动液区域持液率；$\theta_{immobile}$为不可动液区域持液率。

当前，对溶液流动行为表征的模型有多种，其中，由 de Andrade Lima 提出的可动液-不可动液模型为经典模型，可有效实现矿石颗粒堆内溶液流动行为表征，如式（5-37）所示。

$$\begin{cases}\theta_{\text{mobile}}\dfrac{\partial C_{\text{mobile}}}{\partial t}=\theta_{\text{mobile}}D\dfrac{\partial^2 C_{\text{mobile}}}{\partial Z^2}-\hat{q}\dfrac{\partial C_{\text{mobile}}}{\partial Z}-\alpha(\theta_{\text{mobile}}-\theta_{\text{mobile}})\\ \theta_{\text{immobile}}\dfrac{\partial C_{\text{immobile}}}{\partial t}=\alpha(\theta_{\text{mobile}}-\theta_{\text{mobile}})\\ \hat{q}=v_{\text{s}}\theta_{\text{mobile}}\end{cases} \tag{5-37}$$

式中，C_{mobile}为可动液区域的示踪离子浓度,%；C_{immobile}为不可动液区域的示踪离子浓度,%；θ_{mobile}为可动液区域持液率,%；θ_{immobile}为不可动液区域持液率,%；D为轴向扩散系数；α为可动液-不可动液界面传质系数；$\hat{q}$为达西流速，$\text{L/(m}^2\cdot\text{s)}$；$v_{\text{s}}$为轴向表面流速，mm/s。

结合本书前序章节研究基础，引入液膜流动理论，轴向流动速度同时考虑颗粒间孔道流动、颗粒表面的液膜流动，如式（5-38）所示。

$$\begin{cases}\hat{q}=(v_{\text{mobile-path}}+v_{\text{mobile-film}})\cdot\theta_{\text{mobile}}\\ v_{\text{mobile-path}}=v_{\text{s}}\\ v_{\text{mobile-film}}=\left(\dfrac{\rho g h^3}{3\mu}\right)\cdot\sin\alpha\cdot l\end{cases} \tag{5-38}$$

对 de Andrade Lima 提出的可动液-不可动液传质模型进行修正，提出了考虑溶液液膜流动的可动液-不可动液模型，其物理模型如图 5-10 所示。

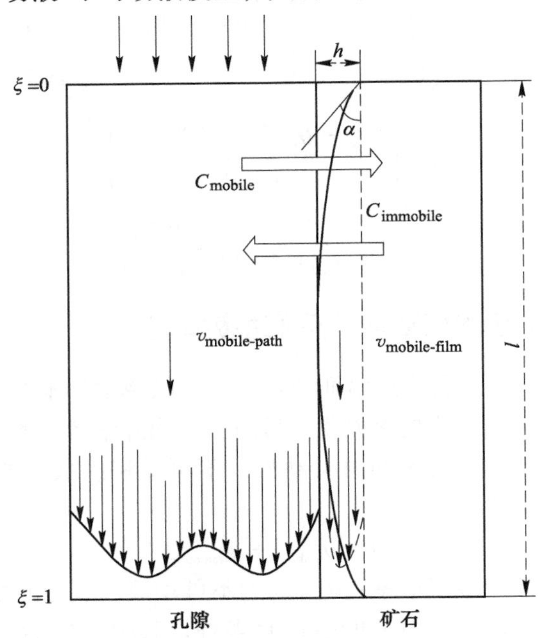

图 5-10　考虑液膜流动的可动液-不可动液的渗流传质物理模型

将式（5-37）和式（5-38）进行联立，获得考虑液膜流动的可动液-不可动液修正模型，实现制粒矿堆内可动液持液率和不可动液持液率的定量表征，如式（5-39）所示。

$$\begin{cases}\theta_{\text{mobile}}\dfrac{\partial C_{\text{mobile}}}{\partial t}=\theta_{\text{mobile}}D\dfrac{\partial^2 C_{\text{mobile}}}{\partial Z^2}-\left(v_{\text{s}}+\dfrac{\rho g h^3}{3\mu}\cdot\sin\alpha\cdot l\right)\dfrac{\partial C_{\text{mobile}}}{\partial Z}\\ \theta_{\text{immobile}}\dfrac{\partial C_{\text{immobile}}}{\partial t}=\alpha(\theta_{\text{mobile}}-\theta_{\text{immobile}})\end{cases}\tag{5-39}$$

式中，ρ 为流体的密度，kg/m^3；g 为重力加速度，m/s^2；μ 为流体的动力黏度，Pa · s；l 为液膜与颗粒接触面近球形直径，m；α 为液膜接触角，(°)；h 为液膜轴心最大高度，m。

5.7 本章小结

本章依托前人提出的 HeapSim 2D 数值模拟平台和非饱和颗粒堆溶液渗流模型，结合制粒矿堆渗流迟滞行为特征，对模型进行修正和创新，构建了表征制粒矿堆持液行为的数学模型，为后续第 6 章的制粒矿堆持液行为数值模拟提供了理论基础和依据。主要研究工作包括：

（1）分析了制粒矿堆持液行为机理及其影响因素，初步揭示了制粒矿堆内部“溶液流动迟滞行为”基础特征，有效探讨了导致渗流迟滞的孔隙尺寸效应、渗流拖曳效应；

（2）对 de Andrade Lima 提出的传统矿石堆浸体系可动液-不动液模型进行修正，考虑制粒颗粒表面的液膜流动过程，引入了接触角 α 和液膜轴心最大高度 h，获得了适于制粒矿堆的可动液-不可动液修正模型，对溶质扩散过程实现有效表征；

（3）基于溶液流动动量守恒定律、溶液流入-流出质量守恒定律，对 Van Genuchten-Mualem（VGM）经验模型进行修正，基于水土渗透特征曲线，确定模型尺寸的关键参数 m 和 n，获得了适于制粒矿堆孔裂结构的溶液对流-扩散模型。

6 制粒矿堆持液行为及其影响因素数值模拟

6.1 引言

堆浸体系的浸出反应包含宏观、细观和微观多尺度，本书从制粒颗粒堆方向开展研究，对于制粒颗粒堆持液行为而言，其受喷淋强度、初始毛细水含量、颗粒尺寸（堆孔隙率）等多因素干扰，如图 6-1 所示，颗粒堆内溶液优势流动过程复杂，溶液流动形式多样[170]。

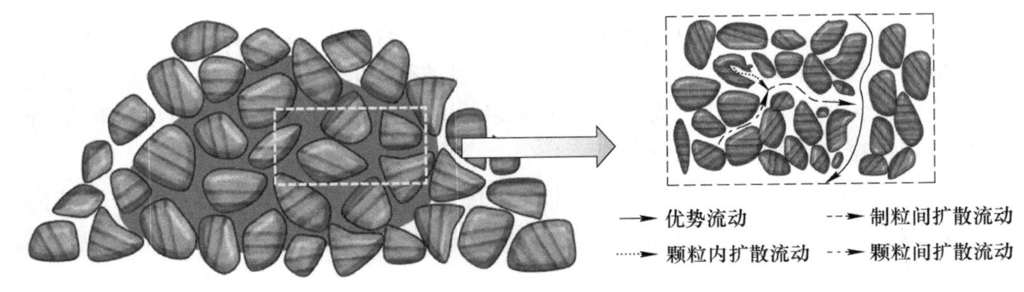

图 6-1 复杂的制粒颗粒堆内部持液行为特征物理模型

近年来，国内外专家学者先后采用 COMSOL Multiphysics、HeapSim 2D、Discrete Element Method & Lattice Bolzmann Method（DEM-LBM）、Computed Fluid Dynamic（CFD）、Fluent 等模拟软件和方法[171~173]，对堆浸体系溶液渗流与浸出过程规律开展数值模拟研究。特别在反应过程传热、浸矿细菌活性、反应溶质浓度、溶液流动扩散过程等因素上对浸出过程的影响机制研究方面取得了良好进展和成果[174,175]。然而，从颗粒堆的持液行为角度而言，存在一定研究空白。主要表现为：

（1）采用传统实验研究方法难以对堆内持液行为进行有效预测。

（2）常规模拟软件为通用工程软件，无法有效应用于堆浸体系，对于宏观尺度的矿堆溶液流动与迟滞行为模拟效果不佳。

（3）模拟预测结果通常基于简化后或经典公式，边界条件理想化，模拟结果准确性低。因而，仍需对相关数值模拟与预测研究进行补充，亟待开展有关矿堆持液率及其对浸出过程影响的模拟研究。

对此，为进一步探究不同研究尺寸下的持液行为特征及其影响机制，本章节依托第 3 章静态持液行为特征、第 4 章矿物浸出前后示踪剂停留时间分布特征，并结合第 5 章获取的溶液渗流扩散数学模型，采用 HeapSim 2D 数值模拟软件，从制粒颗粒堆的宏观维度，对不同喷淋强度、堆孔隙率、初始毛细水量、喷头间距、堆深等条件下颗粒堆持液行为开展研究，揭示不同工况条件下颗粒堆持液行为特征规律。

6.2 HeapSim 2D 模拟平台

采用 HeapSim 2D 模拟软件，对堆浸体系持液行为进行模拟。该软件是由英属哥伦比亚大学 Dixon 教授、南非开普敦大学 Petersen 教授牵头研发的[176,177]，是一种适于堆浸体系溶液流动、传质传热、浸矿过程预测研究的模拟软件，通过设置初始毛细水量、堆孔隙率、喷头间距、喷淋强度等关键工业参数，揭示不同工况条件组合对矿堆持液行为的影响机制，该模拟软件具有操作简便、模拟精准度高、结果可靠，可对工业堆浸形成有效指导，HeapSim 2D 软件操作界面，如图 6-2 所示。

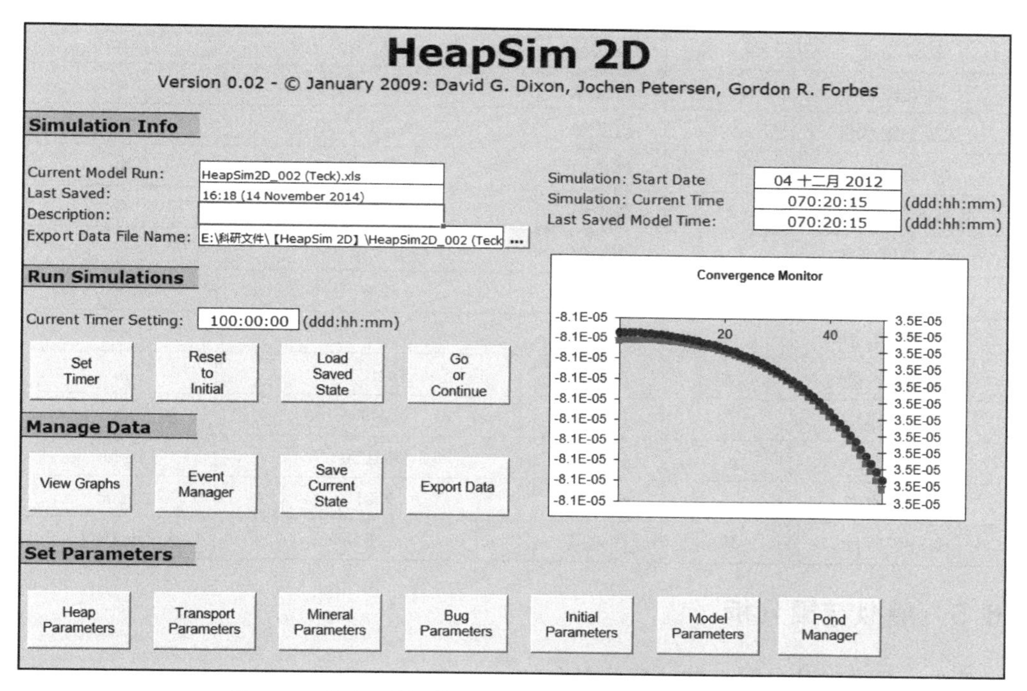

图 6-2 适用于堆浸体系的 HeapSim 模拟软件操作界面

本书重点开展了不同喷淋时间、堆体孔隙率、初始毛细水量（初始矿堆持液率）、喷头间距、喷淋强度、矿堆所处深度等多种因素下持液率分布及其演变特征研究，对比揭示各影响因素对稳态持液率、持液率差值等的影响机制，相关模拟结果将对本书前述章节结果形成补充，并为实现持液率调控和浸出过程强化提供理论依据和技术原型。

6.3 控制方程与基本假设

依据第 5 章推导的控制方程与假设，设置 HeapSim 2D 软件的边界条件与方程。控制方程与基本假设详见 5.5 节，本章节不再赘述。

6.4 边界条件设置

参考工业矿堆常用的喷淋条件及参数取值范围，进行非饱和矿堆持液行为的模拟参数设置，见表 6-1。

表 6-1 非饱和矿堆持液行为的模拟参数设置

参数名称	符号	参数类别	参数取值	单位
喷淋强度	U_w	自变量	2.29，1.145，0.458，0.229	$L/(m^2 \cdot h)$
喷淋头间距	R	自变量	0.05，0.2，0.5，1.0	m
矿堆高度	Z	自变量	10	m
堆孔隙率	ϕ_{total}	自变量	20，30，40，50	%
初始毛细水量	θ_0	自变量	2，5，10，20	%
饱和持液率	θ_r	理论值	37	%
残余持液率	θ_s	理论值	12	%
水头高度指数	$h_{c,0}$	理论值	0.052	—
VGM 模型 m 指数	m	理论值	可变	—
VGM 模型 n 指数	n	理论值	$(1-m)^{-1}$	—
固有矿堆渗透性	K	理论值	5×10^{-11}	m^2
矿堆初始温度	T_0	理论值	299	K
液体密度	ρ_w	理论值	约 1000	kg/m^3
重力加速度	g	固定值	9.81	m/s^2
水分子质量	M_w	固定值	18	kg/kmol

6.5 模拟结果分析

6.5.1 不同喷淋时间下持液行为特征

为解决室内试验散体颗粒堆尺寸偏小的瓶颈问题、进一步揭示宏观矿石堆内不同喷淋时间节点持液率分布规律，利用 HeapSim 2D 模拟软件，设置模拟条件，并进行持液率分布及其随喷淋时间的演化规律模拟。其中，固定模拟参数包括：堆体高度 10m，喷头间距 0.5m，堆孔隙率 30%，喷淋强度 2.29L/($m^2 \cdot h$)，初始毛细水率为 10%。考察喷淋 0d、1d、2d、5d、10d 和 30d 时持液率分布特征，结果如图 6-3 所示。

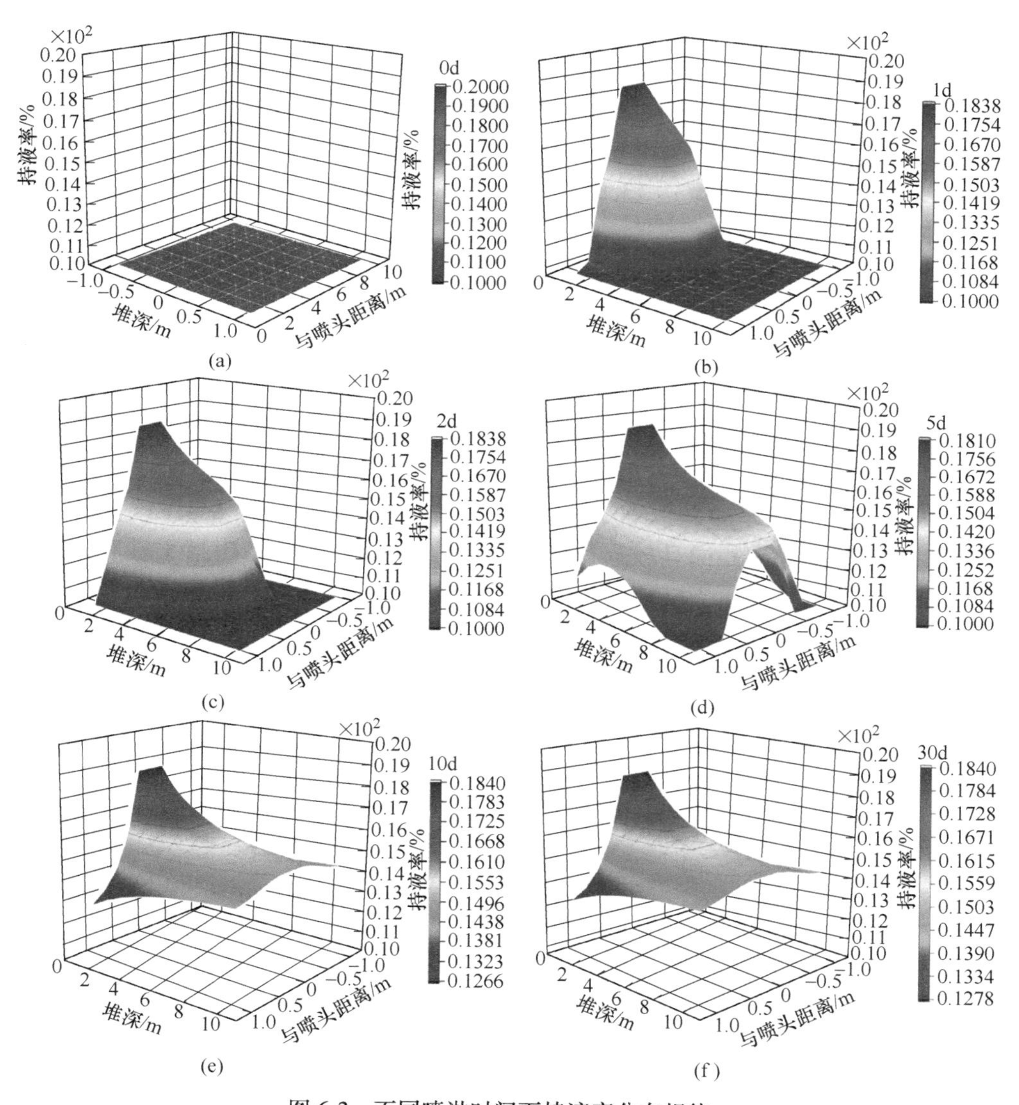

图 6-3　不同喷淋时间下持液率分布规律

(a) 喷淋 0d；(b) 喷淋 1d；(c) 喷淋 2d；(d) 喷淋 5d；(e) 喷淋 10d；(f) 喷淋 30d

结合图 6-3 中的模拟结果可知，不同喷淋时间节点时，堆内各处的持液率存在着显著差异，总体呈先增加后趋于稳定的趋势。依据图 6-3 中的时间节点，对持液率分布及其演变特征进行阐释，具体而言：

(1) 喷淋 1d、2d 时，堆内溶液仍处于缓慢的渗流扩散阶段，其中，喷淋 1d 时溶液渗流的浸润锋达到约 6m 堆深，2d 时溶液渗流的浸润锋达到约 8m 堆深。

换言之，喷淋 2d 后溶液仍未达到堆底（堆深为 10m），尚未形成渗流穿透，喷头下方持液率为 18.38%，堆底持液率为 10%，持液率净差值为 8.38%。

（2）喷淋 5d 时，溶液已经穿透矿堆，以轴部渗流通道为核心向径向逐步扩散，持液率逐步增加并趋于稳定，与喷头距离较近处持液率较高，且各处持液率随溶液喷淋由 10%（初始毛细水率）逐步上升，其中，喷头下方持液率为 18.38%，堆底中部持液率达 13.95%，堆底两侧持液率仍为 10%，最大持液率净差值仍为 8.38%。

（3）喷淋 10d 时，堆底溶液持液率显著提高且基本达到一致，表明底部出口处溶液流动速度趋于一致且稳定，基本达到稳态持液率，其中，喷头下方持液率为 18.38%，堆底各处持液率基本一致，达到 14.96%，最大持液率净差值缩小为 3.42%。

（4）对比喷淋 10d 与 30d，堆内各处持液率基本趋于稳定，溶液优先流动通道形成且基本稳定，其中，喷头下方持液率为 18.38%，堆底中部持液率达 14.98%，最大持液率净差值缩小为 3.40%；此外，当单一喷淋头或喷淋头间距够大时，与喷头距离相同且较远处的堆底持液率（14.44%）略高于堆底处持液率（12.79%），这是由于溶液优势流形成后堆底溶液聚集，而堆顶远离喷头处以溶液扩散为主，持液率较低且增加缓慢。

为揭示溶液扩散行为对堆顶持液率分布的影响，获得不同喷淋时间条件下堆顶（堆深 0m）处持液率分布规律，如图 6-4 所示。

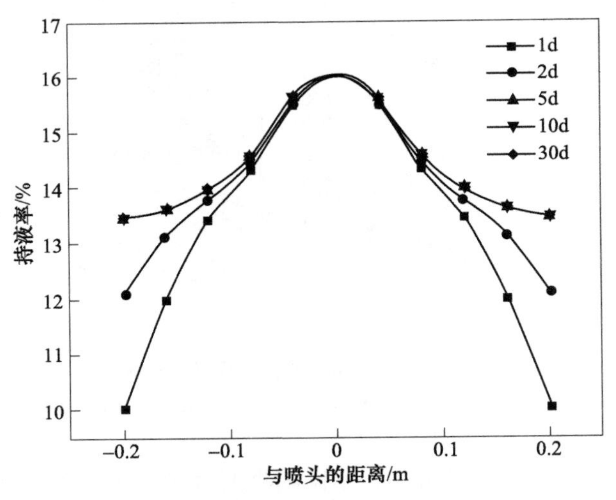

图 6-4　不同喷淋时间节点处堆顶处持液率分布规律

结果表明，堆内某处持液率与距喷头距离成反比，堆顶喷头下方区域持液率高且增速缓慢，自 15.50%（1d）增加至 15.61%（30d），持液率净增值仅为

0.11%；堆底两侧区域的持液率较低且增速较快，自 10.03%（1d）增加至 13.46%（30d），持液率净增值达 3.43%，是喷头下方区域持液率增值的 30 余倍。此外，10d 和 30d 的持液率曲线几乎重叠，表明喷淋 10d 后基本达到持液率峰值，堆内优势流路径稳定，实现稳态持液。

6.5.2 不同堆孔隙率下持液行为特征

孔隙率是影响堆内潜在渗流通道形成的重要因素，直接影响着堆体持液率峰值及堆内分布规律。本书分别考察了孔隙率 20%、30%、40%和 50%时持液率随喷淋时间的变化规律，如图 6-5 所示。对不同孔隙率下峰值持液率、最小持液率净增值、最大持液率净增值进行数据提取，如图 6-6 所示。

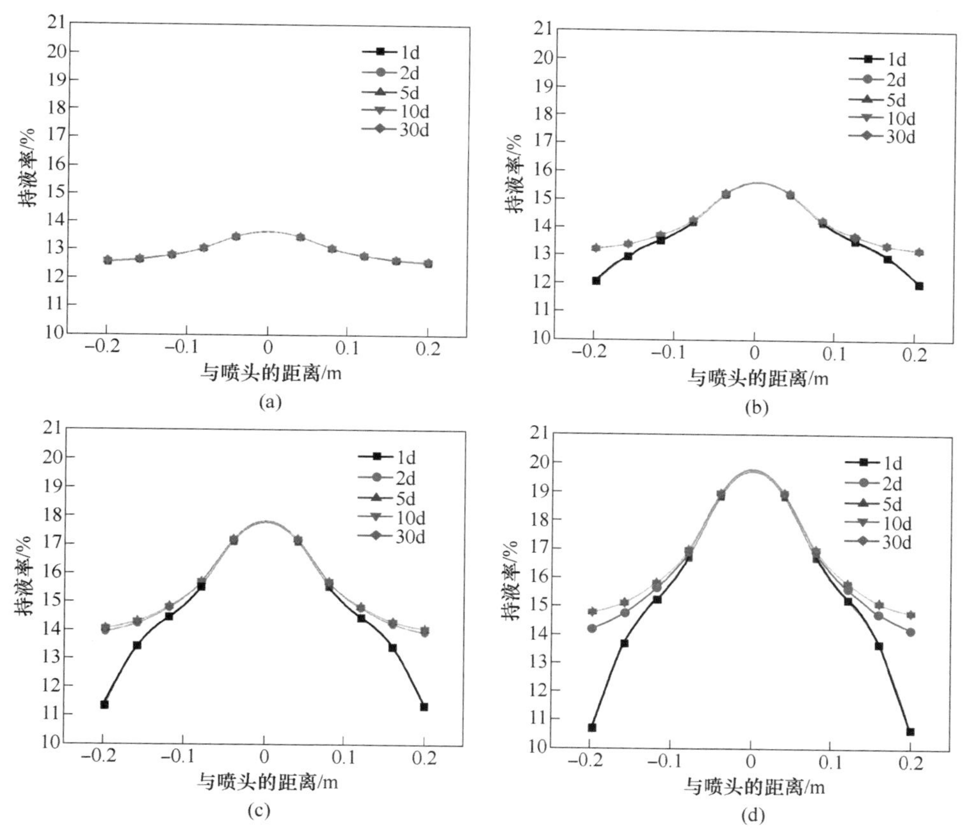

图 6-5 不同孔隙率条件下持液率区域分布规律

（a）孔隙率 20%；（b）孔隙率 30%；（c）孔隙率 40%；（d）孔隙率 50%

设置初始模拟条件：固定喷头间距为 0.2m、堆体高度为 10m、喷淋强度为 2.29L/(m^2·h)、初始毛细水量为 10%、最高稳态持液率为 37%。

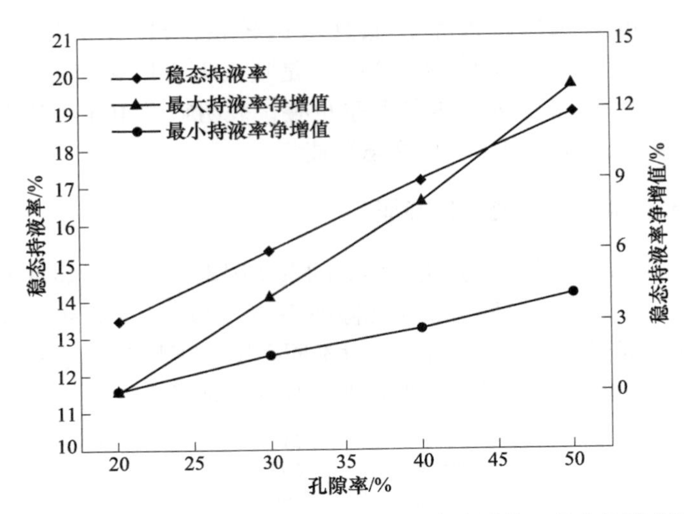

图 6-6　不同孔隙率下稳态持液率、最小持液率净增值、最大持液率净增值

结合图 6-5 和图 6-6，不同堆体孔隙率下持液率分布存在显著差异，其与堆孔隙率大致呈正相关，阐释孔隙率与持液率间的关联特征如下：

（1）当孔隙率 20%时，堆持液率较低且增长缓慢，峰值持液率 13.48%，最大净增值在与喷头 0.2m 处，仅为 0.04%，持液能力差，在 1d 时已基本达到稳态持液状态；

（2）当孔隙率 30%时，堆持液率较高且增长明显，峰值持液率 15.33%，最小净增值在距喷头 0m（喷头下方）处，为 0.04%，最大净增值在距喷头 0.2m 处，为 1.54%，持液能力好，2d 时达稳态持液；

（3）当孔隙率 40%时，堆持液率较高且增长明显，峰值持液率 17.18%，最小净增值在距喷头 0m（喷头下方）处，为 0.08%，最大净增值在距喷头 0.2m 处，为 2.68%，持液能力好，5d 时达稳态持液；

（4）当孔隙率 50%时，堆持液率较高且增长明显，峰值稳态持液率为 19.02%，最小净增值在距喷头 0m（喷头下方）处，为 0.13%，最大净增值在距喷头 0.2m 处，为 4.118%，持液性好，5d 时已稳态持液。

为揭示某一喷淋时间节点时孔隙率对持液率的影响机制，本书模拟了 1d、2d、5d、10d 时的持液率分布状况，如图 6-7 所示。

由模拟结果可知，沿喷淋头溶液流动方向（与喷淋头距离为 0m）区域的持液率较高且更易在喷淋早期达到稳态；距喷淋头距离较远区域的持液率随喷淋时间逐渐增加，并于 5d 时已全部基本达到稳态持液率。需要注意的是，当矿堆孔隙率较低时，堆内各处持液率值较小、差距较小、持液率分布均匀程度高；当矿堆孔隙率较高时，堆内各处持液率较高但差异较大、持液率分布均匀程度低。例如，喷淋10d时，矿堆孔隙率50%时最大、最小稳态持液率的差值达4.20%；孔隙率20%的矿堆，堆内最大、最小稳态持液率的差值仅为0.88%，二者相差近5倍。

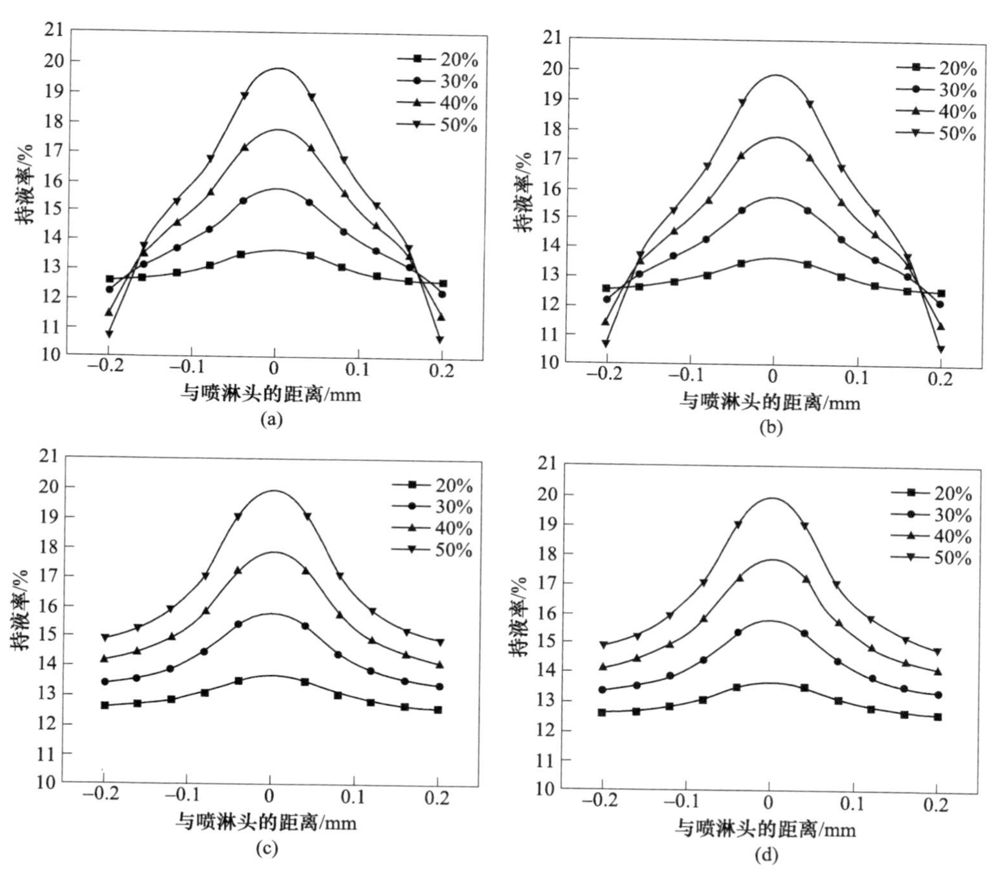

图6-7 不同堆孔隙率条件下持液率随喷淋时间变化规律

(a) 1d；(b) 2d；(c) 5d；(d) 10d

6.5.3 不同初始毛细水量下持液行为特征

由3.5.7节、3.5.8节的研究可知，初始毛细水量影响着堆内溶液渗流过程，特别是影响着堆内溶液流动路径、溶液优势流的形成，对矿石颗粒堆的总体持液率影响是十分显著的。

利用HeapSim 2D模拟软件，进一步探究不同初始毛细水量矿堆内不同位置、不同时间的持液率分布特征，设置实验条件包括：自变量初始毛细水率为2%、5%、10%。需要说明的是，本书在类干燥矿堆内未对制粒颗粒或矿石进行预润湿，假定自然含水率为2%，即初始毛细水含量为2%。此外，固定变量为堆体高度10m，喷头间距0.5m，堆孔隙率30%，喷淋强度2.29L/(m^2·h)。模拟结果如图6-8所示。

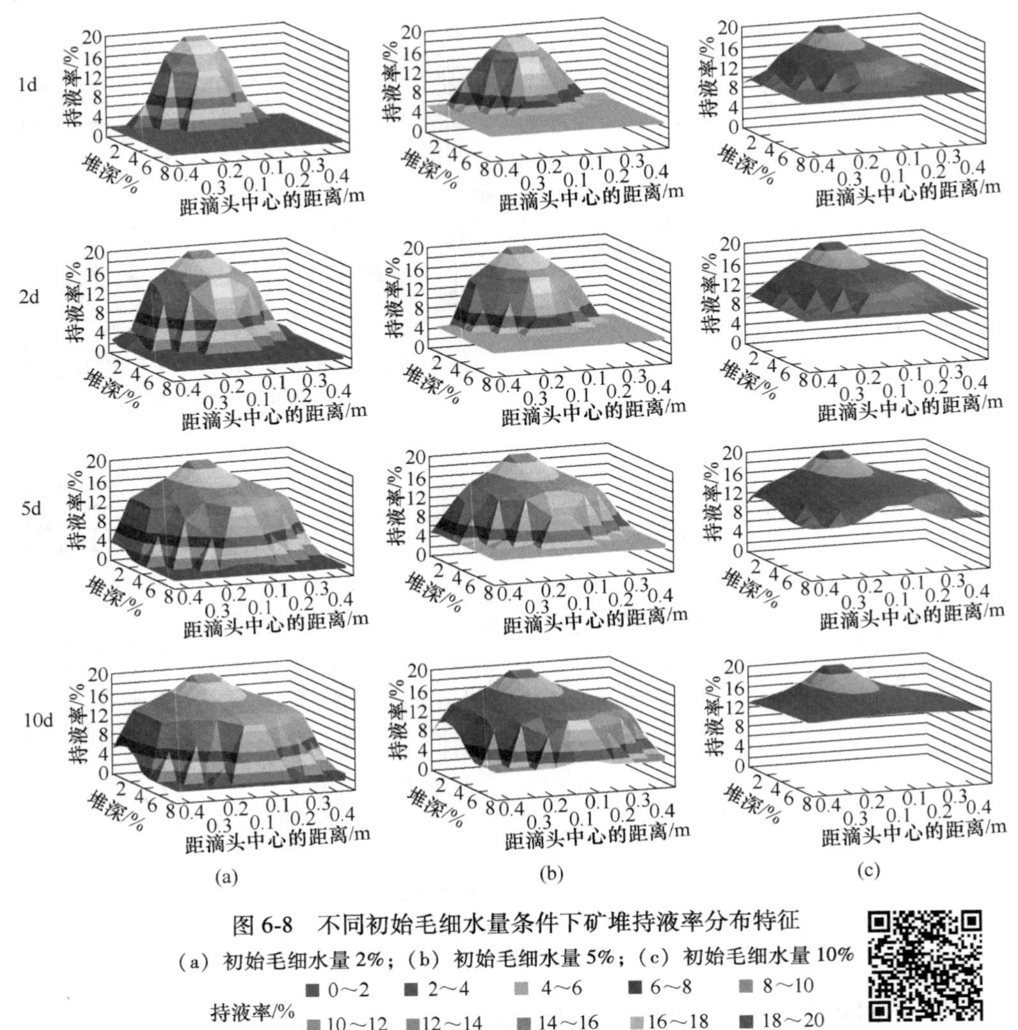

图6-8　不同初始毛细水量条件下矿堆持液率分布特征

(a) 初始毛细水量2%；(b) 初始毛细水量5%；(c) 初始毛细水量10%

持液率/%　0～2　2～4　4～6　6～8　8～10　10～12　12～14　14～16　16～18　18～20

由图6-8可见，溶液随喷淋时间逐步进入矿堆，堆内不同位置处的持液率逐步增加，不同初始毛细水量造成堆内持液行为差异。具体而言，在低初始毛细水量（2%、5%）条件下，矿堆较为干燥，开始喷淋至10d后，堆内溶液穿透较慢且持液率偏低；在高初始毛细水含量（10%）条件下，矿堆润湿条件良好，开始喷淋后堆内溶液流动优势路径迅速形成、渗流速度快，5d左右形成溶液穿透。

对比喷淋10d时堆持液率、深度和离喷淋头间距三者关联，如图6-9所示。

低初始毛细水量条件下溶液渗流扩散缓慢，初始毛细水量为5%时，堆内仍存在大量低持液率区域（5%~10%），高初始毛细水量条件下堆内易形成溶液流动优先路径，溶液渗流速度快，堆内持液率分布较为均匀，大部分区域的持液率介于10%~15%。

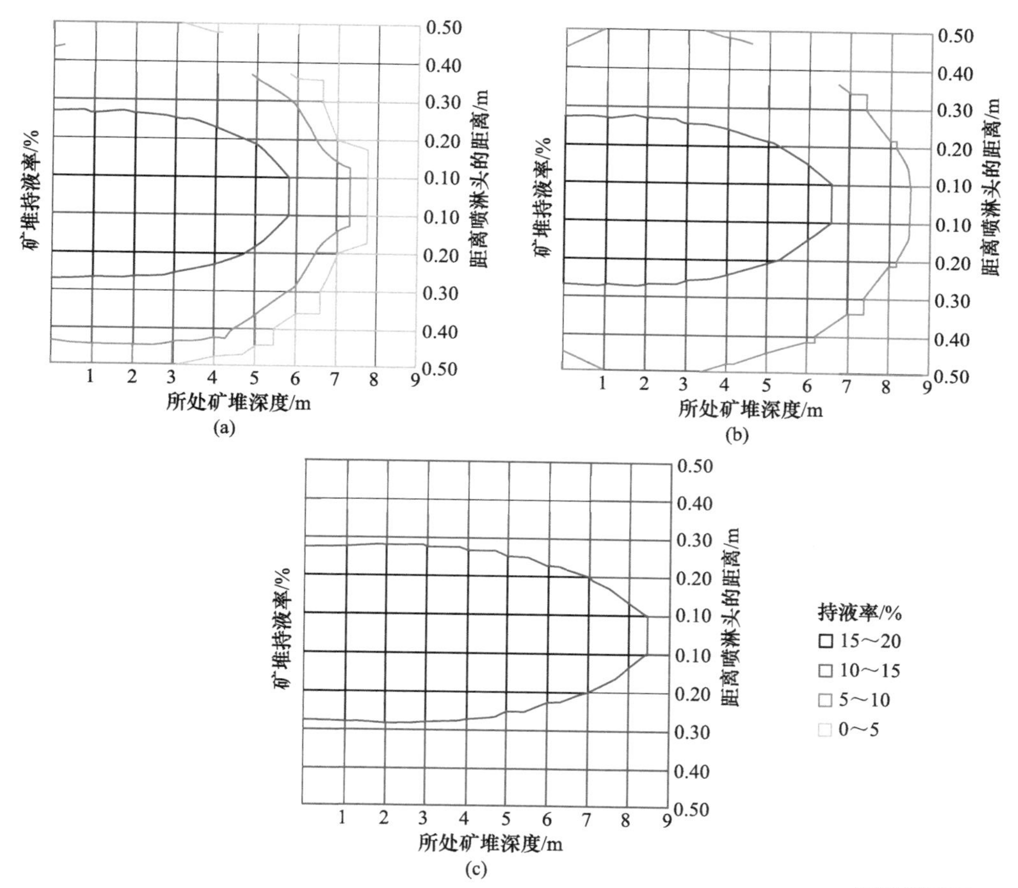

图 6-9 喷淋 10d 时不同初始毛细水量条件下堆内持液率分布规律
（a）初始毛细水量 2%；（b）初始毛细水量 5%；（c）初始毛细水量 10%

扫码看彩图

6.5.4 不同喷头间距下持液行为特征

喷淋管网优化，是实现工业堆浸生产过程控制与强化的重要方法，操作简易，易于调控，可直接影响堆内溶液渗流扩散过程。其中，喷头间距是管网设计中需着重考察的重要参数之一。

对此，本书重点考察了在喷淋时间 30d 时，喷头间距分别为 0.05m、0.2m、0.5m、1m 时堆内持液率的分布特征与演化规律，如图 6-10 所示。设置固定模拟条件，包括堆孔隙率 30%、堆体高度 10m、喷淋强度为 2.29L/(m^2 · h) 和初始毛细水量 10%。

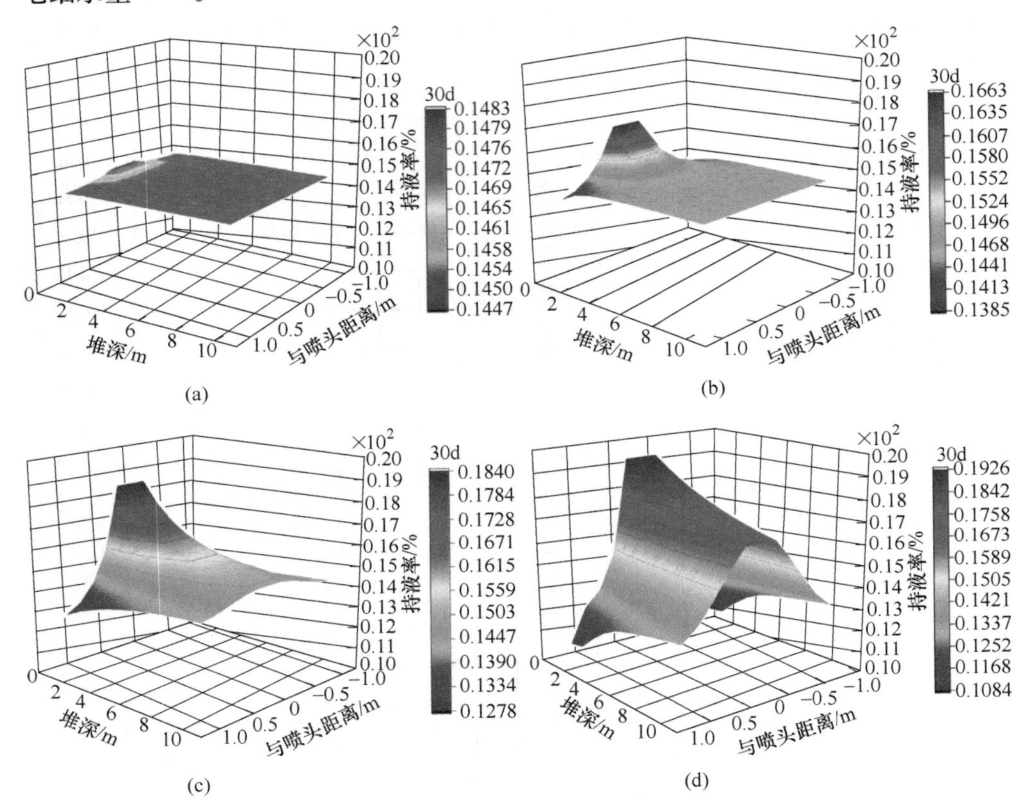

图 6-10　喷淋 30d 时不同喷头间距条件下持液率分布规律

(a) 喷头间距 0.05m；(b) 喷头间距 0.2m；(c) 喷头间距 0.5m；(d) 喷头间距 1m

由模拟结果可知，喷头间距与持液率分布的均匀程度大致呈负相关、与稳态持液率值呈正相关、与稳态持液率净差值呈正相关。举例说明，如图 6-10 (a) 所示，当喷头间距为 0.05m 时，喷头间距较小，模拟结果显示持液率面呈类平面状，这表明此时堆内持液率分布较为均匀，不易出现渗流盲区，最大稳态持液率较低，仅为 14.83%，最小稳态持液率为 14.53%，二者差值仅为 0.3%；反之，如图 6-10 (d) 所示，当喷头间距为 1m 时，喷头间距较大，模拟结果显示持液率面呈类山脊状，表明此时堆内持液率分布较不均匀，喷淋头下方及其延长线方向持液率较高，两侧距喷头较远区域易出现低持液率区，最大稳态持液率较高，达到 19.25%，最小稳态持液率为 10.85%，二者差值高达 8.4%，不均匀程度较高。

为进一步揭示喷头间距在不同喷淋时间节点时对持液率分布的影响规律，本书考察了喷淋时间1d、2d、5d、10d、30d时，不同喷淋间距条件下堆持液率分布规律，如图6-11所示。

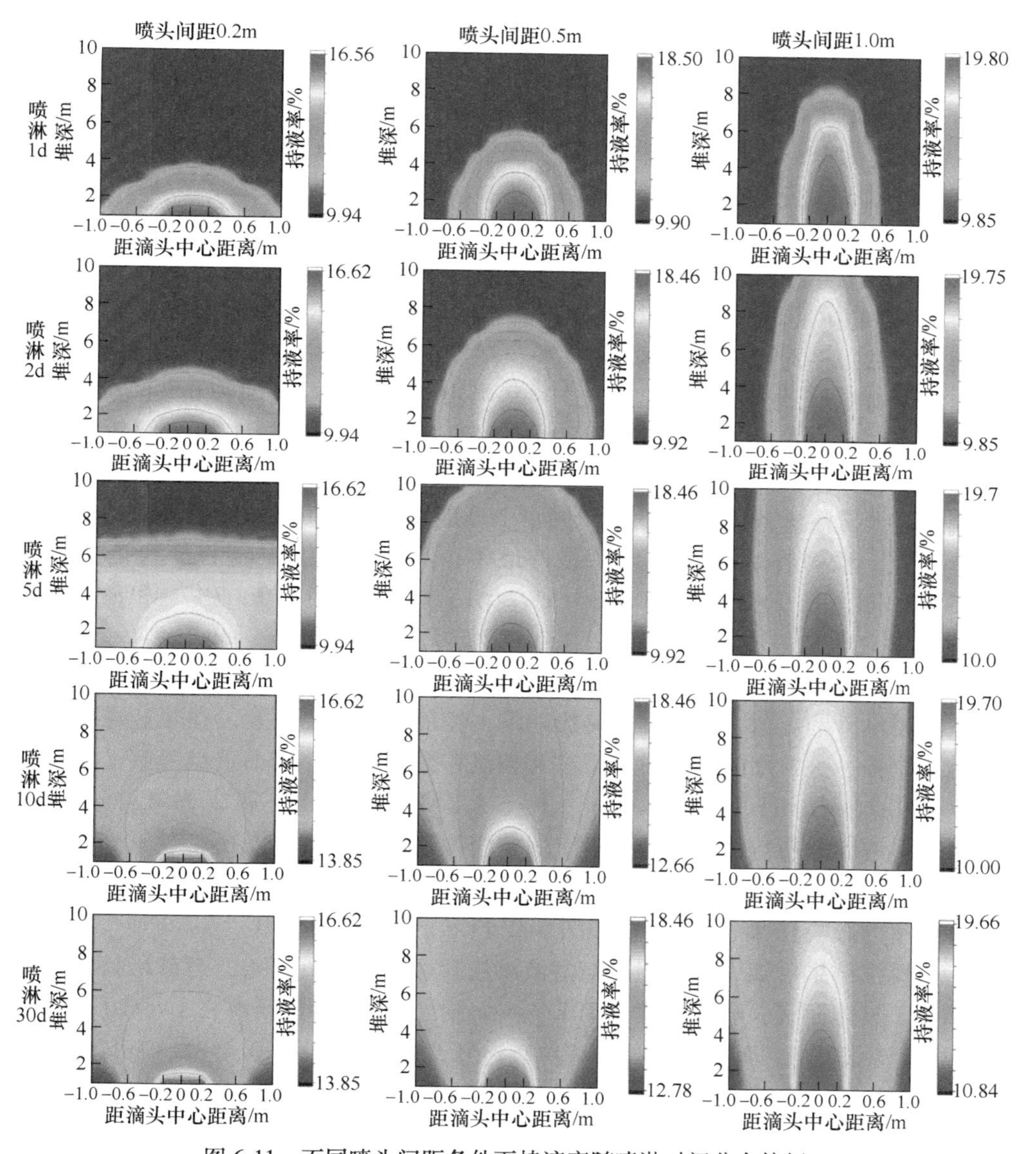

图6-11 不同喷头间距条件下持液率随喷淋时间分布特征

由模拟结果可知，当喷头间距较小时，溶液下向渗流速度较慢，通常以溶液浸润面的形式（浸润面上部为浸润区，下部为渗流盲区），自上而下进行缓慢渗流扩散，在堆内形成两个持液率差异明显的区域，溶液优势流动不显著；当喷头间距较大时，溶液渗流速度快，通常以溶液浸润锋的形式（浸润锋后方为浸润区，两侧为渗流盲区），向下快速流动扩散，优先导通矿堆，使得溶液优势流路径形成并逐渐固定。

具体而言：（1）喷淋 1d 时，无论是喷头间距为 0.2m、0.5m 还是 1.0m，溶液均未穿透整个矿堆，堆内存在大量渗流盲区，该渗流盲区内溶液为初始毛细水，持液率为 10%；（2）喷淋 3d 时，喷淋间距为 1.0m 的矿堆内溶液已达成渗流穿透，形成溶液优势流；（3）喷淋 5d 时，喷头间距为 0.5m 的矿堆内溶液也已形成溶液穿透，喷头间距为 1.0m 的矿堆内溶液进一步扩散，对比二者可见，虽然前者溶液穿透矿堆晚于后者，但堆内渗流盲区明显小于后者，此外，喷头间距为 0.2m 的矿堆内形成两个持液率显著不同的区域，溶液浸润面以上区域持液率明显较高，平均持液率约为 14.50%，浸润面以下的堆底区域仍为渗流盲区，持液率为 10%（均为初始毛细水）；（4）喷淋 10d 后，喷头间距 0.2m 的矿堆最后形成溶液穿透，大部区域的平均持液率为 14.53%，相较于喷头间距 0.5m、1.0m 的矿堆，其矿堆内部持液率均匀程度较高，此外，在喷头间距 1.0m 的矿堆两侧仍有大量渗流盲区存在；（5）喷淋 30d 时，喷头间距 0.2m 矿堆的持液状态保持稳定，堆内各处基本达到稳态持液率，其中，矿堆中心的平均持液率为 14.54%，显著低于喷头间距 0.5m（15.60%）、喷头间距 1.0m（17.48%）的。

6.5.5 不同喷淋强度下持液行为特征

与喷淋管网类似，喷淋强度是影响堆内持液率的重要因素，在工业堆浸过程中易于调控，是常用的喷淋过程考核和控制参数。对此，本书重点考察了喷淋强度 0.229L/(m^2·h)、0.458L/(m^2·h)、1.145L/(m^2·h) 和 2.290L/(m^2·h) 条件下持液率分布特征，此外，设置固定模拟条件，包括：堆孔隙率 30%、堆体高度 10m、初始毛细水量 10%、喷头间距 0.2m，不同喷淋时间条件下喷淋强度对持液率的影响规律（堆顶），如图 6-12 所示。

由模拟结果可知，喷淋强度与溶液渗流穿透时间呈负相关，与矿堆持液率呈正相关。具体而言，喷淋强度 2.29L/(m^2·h) 条件下溶液喷淋在不足 1d 时即已形成渗流穿透，而喷淋强度为 1.145L/(m^2·h)、0.458L/(m^2·h)、0.229L/(m^2·h) 的条件则分别至少在 1d、2d 和 3d 后才可形成溶液优势流，并穿透整个矿堆。喷淋时间 30d 时，不同喷淋强度的矿堆均基本达到稳态持液率，其中，最大稳态持液率在喷淋强度 2.29L/(m^2·h) 处获得，高达 16.62%，明显高于喷淋强度 0.229L/(m^2·h) 时候的稳态持液率（14.02%），二者净差值为 2.60%；不同喷淋强度下的最小稳态持液率差距较小，其中，2.29L/(m^2·h) 最小稳态持液率 13.86%，0.229L/(m^2·h) 最小稳态持液率为 12.84%。

为进一步明确喷淋强度对矿堆内部不同位置处持液率的影响机制，继续探究

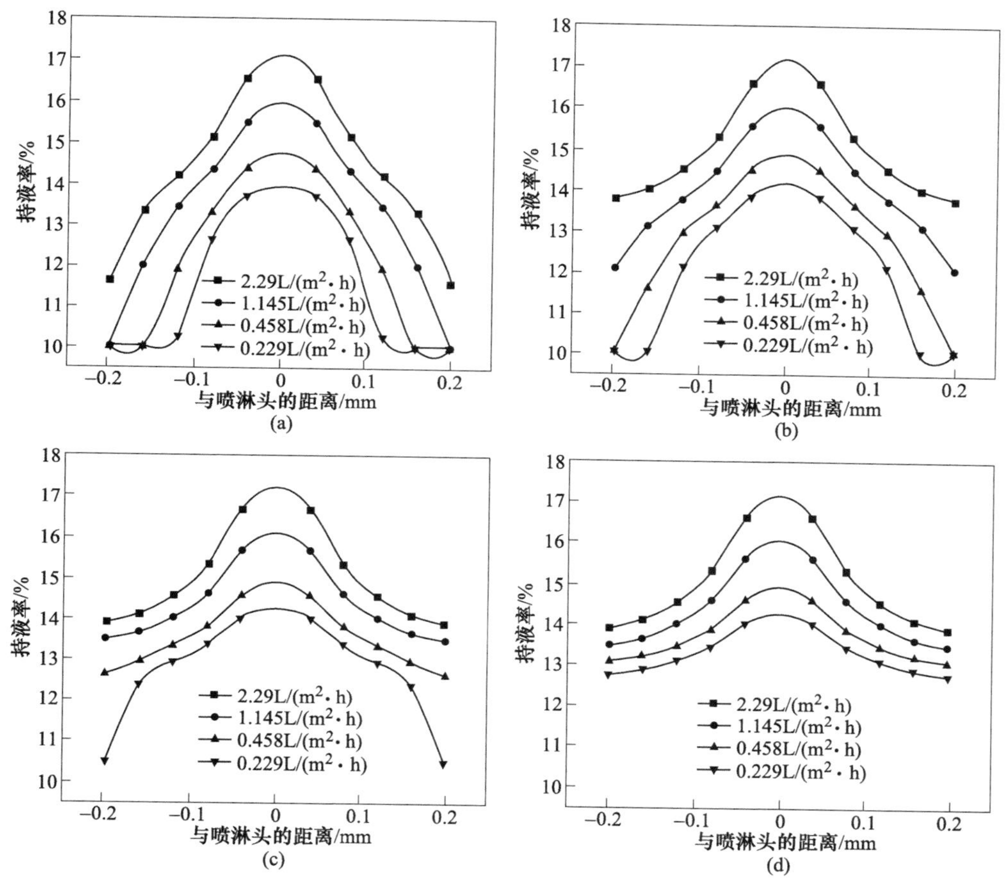

图 6-12 不同喷淋强度条件下矿堆持液率分布特征

（a）喷淋 1d；（b）喷淋 2d；（c）喷淋 3d；（d）喷淋 10d

了喷淋时间为 0d、2d、5d、10d、30d 时堆内各处持液率特征，固定模拟条件同上，如图 6-13 所示。喷淋强度较低时溶液渗流扩散速度缓慢，当喷淋时间不足够长时，容易导致溶液滞留矿堆，无法形成渗流穿透，矿堆底部存在大量渗流盲区；反之，当喷淋强度较高时溶液渗流速度快，可较快形成溶液优势流并达到稳态持液率。

结果表明，喷淋强度 0.229L/(m^2·h) 时溶液流动缓慢，喷淋 30d 溶液仍未穿透矿堆，堆深 7m 以下存在大量渗流盲区，持液率仅 10% [见图 6-13（a）]；喷淋强度 0.458L/(m^2·h) 时溶液渗流较为缓慢，喷淋 30d 溶液已穿透矿堆，未达稳态持液，10m 处持液率仅 12.30%，明显低于 9m 处持液率（13.42%）；喷淋强度 1.145L/(m^2·h) 时，在喷淋 30d 达稳态持液率 13.98%，喷淋强度 2.290L/(m^2·h) 时，在喷淋 10d 即可达稳态持液率 14.53%。

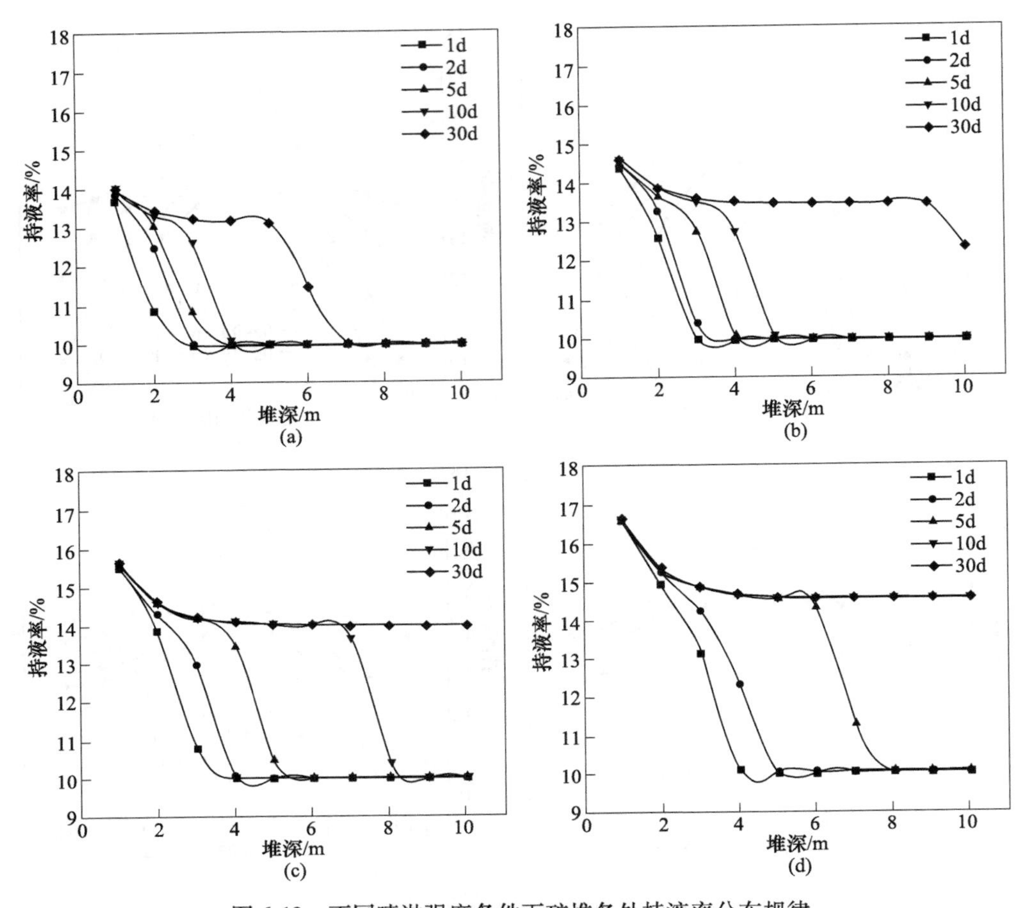

图 6-13　不同喷淋强度条件下矿堆各处持液率分布规律

(a) 0.229L/(m^2 · h)；(b) 0.458L/(m^2 · h)；(c) 1.145L/(m^2 · h)；(d) 2.290L/(m^2 · h)

6.5.6　不同矿堆深度下持液行为特征

非饱和矿堆持液行为在不同堆深处具有不均匀性，本书探究不同堆深处持液率三维分布规律，设置初始模拟条件：矿堆深度 10m，喷头间距 0.2m，喷淋强度 1.145L/(m^2 · h)，孔隙率 30%，模拟获得喷淋时间、矿堆深度与持液率三者间关联关系，如图 6-14 所示。

由模拟结果可知，溶液穿透矿堆前，深部存在大量渗流盲区，浅部区域的持液率明显高于深部；溶液渗流穿透后，堆内大部区域的持液率稳定，基本达到稳态持液。随着溶液喷淋过程，堆内各处持液率有不同程度增加，在喷淋 0～10d 时，堆内存在以喷淋头下方为核心的、明显的持液率递减梯度，在喷淋 10～30d 时可形成渗流穿透，在喷淋 30d 后达到稳态持液状态，此时，最大稳态持液率为

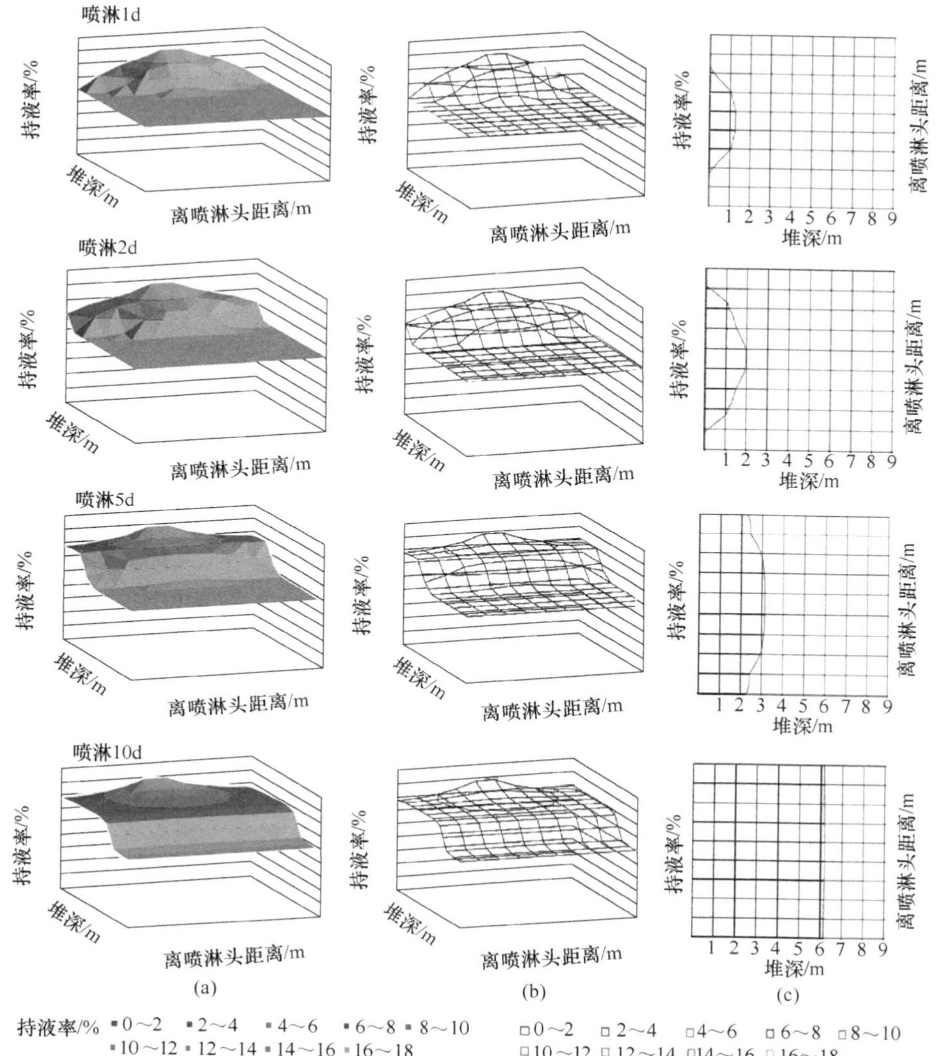

图 6-14 不同矿堆深度处持液率随喷淋时间的分布特征

（a）持液率三维分布；（b）持液率等高线（三维）；（c）持液率等高线（俯视）

15.61%，最小稳态持液率为 13.99%。

进一步对比研究不同时间段时堆内不同深度的持液率分布特征，如图 6-15 所示。可以看到，堆深 1m 处，堆持液率自 13.40%（1h），迅速增加至 15.11%（6h）并逐步达到稳态，持液率为 15.56%（2d）；此外，堆深 5m 处，喷淋 2~5d 时溶液流动至矿堆中部，并于喷淋 7d 后逐步达到稳态持液状态；堆深 10m 处，喷淋 12d 前始终为渗流盲区，没有溶液渗流或扩散至此处。优势流导通后，持液率迅速增加，自 10.48%（13d）上升至 12.90%（14d），并于喷淋 15d 时趋于稳态持液，持液率为 13.94%。

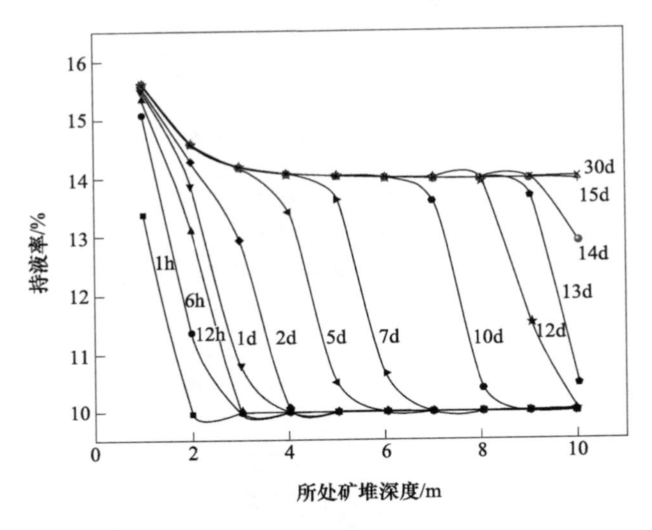

图 6-15 矿堆内不同高度处持液率随喷淋时间变化规律

6.6 本章小结

本章引入第 5 章中的持液行为数学表征模型，利用 HeapSim 2D 模拟平台，开展了不同喷淋强度、初始毛细水量、喷头间距、堆孔隙率、堆深条件下数值模拟研究，有效探讨和模拟预测了不同工况条件下制粒矿堆持液行为规律。本章的研究成果与发现，主要包括：

（1）不同喷淋间距条件下持液率存在显著差异，距喷头较远区域易出现低持液率区，喷头下方持液率较高且迅速达到稳态，堆底两侧的持液率较低且增速较快。以堆高 10m、喷头间距 0.5m、堆孔隙率 30%、喷淋强度 2.29L/(m^2 · h)、初始毛细水量 10% 为例，喷头下方（0m）持液率自 15.50%（1d）增至 15.61%（30d）；喷头远端（0.25m）持液率自 10.03%（1d）增至 13.46%（30d）。

（2）当喷淋强度较低［0.029L/(m^2 · h)］时，溶液渗流扩散速度低，主要依赖缓慢毛细扩散，渗流穿透所需时间较长，堆深 10m 处持液率 12.30%；当喷淋强度较高（2.290L/h）时，可较快形成快速流动路径并达稳态持液率，堆深 10m 处持液率 14.53%。

（3）当初始毛细水量较低（5%）时，制粒矿堆内溶液渗流扩散较缓慢，堆内仍存在大量的低持液率区域（5%～10%），当初始毛细水量较高（10%）时，堆内溶液流速快，易形成溶液优先流，堆内持液率较高，约为 10%～15%。

（4）堆孔隙率与稳态持液率、达到稳态所需时间呈正相关；堆孔隙率较低（20%）时，各处持液率较小（峰值持液率 13.48%）且分布均匀，迅速达到稳态持液（1d）；孔隙率较高（50%）时，各处持液率较高（峰值持液率 19.02%）但分布不均，较慢实现稳态持液（5d）。

（5）在不同堆深处，制粒矿堆的持液率分布具有不均匀性。堆体浅部的持液率明显高于深部，且较快达到稳态持液，如堆深 1m 处持液率由 13.40%（1h）增至稳态 15.56%（2d），然而，堆深 10m 处，喷淋 12d 前始终为渗流盲区，持液率达到稳态 13.94%（15d）。

7 基于持液调控的制粒矿堆强化浸出技术

7.1 引言

自本世纪初以来，矿石堆浸、制粒堆浸的深度已从15m逐步累加增至150m，甚至更高。较高的封闭和开垦成本，以及减少对农业用地影响的需求，迫使矿山管理者逐步增加堆高，以及提高铜矿石的浸出效率，这对于持液行为调控的强化浸出技术提出了更高的要求。

作为含Cu^{2+}、Fe^{2+}、Fe^{3+}、DO（溶解氧）等溶质的媒介，溶浸液为浸矿反应提供了重要场所[178]。制粒矿堆内溶浸液流动停滞规律（持液行为），直接影响溶质运移和矿物浸出效率，提高堆持液率和溶液分布均匀程度，为提高铜浸出率具有现实意义。

在工业堆浸实践中，实现矿物浸出过程强化的方法有3类[179~181]：

（1）矿堆本体属性优化。主要指通过矿石制粒技术、矿堆结构调控、分级分类筑堆等方法，对矿堆孔隙结构进行调节，间接地改善了矿堆渗透、毛细润湿等持液行为，最终强化固-液界面反应和浸出效率。

（2）堆浸喷淋布液等系统参数优化。主要指对喷淋模式、喷淋管网、喷淋强度、喷淋装置等方面进行调控和设计，直接地改善了矿堆持液行为和渗流环境，是实现矿堆调控简单、经济、有效的措施手段。

（3）添加外加物理场。目前工业矿堆已采用超声波强化浸出、通风强化浸出、矿堆温度场干预强化、浸矿菌群强化浸出、外加氯离子溶液等，该类方法效果明显，但外加物理场运营维护成本高。

对此，本章节在总结本书前述章节与前人的研究成果的基础上，以持液调控为抓手，从矿堆本体属性（强化制粒与筑堆等）、喷淋模式调控、喷淋管网优化、喷淋装备选型等方面，提出持液行为调控方法，如图7-1所示；并且，选取了智利Collahuasi铜矿作为工程参考案例，结合该矿制粒堆浸中的实际技术难题，提出了基于持液行为强化的制粒矿堆强化浸出方法和建议，相关措施可为同类制粒堆浸的工程实践提供有效参考。

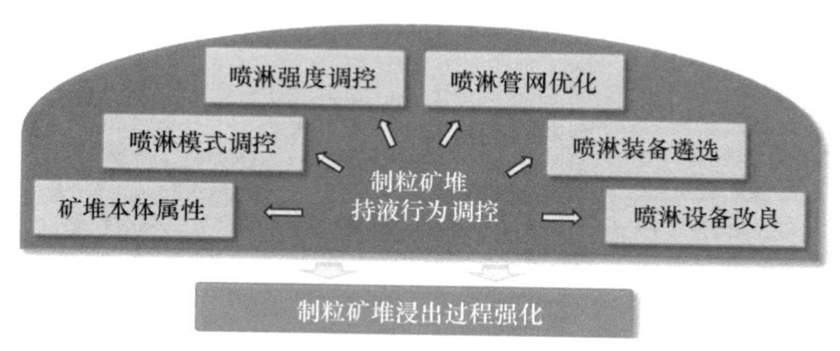

图 7-1 基于制粒矿堆持液行为调控的浸出过程强化方法体系

7.2 矿堆持液行为调控的关键措施与方法

7.2.1 制粒颗粒的制备方法优化

对矿堆持液行为进行调控，就是对矿石颗粒、制粒颗粒等颗粒堆持液能力的调控，因此，采用何种筑堆颗粒（Feed particles）、如何高效制备制粒颗粒，对于矿堆持液状态的改善是至关重要的。根据制粒装置的区别，可将当前工业上常用的制粒方法分为滚筒制粒机制粒、输送皮带制粒、圆盘制粒机制粒 3 种，如图 7-2 所示。

针对有关矿石制粒的研究成果与铜矿制粒过程中易出现的难题，本书提出了制粒颗粒的制备方法和优化方法[182]。主要包括：

（1）添加化学添加药剂，加快颗粒间黏结，强化制粒效果。目前主要有有机黏结剂、无机黏结剂和高分子黏结剂 3 类，各类黏结剂的效果、经济成本、适用条件存在着显著差别。对于氧化铜矿和含硫氧化铜矿而言，建议采用稀硫酸（H_2SO_4）、灰泥（$CaSO_4 \cdot 0.5H_2O$）、波特兰水泥（$3CaO \cdot SiO_2$，$2CaO \cdot SiO_2$，$3CaO \cdot Al_2O_3$，$4CaO \cdot Al_2O_3 \cdot Fe_2O_3$）等无机黏结剂，可有效提高制粒颗粒内的孔隙发育程度和矿堆渗透性。

（2）适当延长制粒颗粒固化时间。适当增长固化时间可有效提高制粒颗粒的结构强度（单轴抗压强度）。但是，制粒颗粒内溶液（非结合水）会随着固化时间不断蒸发耗散，由此导致制粒颗粒持液量降低、延长了喷淋过程中溶液润湿矿堆所需的时间，因此固化时间不宜过长。结合工业固化时间和生产运作，建议固化时间为 7～15d，具体时间结合矿区当地气候、堆场作业环境和运作需求而定。

（3）制粒筑堆前对制粒颗粒进行预润湿。矿石颗粒、固化后的制粒颗粒的初始毛细水量（结合水为主）约为 2%～5%。利用酸液对制粒颗粒进行预润湿，可以有效提高制粒矿堆的初始毛细水量，强化毛细扩散作用，减少堆内渗流盲区

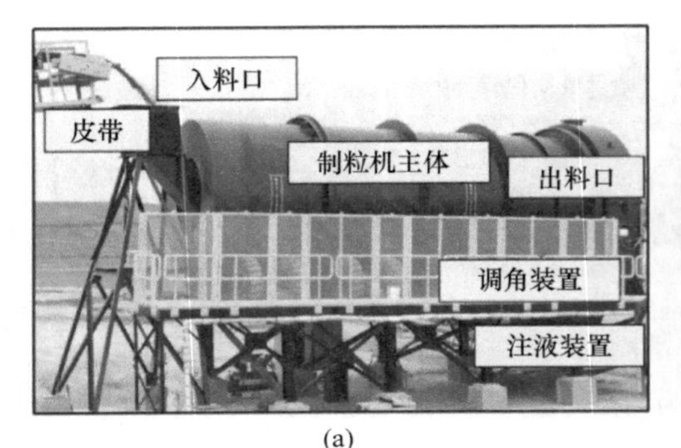

(a)

(b)

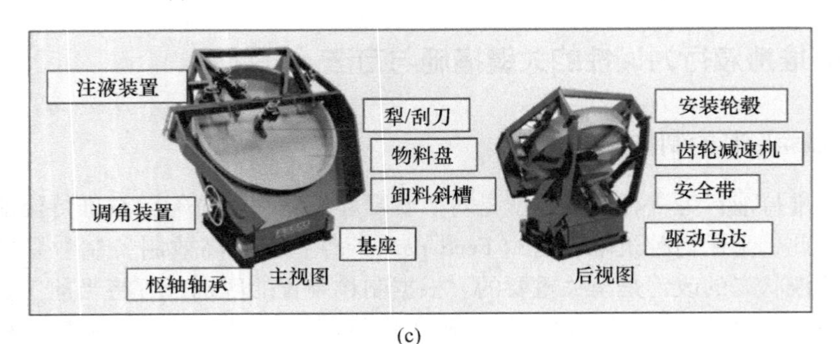

(c)

图 7-2　常用的矿石制粒装置及结构组成

滋生的可能性，使制粒颗粒在筑堆前便已有了良好渗透性，在喷淋作业前，预期实现矿堆的初始毛细水量（初始持液率）达到 5%~10%。

7.2.2　喷淋模式选择与强度调控

喷淋模式与方法是取决于溶液渗流的源点，这会直接影响堆内溶液渗流通道形成、溶液分布等制粒矿堆持液行为规律。当前，国内外工业矿堆中通常采用两种喷淋模式，如图 7-3 所示。

一是常规喷灌（Spraying irrigation），采用的关键装置为喷淋头（Sprinkler），喷淋头通常架设在距矿堆表面上方约 20~50cm，在高压作用下溶液被喷洒至矿堆的上表面和侧面，而后溶液向下渗入矿堆；二是新型滴灌（Drip irrigation），采用的关键装置为滴头（Dripper），滴头通常布铺设矿堆内部和表面，是指在低压作用下溶液自溢流孔流出，在重力作用下自上而下渗入矿堆，在近年取得了一定的工业推广，取得了良好的应用效果。

相较于常规喷灌模式，新型滴灌模式的优缺点，见表 7-1。结合本书研究成果可知，采用新型滴灌模式，可视为低压喷淋即喷淋强度较低，溶液渗流速度慢，渗流穿透时间长，进行点状下向渗流扩散，在溶液浸润锋推进下，逐步形成

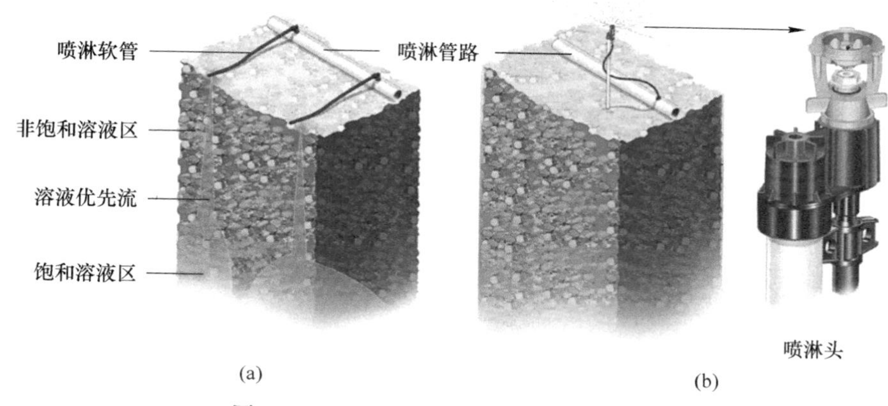

图 7-3　工业堆浸场常用的两种喷淋模式
（a）滴灌模式；（b）喷灌模式

渗流通道并自上而下缓慢推进，堆内存在溶液饱和区和非饱和区；喷灌模式则为较高强度的喷淋模式，溶液均匀喷洒在矿堆的上表面，但蒸发量较大，适于水资源充沛、矿堆不易发生矿石板结的条件。

表 7-1　矿堆新型滴灌模式的主要优势和缺陷

主要优势	主要缺点
（1）无液滴冲击，不会破坏制粒，且减少表面板结和固化； （2）改善环境控制，喷淋系统不会过度喷洒或冲刷矿堆； （3）溶液暴露在大气中表面积小，不良蒸发和热量损失小； （4）适于低温、缺水地区； （5）堆浸灌溉系统的维护费用低	（1）埋入式的滴灌管线难以重复利用和维护； （2）堆内水垢和反应钝化物易堵塞滴灌管线的滴口； （3）初始喷淋阶段，使用滴灌不能使堆表矿石完全被润湿； （4）溶液渗流穿透所需时间长

7.2.3　溶液喷淋管网的优化布置

对于滴灌作业和喷灌作业，除布液方式存在差异外，管网布置尤其是相邻滴头/喷淋头的间距、相邻喷淋软管的间距等关键参数差别显著，上述两大参数可控可调，也是堆浸体系管网参数的主要优化目标。以 Irri-Maker® 的管网设计案例为例，对常用的喷淋管网布设（滴头间距、喷淋软管间距等）与优化方法进行简要介绍，如图 7-4 所示。

在滴灌作业中，将滴头和管线呈类正方形连续布置，相邻管线的间距较小，

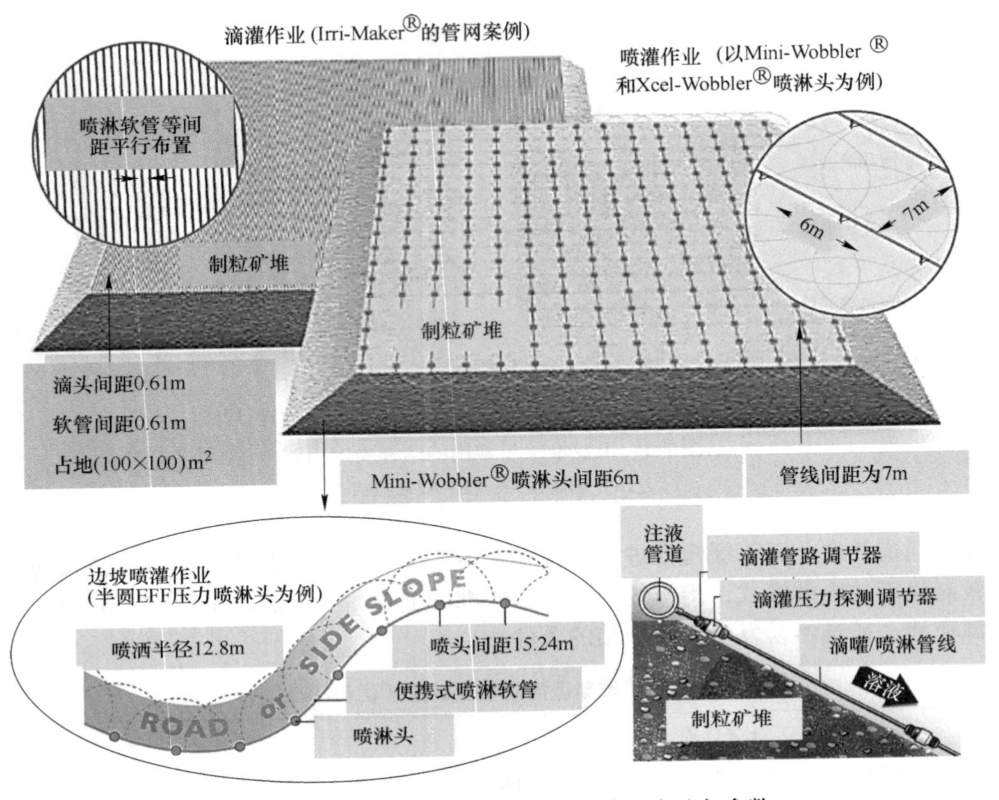

图 7-4 典型滴灌、喷灌作业的管网布置方法与参数

设置为 0.5~1.0m；在喷灌作业中，也将喷淋头和管线呈类正方形连续布置，但相邻管线和喷淋头的间距较大，一般设置为 4~8m。此外，为尽量避免喷淋盲区出现，提高矿湿润时效果，喷淋头润湿范围一般要大于相邻管线的间距，换言之，相邻喷头间距一般要小于管线间距，以图 7-4 管网布置为例，喷淋头间距为 6m，管线间距为 7m。

7.2.4 喷淋装置的遴选与配套

除喷淋模式、管网布置和运行参数外，喷淋装置的遴选与配套也直接影响喷淋效果、运行成本和持液情况。其中，用于滴灌作业的喷淋软管布置与装置，如图 7-5 所示。

堆表的滴灌作业，主要通过在矿堆表面密集布设带有滴头的喷淋软管来进行喷淋作业，如图 7-5（b）所示。溶浸液经液体泵、液体流量计进行定量精准泵送，后经由喷淋软管［见图 7-5（e）］输送至矿堆表面，后经滴头［见图 7-5（c）~（d）］抵达矿石或制粒颗粒表面。喷淋软管是含有出水口耐腐蚀管材，且在喷淋软管内布设 Omniflow™ 等各型滴头。

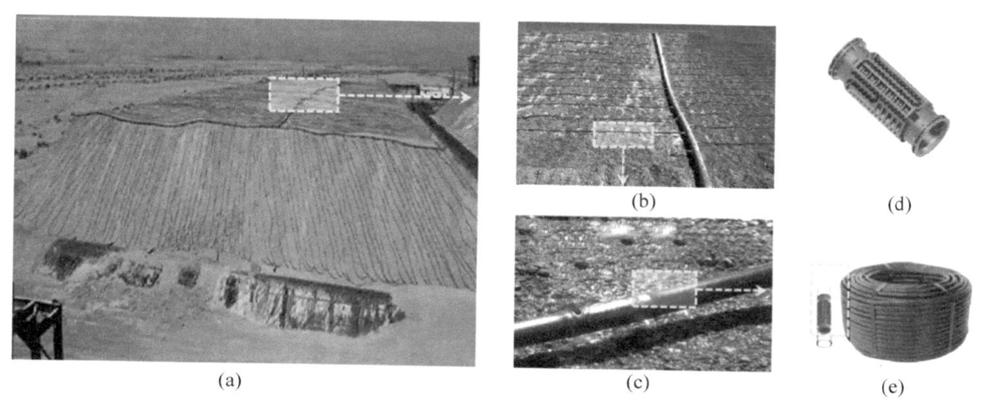

图 7-5 滴灌作业的矿堆表面喷淋软管布置

（a）矿石堆场鸟瞰图；（b）喷淋软管布置；（c）喷淋软管滴头处；

（d）Omniflow™ 滴头；（e）喷淋软管

矿堆表面的喷灌作业喷淋装置，如图 7-6 所示。依据喷淋头的角度差异，大致分为标准角度（15°～30°）、高角度（大于 30°）和低角度（5°～15°）喷淋头 3 类［见图 7-6（a）、（b）和（d）］，喷淋头的溶液润湿半径与其角度成反比；依据水压差异，可分为低压（30～200kPa）喷淋头、常压（200～600kPa）喷淋头和高压（大于 600kPa）喷淋头，通过在矿堆上架设压力喷淋头来进行喷淋作业。

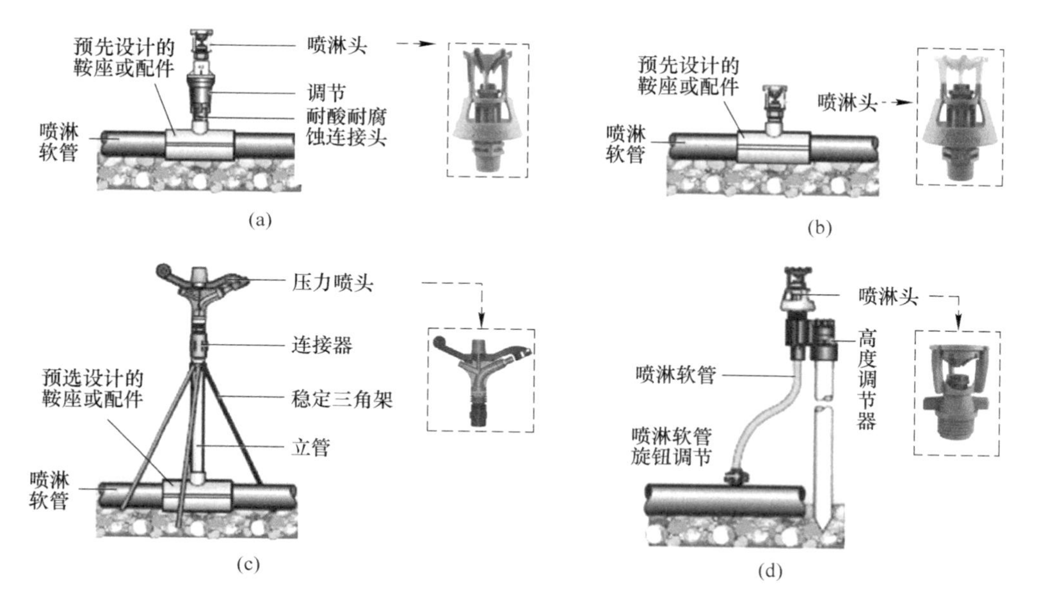

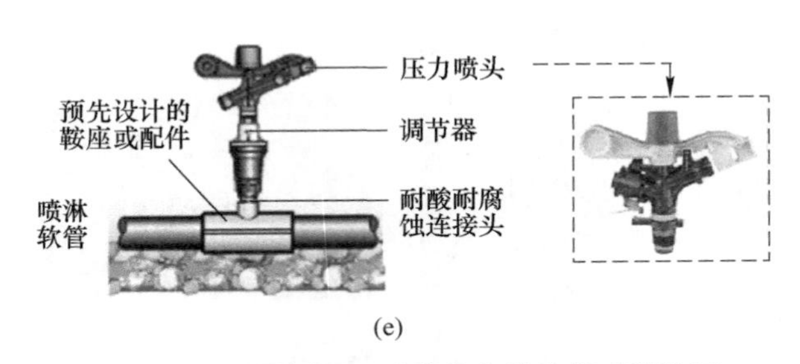

(e)

图 7-6　工业堆浸用于喷灌作业的几类喷淋装置

(a) 高角度压力喷淋头；(b) 低角度压力喷淋头；(c) CMS 压力喷淋头；
(d) 带有高度调节的摇摆喷淋头；(e) 全周旋转压力喷淋头

此外，为改善矿堆持液行为、获取较高的矿堆浸出效率，结合本书研究与工艺应用现状，在喷淋管网选材和布置方面，需要满足如下要求：

(1) 管路连续自冲洗。在整个操作过程中，固体杂质可随溶液被冲洗出管路，确保滴管作业不间断。

(2) 均匀的灌溉流量。压力补偿需要在一个较宽的压力范围（50~400kPa）在每个滴管出口产生均匀的滴管流量。

(3) 抗堵塞。具有广泛过滤面积的自冲洗系统，提高了抗堵塞能力。

(4) 增宽溶液流动路径。保证了宽的溶液流动通道，具有大的深和宽的横截面，以提高堵塞阻力，滴水器内最宽的水通道。

(5) 管线耐腐蚀、坚固无缝隙。一体式结构防止在安装和回收过程中对滴管造成损坏。防迁移技术，防止水沿管道径流。

7.3　持液行为调控方法对工业浸出的影响分析

对于工业堆浸体系而言，无论是矿石堆浸还是制粒堆浸，对于矿堆浸出效率强化的方法主要包括：优化矿堆布设与结构属性（分区分级筑堆、矿石制粒技术等）、调节喷淋作业参数（改变稳态持液率、不可动液可动液比等矿堆持液环境）、添加外场能（超声波激化、强制通风、电-磁场、表面活性剂等）等方式，逐步改变矿堆的浸出反应进程[183,184]。

其中，对喷淋强度、喷淋管网、喷淋装置选型等喷淋作业模式优化，是实现矿堆持液行为调控的简便、有效和经济的重要方法之一，对于提高溶液分布均匀程度和堆内有价矿物的浸出效率具有重要意义。

以喷淋头喷射角度为例，通过调节喷灌作业中装置的喷射角度，可对溶液蒸发量、润湿情况具有显著影响，如图 7-7 所示。(1) 喷灌头的喷射角度介于 5°~15°时，溶液喷淋角度、喷淋范围较小；(2) 15°~30°时，喷淋头的润湿范围、角度均有效扩大；(3) 喷射角过高（大于 30°）时，喷淋范围显著增加，然而溶液喷洒至空中后形成水雾，在阳光照射下溶液蒸发量加大。

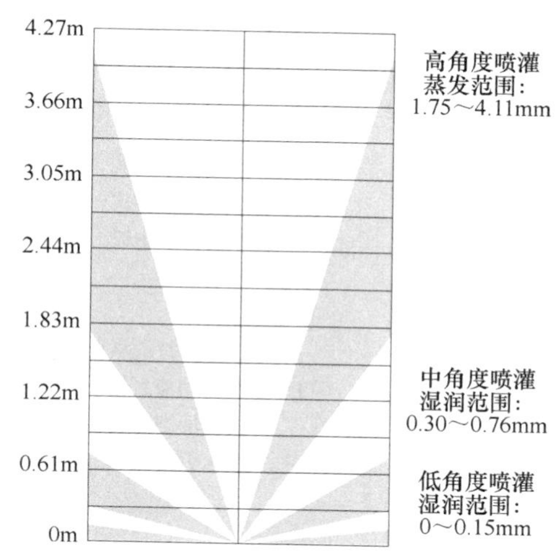

图 7-7 工业喷灌装置与喷灌溶液角度高度情况

综合考虑静态溶液喷淋实验、溶质扩散示踪实验、动态浸出实验、持液行为数值模拟结果和现有工程实践状况，结合多孔介质溶液流动与传质理论[185]，可从矿堆尺度、达西尺度、孔隙尺度、分子尺度 4 个方面，分析持液行为调控对制粒堆浸的影响机制，如图 7-8 所示。

（1）影响制粒矿堆溶液喷淋和集液过程（矿堆尺度）。立足制粒矿堆宏观尺度，作为溶质赋存的重要媒介，溶浸液由堆顶喷淋管网进入矿堆，堆内颗粒间孔隙裂隙间流动扩散、发生溶质交换，堆底有价金属离子富集获取浸矿富液。布液集液的作业强度、循环周期等影响着堆内持液量、溶质浓度，最终影响矿物浸出效率。

（2）调控制粒矿堆内溶液渗流穿透与流动路径（达西尺度）。结合多孔介质内水动力弥散特征可知[186]，溶液流速与水力梯度呈线性关系，制粒矿堆微细孔隙内存在溶液停滞区，溶质扩散速率较缓；颗粒堆的渗透系数与孔隙尺度呈负相关、与堆孔隙率呈正相关；孔隙内溶质对流扩散强度（通常以 Perlet 数进行量化）与 D_L/D_d（溶质纵向弥散系数和分子扩散系数比）呈正相关。

（3）干预制粒矿堆内颗粒表面的润湿状况（孔隙尺度）。由前述有关堆持液率的研究发现，堆饱和度 S_w 总小于 1，这表明多孔介质颗粒堆始终处于非饱和状态，当液相中压力将小于气相中压力时孔隙内形成凹液面。随着筑堆颗粒尺寸的减小，颗粒的比表面积通常会增加几个数量级。在润湿不良的条件下，相邻制粒颗粒间一般形成液桥连接，在润湿条件良好的条件下，制粒颗粒表面形成液膜。

（4）影响制粒矿堆固-液接触界面溶质扩散（分子尺度）。制粒矿堆内溶质离子扩散涉及热、水、力、化、生多过程。对于固液反应界面，溶液流速较慢，传质过程主要受水力梯度、溶质浓度梯度共同作用，其过程遵循质量守恒定律。其中，在溶液流动低速区，重力驱动下惯性力对传质过程的影响降低，溶液黏滞力（内摩擦力）和溶质浓度的影响增高[187]，溶质从高浓度区域向低浓度区迁移。

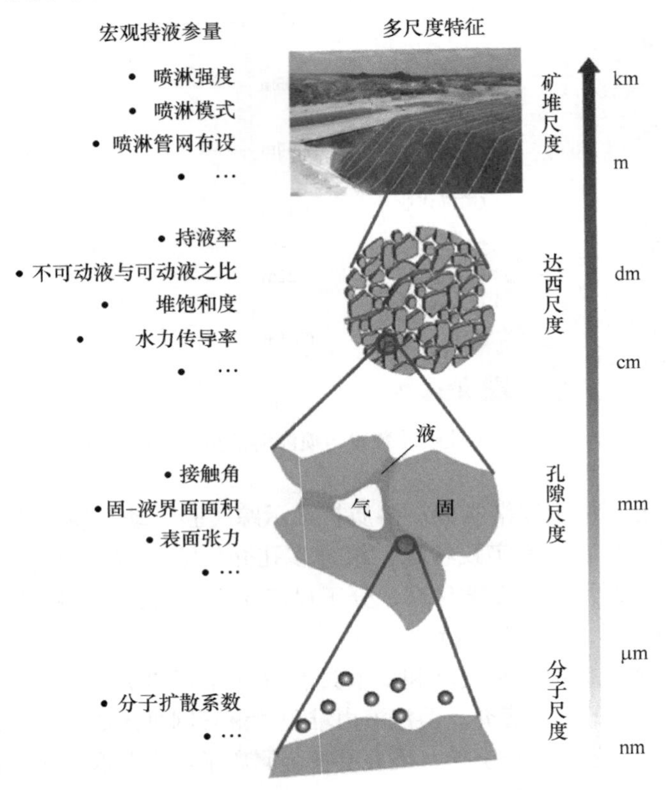

图 7-8　非饱和矿堆的多尺度持液行为特征与考察参量

7.4　基于持液行为调控强化浸出的工程化建议

本书以智利 Collahuasi Copper Mine（科亚瓦西铜矿）为工程调控案例，将矿山面临的开采困境与本书有关持液行为的研究发现相结合，提出基于制粒矿堆持液行为调控的强化浸出工程化建议。

7.4.1　矿山概况

Collahuasi 铜矿是世界第四大铜矿山，位于智利北部、安第斯山脉以北的塔拉帕卡大区，距伊基克（Iquique）港口东南约 180km，地处 4000m 高海拔地区，铜矿开采历史悠久，矿区地理位置与概况，如图 7-9 所示。20 世纪 80 年代由壳牌（Shell）、雪佛兰（Chevron）、加拿大鹰桥（Falconbridge）耗资 17.6 亿进行勘察基建，1999 年建成投产，2004 年耗资 5.84 亿美元完成扩建，2019 年产铜 565000t，占智利铜产量的 9.8%。

(a) (b) (c) (d) (e) (f)

图 7-9 智利北部 Collahuasi 铜矿矿区鸟瞰图（来源：Google Earth）
（a）矿区所处地理位置；（b）Collahuasi 铜矿三大矿区；（c）Ujina 矿区；（d）Huinquintipa 矿区；（e）Ujian 矿区制粒矿堆；（f）Huinquintipa 矿区制粒矿堆

当前，矿山矿石资源储量为 68 亿吨。其中，Cu 金属量 5434.2 万吨，Cu 平均品位约为 0.81%，预计铜产量 50 万吨/a；Collahuasi 铜矿的矿石矿物以黄铜矿（$CuFeS_2$）、辉铜矿（Cu_2S）、斑铜矿（Cu_5FeS_4）为主，氧化铜矿以孔雀石（$Cu_2(OH)_2CO_3$）为主，还包括一定量的褐铁矿（$Fe_2O_3 \cdot nH_2O$）、天然铜、铜-铁-锰的氧化物和氢氧化物。此外，含有一定储量的钼金属，Mo 金属量 136 万吨，Mo 平均品位约为 0.02%，矿山预期服役期至 2070 年。

7.4.2 矿山开采方法

当前，该矿主要采用常规采选（露天开采-选冶厂）和堆浸技术（制粒浸出）两种方法结合，生产工艺流程，如图 7-10 所示。

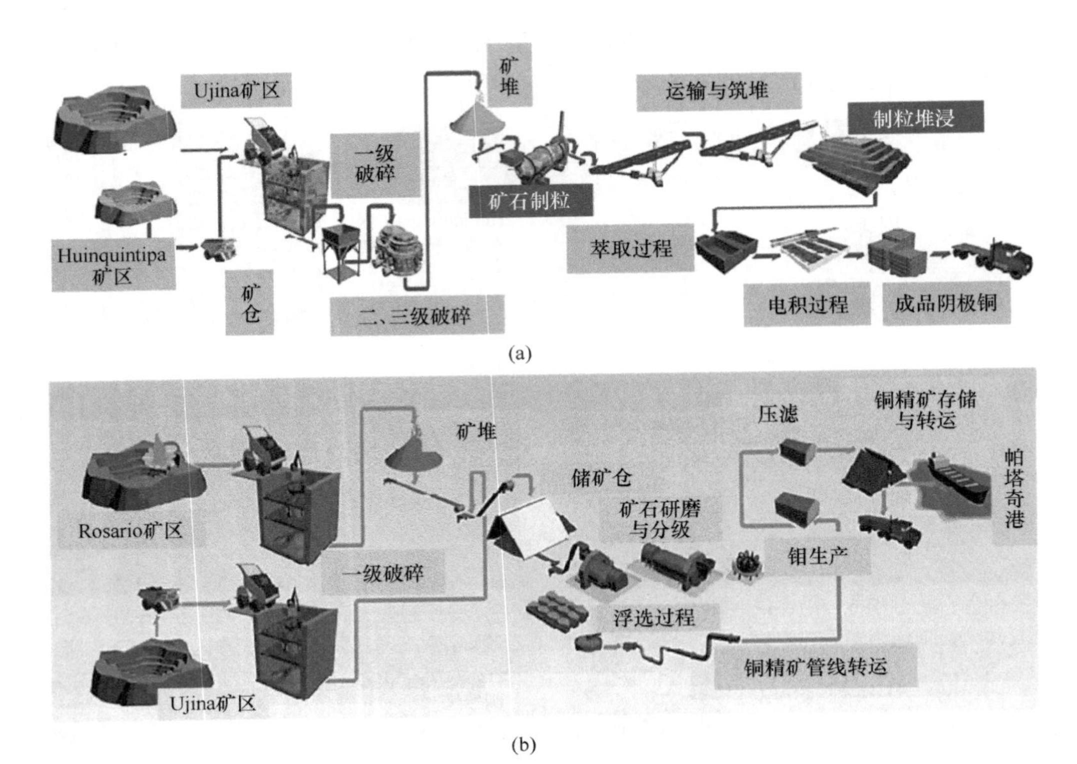

图 7-10　智利 Collahuasi 铜矿当前开采工艺流程图

(a) 制粒堆浸工艺；(b) 常规采选工艺

其中，制粒堆浸的工艺流程可描述为[188]：

(1) 将 Huinquintipa 矿区氧化铜矿和 Ujina 矿区含硫化铜矿石进行混合，经三段破碎后使矿石尺寸降至-10mm 以下；

(2) 用硫酸、水和破碎后矿石颗粒充分混合，开展矿石制粒，制粒完毕后用皮带输送至堆场进行筑堆；

(3) 利用制粒堆浸技术，堆顶布液、堆底集液，将矿石中的铜溶解出来；

(4) 最终利用溶剂萃取-电积技术，在富余浸出液中回收成品阴极铜。

7.4.3　面临的困境与难题

7.4.3.1　矿区缺乏淡水资源，喷淋技术要求严苛

Collahuasi 铜矿地处科迪勒拉山脉的高原，平均海拔 4000m，属于高原气候，年降水量仅约 200mm；且矿区西部毗邻号称世界“干极”的阿塔卡马沙漠，属热带沙漠气候，年均降水量小于 0.1mm，导致整个矿区缺乏可用淡水资源，通常采用处理后的海水资源或盐溶液进行矿石堆浸。因此，采用何种喷淋模式、管线

布置、喷淋强度和装置选择等，对提高矿区水资源循环利用和矿物浸出效率具有重要意义，这也是矿区面临的第一个重要难题。

7.4.3.2 矿石制粒效果欠佳，作业效率待提升

矿石制粒是颗粒筑堆前的重要预处理过程，可有效改善矿堆孔隙结构和溶液渗流。基于本书前期研究可知，对于单个制粒效果的评价，可从制粒颗粒的形态特征、结构强度、浸出效率 3 个方面展开；又可从制粒颗粒结构损伤、矿堆不良压实等现象来判定制粒效率。Collahuasi 铜矿的制粒堆浸应用效果显示，堆表存在明显的、相邻制粒颗粒间的异常粘连，导致了矿堆表面板结和不良溶液渗透[189]，导致布液效率和浸出效率远低于预期。

7.4.3.3 堆内渗流盲区较多，溶液优先流形成过早

制粒矿堆的渗透性随堆内持液条件改善而增加。由于制粒效果和喷淋模式不佳，发现 Collahuasi 铜矿制粒矿堆表面形成积液、矿堆侧面形成表面径流等优先流动路径，导致大量溶液未抵达矿堆矿石固-液反应界面，直接流出堆浸体系，在无外加扰动和提前润湿矿堆的前提下，溶液无法抵达堆内的渗流盲区，难以对堆内渗流路径形成调控，溶液分布较不均匀。

7.4.3.4 制粒矿堆固结钝化，矿石浸出效果待提升

Collahuasi 铜矿制粒所用碎矿为氧化铜矿与硫化铜矿混合物，主要采用硫酸进行酸浸。因此，在制粒堆浸过程中形成了硫酸钙类、黄钾铁矾、多硫化物等钝化物质，这些反应产物形成了桥连，相邻矿石制粒间形成粘连、固化板结[190]，使渗流效果不佳、浸出反应不彻底，浸出效果有待进一步提升。

7.4.3.5 易发生酸液外溢和渗漏，环境污染风险高

由 7.4.1 节可知，Collahuasi 铜矿地处 4000m 的高原地带，矿区周边生态环境和生物圈层十分脆弱，目前，Collahuasi 铜矿使用的大部分水都被回收利用。矿区已建立了广泛的环境监测系统，2018 年全矿水资源的回收率为 76.7%，力求构建零排放企业。然而，由于制粒堆场底垫破损、重金属离子、酸性溶液外溢、管输过程渗漏等多种原因，极易导致有害物质外泄，污染土地和地下水，使矿区周边环境毁损。

7.4.4 工程建议与方法优化

7.4.4.1 矿石制粒方法与过程优化

当前，Collahuasi 铜矿采用滚筒制粒机进行矿石制粒，经皮带输送机，输送

物料至铺设好底垫的堆场、进行制粒颗粒筑堆，如图 7-11（a）所示。

（1）制粒作业前，Ujina 矿区和 Huinquintipa 矿区露天开采矿石；

（2）经 1 级、2 级、3 级破碎站，矿石破碎后尺寸控制至 10mm 以下；

（3）破碎矿石经输送皮带输送至滚筒式制粒机进行制粒，入料颗粒为硫化铜矿和氧化铜矿混合物。

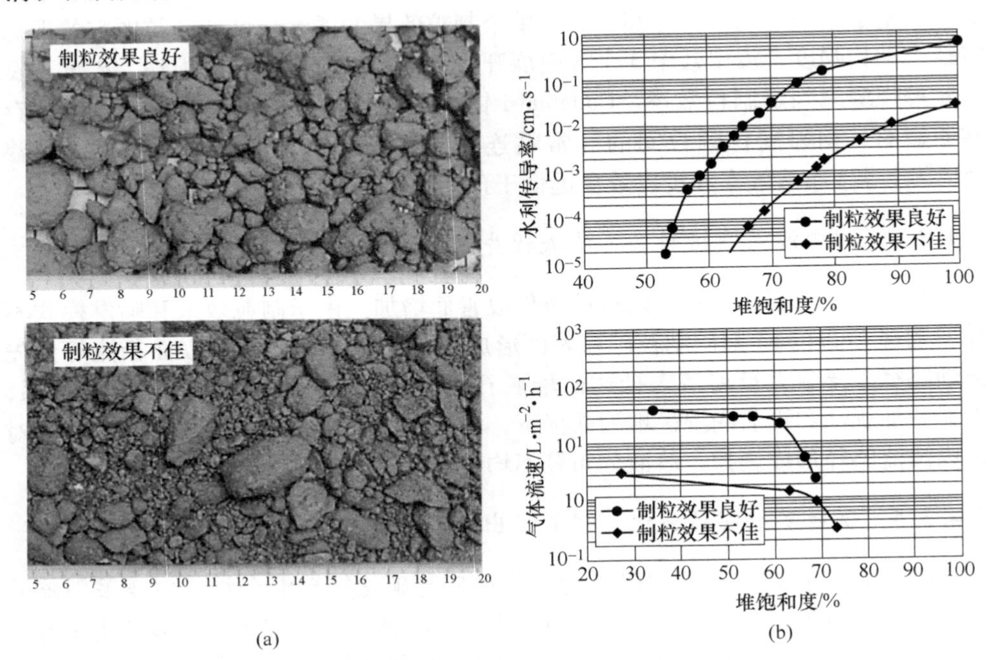

图 7-11　不同制粒效果条件下制粒矿堆的气液传输特征

（a）不同制粒效果下形态差异；（b）不同制粒效果下气液运移条件

如图 7-11 所示，矿山制粒效果不佳时，颗粒粒径跨度大、细粉颗粒黏结差［见图 7-11（a）］。在制粒颗粒良好矿堆中，其水力传导率、气体流速要明显优于制粒颗粒不佳的矿堆［见图 7-11（b）］，其中，水力传导率与溶液渗流、传质过程呈正相关[191]。此外，制粒内含有部分硫化铜矿，其浸出过程需要浸矿细菌和氧气（氧化剂）的参与。因此，气体含量（氧气浓度）、传输速率直接影响溶液内可溶氧含量，间接影响硫化铜矿浸出效率。对此，结合第 2 章矿石制粒的相关研究结果，对 Collahuasi 铜矿的矿石制粒过程进行优化，如图 7-12 所示。

工艺流程为：（1）矿石破碎过程。经一级、二级和三级破碎后，碎矿尺寸控制在 10mm 以下，碎矿经皮带输送至储矿仓。（2）碎矿预润湿。矿石经皮带运输，为强化制粒颗粒间黏结和润湿效果，在矿石输送过程中，将稀硫酸溶液（约 2.0mol/L）均匀地喷洒在矿石表面。（3）添加制粒黏结剂。入料碎矿预润湿后，

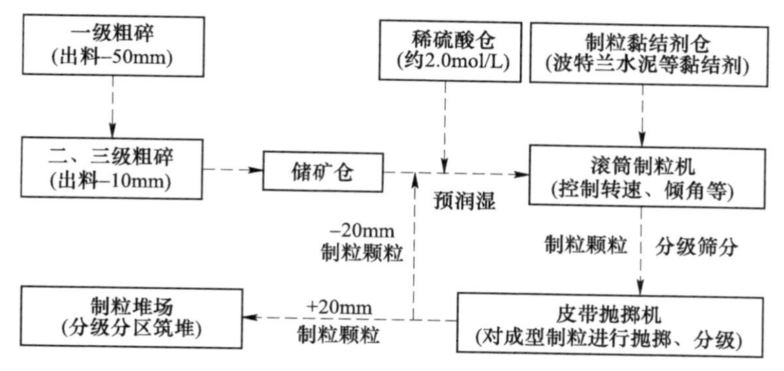

图 7-12 矿石制粒作业优化的工艺流程图

进入滚筒制粒机，为提高制粒颗粒结构强度，制粒过程中均匀添加波特兰水泥等黏结剂，进行制粒作业。(4) 制粒颗粒抛掷分级。在滚筒制粒机出料端，获取了尺寸不一的成型制粒颗粒，后输送至皮带抛掷机，实现了不同尺寸制粒颗粒的筛分。(5) 制粒颗粒分流和分区筑堆。测试抛掷机下的制粒颗粒几何平均尺寸，将-20mm 制粒颗粒输送至制粒机的前端皮带，再次进入制粒环节，将+20mm 制粒颗粒输送至制粒堆场，进行分区筑堆。

7.4.4.2 制粒颗粒薄层免压分区分级筑堆

结合第 2 章有关矿石制粒的研究结果可知，利用滚筒制粒机获取的制粒颗粒尺寸并非均一，通常存在一定的颗粒尺寸分布（见图 2-15），符合高斯分布。因此，无论是制粒矿堆还是矿石矿堆，工业筑堆前会确定最适的颗粒尺寸区间，通常介于 20~60mm。

在利用皮带输送机进行筑堆的过程中，不同尺寸的制粒颗粒被皮带机输送至矿堆上表面进行抛掷，不同制粒颗粒出现差异性迁移行为，如图 7-13（a）所示。在抛掷过程中发生制粒颗粒偏析[192]，通常而言，粗颗粒位于矿堆底部和两侧，细颗粒位于矿堆内部。喷淋作用下，溶液倾向于汇聚形成堆表沟流而非渗透进入

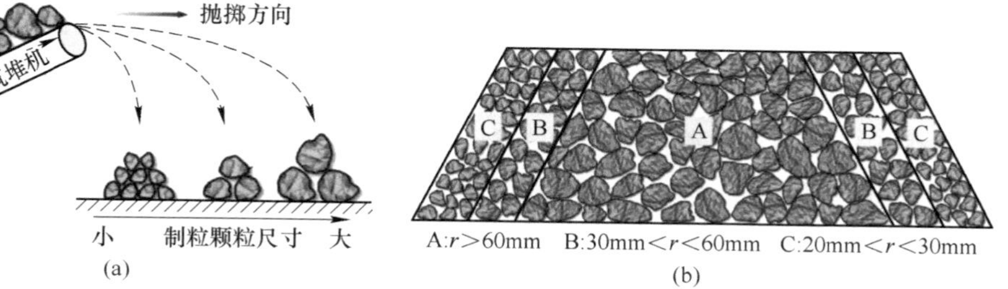

图 7-13 制粒矿堆薄层分级分区筑堆工艺与结构示意图

（a）制粒颗粒抛掷行为差异；（b）制粒矿堆分层分区筑堆结构

矿堆内部；并且，在假定制粒颗粒密度相同的条件下，制粒颗粒水平抛掷距离与其尺寸呈正相关[193]。

为避免颗粒偏析、改善持液状况，本书借鉴了“薄层免压分级分区制粒筑堆方法”，如图7-13（b）所示。该工艺流程可描述为：（1）制粒和固化作业完成后，利用皮带筑堆机对制粒颗粒尺寸进行分级，建议分为3个等级：A类制粒颗粒（r>60mm），B类制粒颗粒（30mm<r<60mm），C类制粒颗粒（20mm<r<30mm）；（2）根据制粒颗粒尺寸的差异，利用皮带输送机，进行免压分区筑堆作业，将不同尺寸的制粒颗粒均匀抛掷在矿堆表面。粗制粒颗粒堆放于矿堆中部，细制粒颗粒堆放于矿堆两侧；为避免制粒颗粒的堆积压实，单次筑堆高度为3~5m。

7.4.4.3 制粒矿堆喷淋方法、管线布置与参数优化设计

针对矿堆喷淋效果差、溶液分布不均、喷淋蒸发耗散量大等难题，首先对比探讨喷灌作业、滴灌作业的优缺点：（1）对于喷灌作业而言，溶液覆盖范围大，润湿效果好，但溶液消耗量大、蒸发量大且长时间喷灌易导致形成润湿尖端、溶液流速加快，甚至优先流动；（2）对于滴灌作业而言，溶液消耗量小、蒸发量小、不易形成优先流动或快速流动，溶液渗透均匀性高，但溶液覆盖范围小，堆内溶液渗流速度慢。

本书提出“喷-滴复合式多层喷淋作业方法”，在矿堆中部、顶部、侧面均铺设布液管网，即预埋滴灌管网（堆中），滴灌-喷灌复合管网（堆顶）、滴灌管网（堆侧）。相邻滴灌口为菱形布置；为强化渗透，上位溶液池与集液池为对称布置；使用Omniflow™型滴灌口、滴灌软管（见图7-5）、溶液换向阀、输液管线等进行喷淋。以长40m、宽20m、高8m制粒矿堆为案例，进行喷淋工艺、管线布置优化设计（见图7-14）。制粒矿堆底边长40m、顶边长32m，堆底宽20m，堆顶宽14.5m，堆高8m，堆积角约为71°。

为更好阐释“喷-滴复合式多层喷淋作业方法”，利用图7-15，对制粒矿堆的喷淋作业流程、预埋滴灌管网、堆顶滴灌/喷灌管网、单滴灌口/喷淋头的渗透覆盖范围进行阐释。

该喷淋作业过程可描述为：（1）筑堆完毕后，利用喷灌作业对制粒矿堆进行润湿，单喷灌头的覆盖半径为3.2m，相邻喷灌头间距约6.4m、距矿堆边缘约0.7m［见图7-15（a）］，提高堆持液率，耗时约1~3d；（2）为避免长时间喷灌催生溶液优势流，初期喷灌后调节喷淋模式，将喷灌作业调节为间断喷淋模式（喷淋12h，停歇12h）、降低喷灌作业的喷淋强度，开始堆中、堆顶滴灌作业为连续喷淋模式，预埋管网仅为滴灌管网，单滴灌口覆盖半径为0.7m，相邻滴灌口间距为1.63m，改善堆内渗流路径，强化毛细扩散和反应传质过程；（3）浸

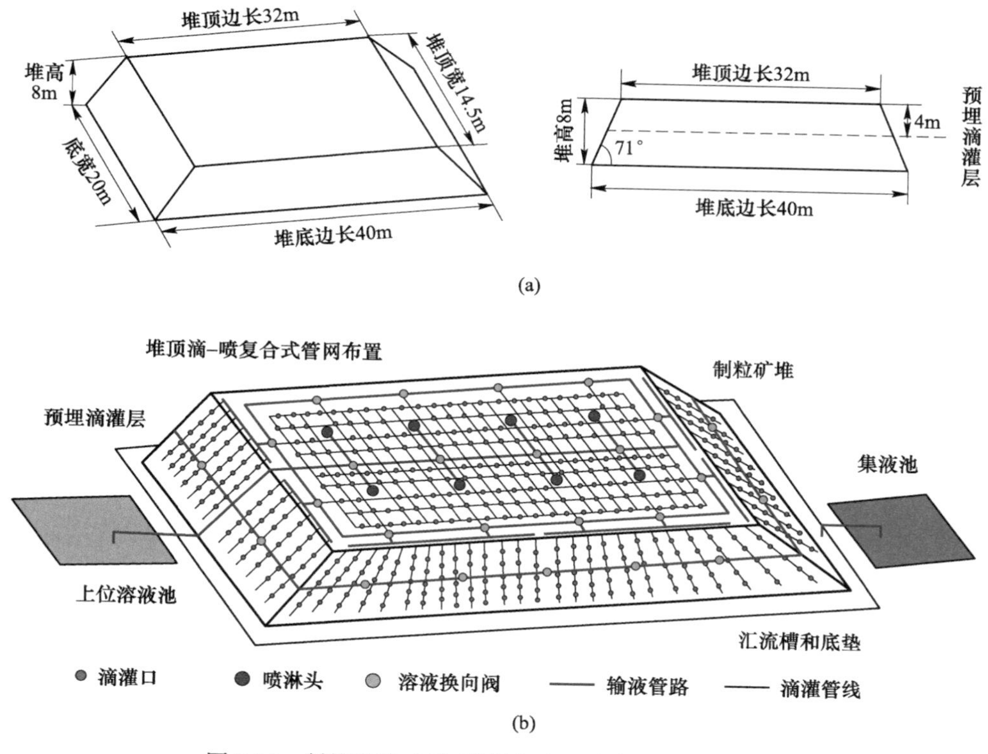

图 7-14 制粒矿堆"喷-滴复合式"喷淋管网布设方案
(a) 制粒矿堆的主要尺寸；(b) 制粒矿堆布液-集液管网布设鸟瞰

矿趋于后期时，将喷灌作业调节为连续、高强度喷淋，升高堆内水力梯度和溶质浓度差，加速有价金属离子快速溢出至集液池。

7.4.5 预期效果与成本分析

本书结合前期有关制粒矿堆持液行为研究结果与 Collahuasi 铜矿制粒矿堆运营现状，从矿堆孔隙结构（矿石高效制粒机理、筑堆方法）、喷淋布液技术（静态持液行为）、矿物浸出过程（动态持液行为）角度，提出了工程化建议。对预期效果和成本进行简要分析：

在预期效果方面。主要包括：（1）开展制粒尺寸差异的抛掷遴选作业，可避免制粒效果不良的颗粒占比，有效避免溶液拖曳作用下细粉颗粒的不良迁移，适量添加波特兰水泥作为黏结剂，提高制粒矿堆持液状况，以波特兰（硅酸盐）水泥为例[194]，当添加浓度为 4.54kg/吨矿时，溶液流速提高 0.63L/s，并且改善单制粒颗粒强度，有效承载上覆制粒堆层；（2）采用薄层免压分级分区制粒筑堆，实现不同粒径的制粒进行分区筑堆，而后对喷淋强度进行调控，对溶液渗流

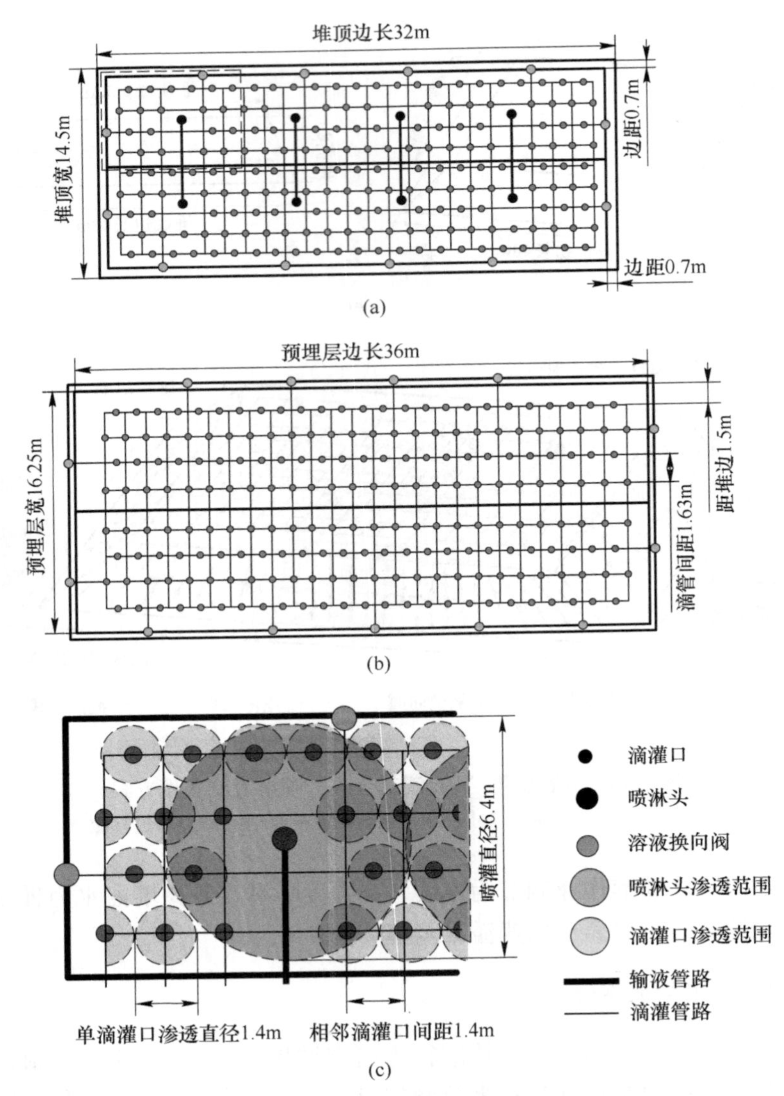

图 7-15 制粒矿堆上表面的喷淋管网优化布置

（a）堆顶喷-滴复合式喷淋优化方案；（b）堆中部预埋滴灌管网的布设方案；

（c）图（a）框选部分喷-滴复合式喷淋管线及渗透范围

路径进行调控，有效缓解由原有筑堆过程中的颗粒偏析问题，强化溶液渗透，减少堆表沟流和堆内浸矿盲区[195]；（3）采用喷-滴复合式多层喷淋作业方法，充分利用喷灌渗流流速快、滴灌溶液分布均匀等优势，有效规避了喷灌优势流过发育、滴灌渗透速度慢；二者渗透范围形成互补，通过喷灌作业预润湿、滴灌作业强化渗透等作业，可改善堆内持液行为、减少溶液蒸发量，有效缓解 Collahuasi

铜矿区域淡水资源稀缺情况。

在运营成本方面。矿山开采是一个复杂的系统工程，其运营成本涉及多个层面和领域。其中，矿石制粒与筑堆、堆场作业（以喷淋作业为主）、化学药剂（灰泥、稀硫酸等黏结剂），是矿山基建与成本的重要组成[196,197]，这三者约占矿山总运营成本的22%，如图7-16所示。

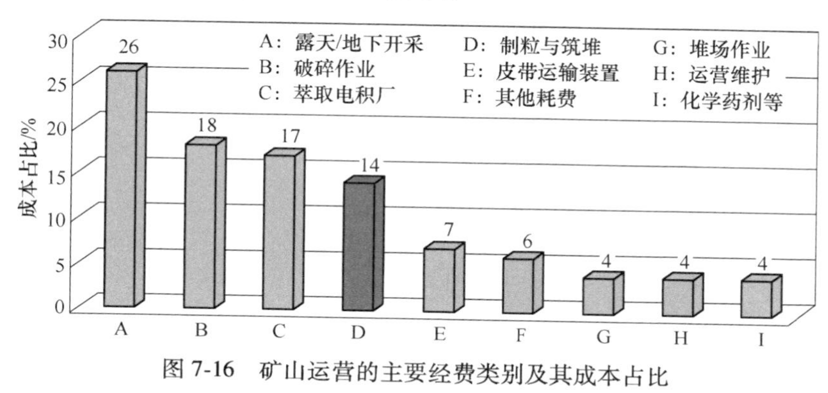

图7-16 矿山运营的主要经费类别及其成本占比

其中，以Ⅱ型波特兰水泥（硅酸盐水泥）黏结剂为例，每吨矿的水泥平均消耗量为10kg/t；其成本约为15元/t。但需要说明的是，该优化强化方法需结合工业应用效果、设备基建和化学药剂成本等因素，进一步完善优化。

7.5 本章小结

本章结合矿石制粒理论技术（第2章）、静态持液（第3章）、动态持液与传质特征（第4章）、制粒矿堆强化浸出机理（第5章）和多工况下制粒矿堆持液行为模拟预测（第6章），提出了基于持液行为调控的制粒矿堆强化浸出措施与方法；以智利Collahuasi铜矿为背景，给出了高效制粒、筑堆方法和喷淋布液工艺的工程化建议。主要研究包括：

（1）探讨了制粒矿堆持液行为调控的关键措施与方法。包括：制粒颗粒的制备方法优化、喷淋模式选择与强度调控、溶液喷淋管网的优化布置、喷淋装置的遴选与配套。

（2）结合多孔介质溶液流动与传质理论，从矿堆尺度、达西尺度、孔隙尺度和分子尺度4个研究层次，全面讨论了制粒矿堆持液行为调控方法对制粒堆浸过程强化的影响机制。

（3）增设了“制粒颗粒的抛掷分级工序”，利用皮带抛掷机对制粒颗粒进行抛掷，-20mm制粒颗粒重新传输至制粒滚筒再团聚，并且，添加稀硫酸仓进行矿粉预润湿和酸化，添加制粒黏结剂仓强化黏结效率和制粒颗粒强度，实现了矿石制粒过程优化。

（4）依据制粒颗粒的尺寸差异，提出了“制粒颗粒薄层免压分区分级筑堆方法”，A 类（-60mm）、B 类（-60+30mm）和 C 类（-30+20mm）制粒进行分区筑堆，粗颗粒位于矿堆中部，细颗粒位于矿堆侧边。

（5）提出了“喷-滴复合式多层喷淋作业方法”，以长 40m、宽 20m、高 8m 的制粒矿堆为案例，设计单喷灌头覆盖半径 3.2m，喷灌头间距 6.4m，单滴灌口覆盖半径 0.7m，相邻滴灌口间距 1.63m，并预埋滴灌管网，实现了喷灌作业预润湿、强化渗透。

8 未来展望

本书聚焦制粒矿堆持液行为及其浸出过程强化机制，在方法创新、装备研发、机理研究、模型修正和模拟预测方面取得进展，重点研究了制粒矿堆静态持液行为表征方法及影响因素、动态持液行为及其浸出过程强化、持液行为模拟预测、持液行为调控与强化浸出措施，相关成果具有良好借鉴意义。然而，本书仍存在不足之处和提升空间，需要进一步深入探究，主要包括：

（1）制粒矿堆多重孔隙结构精细动态表征与可视化。本书证实了制粒矿堆具有改善持液行为、强化反应传质、提高矿堆浸出效率的突出优势，其中，制粒矿堆发育的多重孔裂结构是重要内在原因。对此，可利用显微 CT 等无扰动、高分辨率探测技术，对制粒颗粒间孔隙（Inter-agglomerate pore）、制粒颗粒内孔隙（Intra-agglomerate pore）、构成制粒颗粒的细粉矿石颗粒内孔隙（Intra-particle pore）的多重结构进行扫描，采用球棒模型等优化算法，构建多尺度孔裂结构关联模型，并考察制粒矿堆浸出过程中孔裂结构演替规律，实现制粒矿堆多重孔裂结构的精确表征。

（2）制粒矿堆持液行为、传质过程与矿物浸出的关联机制。本书初步探讨了制粒矿堆动态持液行为与浸矿反应之间的关联机制，但矿物浸出时间不够长，扫描电镜（SEM）、X 射线能谱分析（EDS）等微细观监测手段不足，较难从微细观尺度对矿物浸出过程进行阐释。对此，可利用上述微细观界面测试手段，直观揭示持液行为差异下浸矿反应前后的界面特征；对比浸矿前后矿物界面化学成分差异，结合 Zeta 电位等参量，探讨铜矿物浸出过程中电势、价态和中间化合物的变化；尝试从反应动力学、热力学等角度，揭示矿堆持液行为与溶质扩散间的数学关联。

（3）浸矿作用下制粒矿堆多尺度结构损伤行为规律。本书证实了在矿物溶蚀作用下矿堆结构存在一定程度的破坏，但只是停留在宏观层面，对于宏观矿堆、细观颗粒群、微观孔裂多尺度的结构损伤与孔隙发育研究相对较少。对此，利用微细观探测手段，分别获取宏观矿堆图像特征、细观显微 CT 扫描探测、微观界面电镜图像；结合图像处理与分析算法，构建宏-细-微观多尺度结构数学关联，进行多尺度结构三维重构，构建结构损伤发育模型，实现浸矿作用下制粒矿堆多尺度结构损伤模拟预测。

（4）制粒矿堆多相介质耦合机制及强化浸出机制。本书初步探究了初始持液行为差异条件下制粒矿堆浸出规律，然而，矿物浸出过程中固、液、气、菌、热多因素关联，多相介质间耦合机制尚不明确。对此，开展制粒矿堆浸出过程相互作用探索实验，深入探究制粒矿堆气-液两相关联规律，考察制粒矿堆浸出过程固-液界面作用机理，探究制粒堆浸体系反应传质、传热、气体扩散表征模型，构建制粒矿堆渗流-传质-传热-反应耦合模型，进一步探讨制粒矿堆多相介质耦合关联机制。

参 考 文 献

[1] 吴爱祥，王洪江，杨保华，等．溶浸采矿技术的进展与展望［J］．采矿技术，2006，6（3）：39~48.

[2] 麻志周．我国矿产资源保障问题的思考［J］．国土资源情报，2009（3）：2~7.

[3] Brierley C L，Brierley J A. Progress in bioleaching：part B：applications of microbial processes by the minerals industries［J］. Applied Microbiology and Biotechnology，2013，97（17）：7543~7552.

[4] Yin S H，Wang L M，Kabwe E，et al. Copper bioleaching in China：review and prospect［J］. Minerals，2018，8（2）：32.

[5] Domic E M. A review of the development and current status of copper bioleaching operations in Chile：25 years of successful commercial implementation［M］//Biomining. Springer Berlin Heidelberg，2007：81~95.

[6] Petersen J. Heap leaching as a key technology for recovery of values from low-grade ores-a brief overview［J］. Hydrometallurgy，2016，165：206~212.

[7] Dreisinger D. Copper leaching from primary sulfides：options for biological and chemical extraction of copper［J］. Hydrometallurgy，2006，83：10~20.

[8] 尹升华，王雷鸣，吴爱祥，等．我国铜矿微生物浸出技术的研究进展［J］．工程科学学报，2019，41（2）：143~158.

[9] 李雄，柴立元，王云燕．生物浸矿技术研究进展［J］．工业安全与环保，2006，32（3）：1~3.

[10] Panda S，Akcil A，Pradhan N，et al. Current scenario of chalcopyrite bioleaching：a review on the recent advances to its heap-leach technology［J］. Bioresource Technology，2015，196：694~706.

[11] Watling H R. The bioleaching of sulphide minerals with emphasis on copper sulphides—a review［J］. Hydrometallurgy，2006，84（1/2）：81~108.

[12] Wu A X，Yin S H，Wang H J，et al. Technological assessment of a mining-waste dump at the Dexing copper mine，China，for possible conversion to an in-situ bioleaching operation［J］. Bioresource Technology，2009，100（6）：1931~1936.

[13] Ruan R，Zou G，Zhong S，et al. Why Zijinshan copper bioheapleaching plant works efficiently at low microbial activity-study on leaching kinetics of copper sulfides and its implications［J］. Minerals Engineering，2013，48：36~43.

[14] Pradhan N，Nathsarama K，Rao K S，et al. Heap bioleaching of chalcopyrite：a review［J］. Minerals Engineering，2008，21（5）：355~365.

[15] John L. The art of heap leaching-the fundamentals［J］. Percolation Leaching：The status globally and in Southern Africa. Misty Hills：The Southern African Institute of Mining and Metallurgy（SAIMM），2011：17~42.

[16] Poisson J，Chouteau M，Aubertin M，et al. Geophysical experiments to image the shallow internal structure and the moisture distribution of a mine waste rock pile［J］. Journal of

Applied Geophysics, 2009, 67 (2): 179~192.

[17] Wang L M, Yin S H, Wu A X, et al. Effect of stratified stacks on extraction and surface morphology of copper sulfides [J]. Hydrometallurgy, 2020, 191: 119590.

[18] van Staden P J, Petersen J. The effects of simulated stacking phenomena on the percolation leaching of crushed ore, Part 1: segregation [J]. Hydrometallurgy, 2018, 131: 202~214.

[19] van Staden P J, Petersen J. The effects of simulated stacking phenomena on the percolation leaching of crushed ore, Part 2: stratification [J]. Hydrometallurgy, 2019, 131: 216~229.

[20] de Andrade Lima L R P. Liquid axial dispersion and holdup in column leaching [J]. Minerals Engineering, 2006, 19 (1): 37~47.

[21] Zhang S, Liu W Y. Application of aerial image analysis for assessing particle size segregation in dump leaching [J]. Hydrometallurgy, 2017, 171: 99~105.

[22] Petersen J, Dixon D. The dynamics of chalcocite heap bioleaching [J]. Hydrometallurgy, 2003, 1: 351~364.

[23] Yin S H, Wang L M, Wu A X, et al. Enhancement of copper recovery by acid leaching of high-mud copper oxides: a case study at yangla copper mine, China [J]. Journal of Cleaner Production, 2018, 202: 321~331.

[24] 王少勇，吴爱祥，王洪江，等. 高含泥氧化铜矿水洗-分级堆浸工艺 [J]. 中国有色金属学报，2013 (1): 229~237.

[25] Ghorbani Y, Franzidis J P, Petersen J. Heap leaching technology-current state, innovations, and future directions: a review [J]. Mineral Processing and Extractive Metallurgy Review, 2016, 37 (2): 73~119.

[26] Chamberlin P D. Heap leaching and pilot testing of gold and silver ores [C] //Mining Congress Journal. 1920 N ST NW, WASHINGTON, DC 20036: J ALLEN OVERTON JR, 1981, 67 (4): 47~52.

[27] Chamberlin P D. Agglomeration: cheap insurance for good recovery when heap leaching gold and silver ores [J]. Mining Engineering (Colorado), 1986, 38 (12): 1105~1109.

[28] Tibbals R L. Agglomeration practice in the treatment of precious metal ores [C] // Proceedings of the Metallurgical Society of the Canadian Institute of Mining and Metallurgy. Pergamon, 1987: 77~86.

[29] 张家发，焦赳赳. 颗粒形状对多孔介质孔隙特征和渗流规律影响研究的探讨 [J]. 长江科学院院报，2011, 28 (3): 39~44.

[30] Wu A X, Yin S H, Qin W Q, et al. The effect of preferential flow on extraction and surface morphology of copper sulphides during heap leaching [J]. Hydrometallurgy, 2009, 95 (1/2): 76~81.

[31] Iliuta I, Larachi F. Mechanistic model for structured-packing-containing columns: irrigated pressure drop, liquid holdup, and packing fractional wetted area [J]. Industrial & Engineering Chemistry Research, 2001, 40 (23): 5140~5146.

[32] 杨正羽. 表面润湿对气-固分离过程颗粒堆积行为的影响及模型化研究 [D]. 北京: 北京化工大学，2012.

[33] Bouffard S C. Review of agglomeration practice and fundamentals in heap leaching [J]. Mineral Processing and Extractive Metallurgy Review, 2005, 26 (3/4): 233~294.

[34] Dhawan N, Safarzadeh M S, Miller J D, et al. Crushed ore agglomeration and its control for heap leach operations [J]. Minerals Engineering, 2013, 41: 53~70.

[35] Lin Q, Neethling S J, Courtois L, et al. Multi-scale quantification of leaching performance using X-ray tomography [J]. Hydrometallurgy, 2016, 164: 265~277.

[36] Ghadiri M, Harrison S T L, Fagan-Endres M A. Effect of X-Ray μCT scanning on the growth and activity of microorganisms in a heap bioleaching system [C] // Solid State Phenomena. Trans Tech Publications, 2017, 262: 143~146.

[37] Lewandowski K, Kawatra S. Binders for heap leaching agglomeration [J]. Mining, Metallurgy & Exploration, 2009, 26 (1): 1~24.

[38] Quast K, Xu D F, Skinner W, et al. Column leaching of nickel laterite agglomerates: effect of feed size [J]. Hydrometallurgy, 2013, 134: 144~149.

[39] Velásquez-Yévenes L, Torres D, Toro N. Leaching of chalcopyrite ore agglomerated with high chloride concentration and high curing periods [J]. Hydrometallurgy, 2018, 181: 215~220.

[40] Escobar B, Lazo D. Activation of bacteria in agglomerated ores by changing the composition of the leaching solution [J]. Hydrometallurgy, 2003, 71 (1/2): 173~178.

[41] Hao X D, Liang Y, Yin H Q, et al. The effect of potential heap construction methods on column bioleaching of copper flotation tailings containing high levels of fines by mixed cultures [J]. Minerals Engineering, 2016, 98: 279~285.

[42] Lewandowski K, Kawatra S. Development of experimental procedures to analyze copper agglomerate stability [J]. Mining, Metallurgy & Exploration, 2008, 25 (2): 110~116.

[43] Nosrati A, Quast K, Xu D F, et al. Agglomeration and column leaching behaviour of nickel laterite ores: effect of ore mineralogy and particle size distribution [J]. Hydrometallurgy, 2014, 146: 29~39.

[44] 尹升华，王雷鸣，陈勋，等．不同堆体结构下矿岩散体内溶液渗流规律 [J]. 中南大学学报（自然科学版），2018，49（4）：185~192.

[45] Lu J M, Dreisinger D, West-sells P. Acid curing and agglomeration for heap leaching [J]. Hydrometallurgy, 2017, 167: 30~35.

[46] Lewandowski K, Kawatra S. Polyacrylamide as an agglomeration additive for copper heap leaching [J]. International Journal of Mineral Processing, 2009, 91 (3/4): 88~93.

[47] Kodali P. Pretreatment of copper ore prior to heap leaching [D]. Department of Metallurgical Engineering, University of Utah, 2010.

[48] Kodali P, Depci T, Dhawan N, et al. Evaluation of stucco binder for agglomeration in the heap leaching of copper ore [J]. Minerals Engineering, 2011, 24 (8): 886~893.

[49] 金琪琳．水泥微制粒工艺提高新疆某金矿堆浸速度实验 [J]. 现代矿业，2018，592（8）：1~8.

[50] Govender E, Bryan C G, Harrison S T L. A novel experimental system for the study of microbial ecology and mineral leaching within a simulated agglomerate-scale heap bioleaching

system [J]. Biochemical Engineering Journal, 2015, 95: 86~97.

[51] Lin Q, Neethling S J, Courtois L, et al. Multi-scale quantification of leaching performance using X-ray tomography [J]. Hydrometallurgy, 2016, 164: 265~277.

[52] Nosrati A, Skinner W, Robinson D J, et al. Microstructure analysis of Ni laterite agglomerates for enhanced heap leaching [J]. Powder Technology, 2012, 232: 106~112.

[53] Nosrati A, Robinson D J, Addai-mensah J. Establishing nickel laterite agglomerate structure and properties for enhanced heap leaching [J]. Hydrometallurgy, 2013, 134/135: 66~73.

[54] Hoummady E, Golfier F, Cathelineau M, et al. A multi-analytical approach to the study of uranium-ore agglomerate structure and porosity during heap leaching [J]. Hydrometallurgy, 2017, 171: 33~43.

[55] Hoummady E, Golfier F, Cathelineau M, et al. A study of uranium-ore agglomeration parameters and their implications during heap leaching [J]. Minerals Engineering, 2018, 127: 22~31.

[56] 罗毅, 温建康, 武彪, 等. 低品位氧硫混合铜矿的酸性制粒及机理 [J]. 工程科学学报, 2017, 39 (9): 1321~1330.

[57] 罗毅. 高泥混合铜矿制粒与生物浸出的研究 [D]. 北京: 北京有色金属研究总院, 2017.

[58] Ghasemzadeh H, Pasand M S, Shamsi M. Experimental study of sulfuric acid effects on hydro-mechanical properties of oxide copper heap soils [J]. Minerals Engineering, 2018, 117: 100~107.

[59] Quaicoe I, Nosrati A, Skinner W, et al. Agglomeration behaviour and product structure of clay and oxide minerals [J]. Chemical Engineering Science, 2013, 98: 40~50.

[60] Yin S H, Wu A X, Hu K J, et al. Visualization of flow behavior during bioleaching of waste rock dumps under saturated and unsaturated conditions [J]. Hydrometallurgy, 2013, 133: 1~6.

[61] Lutran P G, Ng K M, Delikat E P. Liquid distribution in trickle-beds. an experimental study using computer-assisted tomography [J]. Industrial & Engineering Chemistry Research, 1991, 30 (6): 1270~1280.

[62] Yin S H, Wang L M, Chen X, et al. Effect of ore size and heap porosity on capillary process inside leaching heap [J]. Transactions of Nonferrous Metals Society of China, 2016, 26 (3): 835~841.

[63] Khanna R, Nigam K D. Partial wetting in porous catalysts: wettability and wetting efficiency [J]. Chemical Engineering Science, 2002, 57 (16): 3401~3405.

[64] Saez A E, Carbonell R G. Hydrodynamic parameters for gas-liquid cocurrent flow in packed beds [J]. AIChE Journal, 1985, 31 (1): 52~62.

[65] Ghorbani Y, Becker M, Mainza A, et al. Large particle effects in chemical/biochemical heap leach processes-a review [J]. Minerals Engineering, 2011, 24 (11): 1172~1184.

[66] Ilankoon I M S K, Neethling S J. Hysteresis in unsaturated flow in packed beds and heaps [J]. Minerals Engineering, 2012, 35: 1~8.

[67] Schwidder S, Schnitzlein K. Predicting the static liquid holdup for cylindrical packings of spheres in terms of the local structure of the packed bed [J]. Chemical Engineering Science, 2010, 65 (23): 6181~6189.

[68] Schwidder S, Schnitzlein K. Prediction of liquid flow distribution in trickle bed reactors in terms of liquid/solid properties [C]//19th International Congress of Chemical and Process Engineering CHISA 2010 and Seventh European Congress of Chemical Engineering-ECCE-7, Prague.

[69] Thaker A, Karthik G, Buwa V. PIV measurements and CFD simulations of the particle-scale flow distribution in a packed bed [J]. Chemical Engineering Journal, 2019, 374: 189~200.

[70] Dhawan N, Safarzadeh M S, Miller J D, et al. Recent advances in the application of X-ray computed tomography in the analysis of heap leaching systems [J]. Minerals Engineering, 2012, 35: 75~86.

[71] Fagan-Endres M A, Harrison S T L, Johns M L, et al. Magnetic resonance imaging characterisation of the influence of flowrate on liquid distribution in drip irrigated heap leaching [J]. Hydrometallurgy, 2015, 158: 157~164.

[72] Velarde G. Agglomeration control for heap leaching processes [J]. Mineral Processing and Extractive Metallurgy Review, 2005, 26 (3/4): 219~231.

[73] Fagan-Endres M A, Sederman A J, Harrison S T L, et al. Phase distribution identification in the column leaching of low-grade ores using MRI [J]. Minerals Engineering, 2013, 48: 94~99.

[74] Singh B, Jain E, Buwa V. Feasibility of electrical resistance tomography for measurements of liquid holdup distribution in a trickle bed reactor [J]. Chemical Engineering Journal, 2019, 358: 564~579.

[75] Ilankoon I, Neethling S J. Inter-particle liquid spread pertaining to heap leaching using UV fluorescence-based image analysis [J]. Hydrometallurgy, 2019, 183: 175~185.

[76] van Der Merwe W, Nicol W, de Beer F. Three-dimensional analysis of trickle flow hydrodynamics: computed tomography image acquisition and processing [J]. Chemical Engineering Science, 2007, 62 (24): 7233~7244.

[77] van Der Merwe W, Nicol W, de Beer F. Trickle flow distribution and stability by X-ray radiography [J]. Chemical Engineering Journal, 2007, 132 (1~3): 47~59.

[78] Zhang S, Liu W Y, Granata G. Effects of grain size gradation on the porosity of packed heap leach beds [J]. Hydrometallurgy, 2018, 179: 238~244.

[79] Schubert M, Hessel G, Zippe C, et al. Liquid flow texture analysis in trickle bed reactors using high-resolution gamma ray tomography [J]. Chemical Engineering Journal, 2008, 140 (1~3): 332~340.

[80] Bartlett R W. Metal extraction from ores by heap leaching [J]. Metallurgical and Materials Transactions B, 1997, 28 (4): 529~545.

[81] Wu A X, Yin S H, Yang B H, et al. Study on preferential flow in dump leaching of low-grade ores [J]. Hydrometallurgy, 2007, 87 (3/4): 124~132.

[82] 黄志华，李蜀宏，苏秀珠．低品位金矿粉矿制粒——堆浸试验研究［J］．矿产综合利用，2014，1：28~30.

[83] Vethosodsakda T, Free M L, Janwong A, et al. Evaluation of liquid retention capacity measurements as a tool for estimating optimal ore agglomeration moisture content [J]. International Journal of Mineral Processing, 2013, 119: 58~64.

[84] Vethosodsakda T. Evaluation of crushed ore agglomeration, liquid retention capacity, and column leaching [M]. The University of Utah, 2012.

[85] Bouffard S C. Agglomeration for heap leaching: equipment design, agglomerate quality control, and impact on the heap leach process [J]. Minerals Engineering, 2008, 21 (15): 1115~1125.

[86] Bouffard S C, West-sells P G. Hydrodynamic behavior of heap leach piles: influence of testing scale and material properties [J]. Hydrometallurgy, 2009, 98 (1/2): 136~142.

[87] Hill G R. Agglomeration and leaching of a crushed secondary sulfide copper ore [D]. The University of Utah, 2013.

[88] Fagan-endres M A, Ngoma I E, Chiume R A, et al. MRI and gravimetric studies of hydrology in drip irrigated heaps and its effect on the propagation of bioleaching micro-organisms [J]. Hydrometallurgy, 2014, 150: 210~221.

[89] Cariaga E, Martinez R, Sepulveda M. Estimation of hydraulic parameters under unsaturated flow conditions in heap leaching [J]. Mathematics and Computers in Simulation, 2015, 109: 20~31.

[90] Fernando W, Ilankoon I, Chong M N, et al. Effects of intermittent liquid addition on heap hydrodynamics [J]. Minerals Engineering, 2018, 124: 108~115.

[91] 陈喜山，梁晓春，荀志远．堆浸工艺中溶浸液的渗透模型［J］．黄金，1999，20（4）：30~33.

[92] 陈喜山，梁晓春，熊为煜．堆浸工艺中渗流饱和区研究及意义［J］．黄金，2000，21（8）：30~32.

[93] Cariaga E, Concha F, Sepulveda M. Flow through porous media with applications to heap leaching of copper ores [J]. Chemical Engineering Journal, 2005, 111 (2): 151~165.

[94] Ilankoon I, Neethling S J. Transient liquid holdup and drainage variations in gravity dominated non-porous and porous packed beds [J]. Chemical Engineering Science, 2014, 116: 398~405.

[95] Bouffard S C, Dixon D G. Investigative study into the hydrodynamics of heap leaching processes [J]. Metallurgical and Materials Transactions B, 2001, 32 (5): 763~776.

[96] Yin S H, Wang L M, Wu A X, et al. Research progress in enhanced bioleaching of copper sulfides under the intervention of microbial community [J]. International Journal of Minerals, Metallurgy and Materials, 2019, 26 (11): 1337~1350.

[97] Johnson D B, Roberto F F. Heterotrophic acidophiles and their roles in the bioleaching of sulfide minerals, in: biomining [M]. Springer Berlin Heidelberg, 1997: 259-279.

[98] Mcclelland G E. Agglomerated and unagglomerated heap leaching behavior is compared in

production heaps [J]. Minerals Engineering, 1986: 500~503.

[99] Lin C L, Miller J D, Garcia C. Saturated flow characteristics in column leaching as described by LB simulation [J]. Minerals Engineering, 2005, 18: 1045~1051.

[100] 尹升华，陈威，刘家明，等．次生硫化铜矿制粒试验 [J]. 工程科学学报，2019，41 (9): 1127~1134.

[101] Wang L M, Yin S H, Wu A X. Ore agglomeration behavior and its key controlling factors in heap leaching of low-grade copper minerals [J]. Journal of Cleaner Production, 2021, 279, 123705.

[102] Benito J G, Unac R O, Vidales A M. Influence of geometry on stratification and segregation phenomena in bidimentional piles [J]. Physica A: Statistical Mechanics and Its Applications, 2014, 396: 19~28.

[103] 尹升华，王雷鸣，潘晨阳，等．细粒层对浸矿表面形貌及钝化的影响 [J]. 工程科学学报，2018，40 (8): 910~916.

[104] Holmes D S, Bonnefoy V. Genetic and bioinformatic insights into iron and sulfur oxidation mechanisms of bioleaching organisms, in biomining [M]. Springer Nature Publishing, 2007.

[105] Velarde G. Agglomerations control for heap leaching processes [J]. Mineral Processing and Extractive Metallurgy Review, 2005, 26 (3/4): 219~231

[106] Npsrati A, Addai-Mensah J, Robinson D J. Drum agglomeration behavior of nickel laterite ore: effect of process variables [J]. Hydrometallurgy, 2012, 125: 90~99.

[107] Ennis B J, Tardos G, Pfeffer R. A microlevel-based characterization of granulation phenomena [J]. Powder Technology, 1991, 65 (1~3): 257~272.

[108] Liu L X, Smith R, Litster J. Wet granule breakage in a breakage only high-hear mixer: effect of formulation properties on breakage behaviour [J]. Powder Technology, 2009, 189 (2): 158~164.

[109] Rumpf H. The strength of granules and agglomerates [M]. In: Knepper, W. A. (Ed.), Agglomeration, Interscience, New York, 1962: 379~418.

[110] Wong J Y, Laurich-Mcintyre S E, Khaund A K, et al. Strengths of green and fired spherical aluminosilicate aggregates [J]. Journal of the American Ceramic Society, 1987, 70 (10): 785~791.

[111] Nasser M S, James A E. The effect of polyacrylamide charge density and molecular weight on the flocculation and sedimentation behaviour of kaolinite suspensions [J]. Separation Purification Technology, 2006, 52 (2): 241~252.

[112] Iveson S M, Wauters P A L, Forrest S, et al. Growth regime map for liquid-bound granules: further development and experimental validation [J]. Powder Technology, 2001, 117 (1/2): 83~97.

[113] Iler R K. The chemistry of silica solubility, polymerization, colloid and surface properties and biochemistry [M]. New York: Wiley, 1979.

[114] Terry L B. The acid decomposition of silicate minerals part Ⅰ. reactivities and modes of dissolution of silicates [J]. Hydrometallurgy, 1983, 10: 135~150.

[115] Terry L B. The acid decomposition of silicate minerals part Ⅱ. hydrometallurgical applications [J]. Hydrometallurgy, 1983, 10: 151~171.

[116] Yin S H, Wang L M, Chen X, et al. Response of agglomeration and leaching behavior of copper oxides to chemical binders [J]. International Journal of Minerals, Metallurgy and Materials, 2020, available online. 24 April 2020. https: //doi. org/10. 1007/s12613-020-2081-5.

[117] Wang L M, Yin S H, Wu A X. Visualization of flow behavior in ore segregated packed beds with fine interlayers [J]. International Journal of Minerals, Metallurgy and Materials, 2020, available online. 13 April 2020. https: //doi. org/10. 1007/s12613-020-2059-3.

[118] Mcbride D, Ilankoon I M S K, Neethling S J, et al. Preferential flow behaviour in unsaturated packed beds and heaps: incorporating into a CFD model [J]. Hydrometallurgy, 2017, 171: 402~411.

[119] Lyon T L, Buckman H O, Starkey R L. The nature and properties of soils: A college text of edaphology [J]. Soil Science, 1930: 413.

[120] Terzaghi K. Theoretical Soil Mechanics [M]. John Wiley and Sons, New York, London, 1943.

[121] Fernando W, Ilankoon I M S K, Rabbani A. Inter-particle fluid flow visualization of larger packed beds pertaining to heap leaching using X-ray computed tomography imaging [J]. Minerals Engineering, 2020, 151: 1~16.

[122] Ilankoon I M S K, Neethling S. The effect of particle porosity on liquid holdup in heap leaching [J]. Minerals Engineering, 2013, 45: 73~80.

[123] Maiti R N, Arora R, Khanna R, et al. The liquid spreading on porous solids: dual action of pores [J]. Chemical Engineering Science, 2005, 60 (22): 6235~6239.

[124] Lehmann P, Stauffer F, Hinz C, et al. Effect of hysteresis on water flow in a sand column with a fluctuating capillary fringe [J]. Journal of Contaminant Hydrology, 1998, 33 (1/2): 81~100.

[125] Fala O, Aubertin M, Molson J, et al. Numerical modelling of unsaturated flow in uniform and heterogeneous Waste Rock Piles [C]. 6th International Conference on Acid Rock Drainage (ICARD 2003). Australia: Cairns, 2003: 12~18.

[126] Ram R, Beiza L, Becker M, et al. Study of the leaching and pore evolution in large particles of a sulfide ore [J]. Hydrometallurgy, 2020, 192: 105261.

[127] Steefel C I. Chapter 11: geomeical kinetics and transport, in book: kinetics of water-rock interaction [M]. Springer, 2007.

[128] Kodjo I A. Development and testing of a 2D axisymmetric water flow and solute transport model for heap leaching [D]. Canada: University of British Columbia, 2009.

[129] Anovitz L M, Cole D R. Characterization and analysis of porosity and pore structures [J]. Rev. Mineral. Geochemistry, 2015, 80: 61~164.

[130] Vivek G. Investigating unsaturated flow for heap leach materials in large diameter columns [D]. the United States: University of Nevada, 2007.

[131] Iveson S M, Litster J D, Hapgood K, et al. Nucleation, growth and breakage phenomena in agitated wet granulation processes: a review [J]. Powder Technology, 2001, 117: 3~39.
[132] Padilla I Y, Yeh T C J, Conklin M H. The effect of water content on solute transport in unsaturated porous media [J]. Water Resources Research, 1999, 35: 3303~3313.
[133] Chen K, Yin W, Feng Y, et al. Agglomeration of fine-sized copper ore in heap leaching through geopolymerization process [J]. Minerals Engineering, 2020, 159: 106649.
[134] Chen K, Yin W, Ma Y, et al. Microstructure analysis of low-grade copper ore agglomerates prepared by geopolymerization [J]. Hydrometallurgy, 2021: 105564.
[135] Hashemzadeh M. Copper leaching in chloride media with a view to using seawater for heap leaching of secondary sulfides [D]. Canada: University of British Columbia, 2020.
[136] Vargas T, Davis-Belmar C S, Cárcamo C. Biological and chemical control in copper bioleaching processes: when inoculation would be of any benefit? [J]. Hydrometallurgy, 2014, 150: 290~298.
[137] Hashemzadeh M, Dixon D, Liu W Y. Modelling the kinetics of chalcocite leaching in acidified cupric chloride media under fully controlled pH and potential [D]. Hydrometallurgy, 2019, 189: 105114.
[138] Schweich D. Flow in porous media and residence time distribution [C]//Physics of Finely Divided Matter: Proceedings of the Winter School, Les Houches, France, March 25-April 5, 1985. Springer Berlin Heidelberg, 1985: 329~341.
[139] Miller E, Miller R. Physical theory for capillary flow phenomena [J]. Journal of Applied Phisics, 1956, 27 (4): 324~332.
[140] Gao X, Yang Y, Yang S, et al. Microstructure evolution of chalcopyrite agglomerates during leaching-A synchrotron-based X-ray CT approach combined with a data-constrained modelling (DCM) [J]. Hydrometallurgy, 2021, 201, 105586.
[141] 陈克强，印万忠，饶峰，等．地质聚合反应制团对低品位铜矿石高压辊破碎——生物浸出的影响 [J]. 金属矿山，2020，7：105~110.
[142] 缪秀秀．双尺度孔隙结构矿堆精细表征及浸矿多场耦合模型研究 [D]. 北京：北京科技大学，2017.
[143] Lazzer A, Dreyer M, Rath H. Particle surface capillary forces [J]. Langmuir, 1999, 15 (13): 4551~4559.
[144] Decker D. The determination of the hydraulic flow and solute transport parameters for several heap leach materials [D]. Reno: University of Nevada, 1996.
[145] Pietsch W. Agglomeration processes: phenomena, technologies, equipment [M]. Germany: Wiley-VCH Verlag GmbH & Co. KGaA, 2002.
[146] Tardos G I, Khan M I, Mort P R. Critical parameter and limiting conditions in binder granulation of fine powders [J]. Powder Technology, 1997, 94: 245~258.
[147] Ilankoon I M S K. Hydrodynamics of unsatuarated particle beds pertaining to heap leaching [D]. PhD thesis, Imperial College London, London, the United Kingdom, 2012.
[148] Gluba T. The effect of wetting liquid droplet size on the growth of agglomerates during wet drum

granulation [J]. Powder Technology, 2009, 130: 219~224.

[149] Das S, Narayanam C, Roy S, et al. A model of wetting of partially wettable porous solids by thin liquid films [J]. Chemical Engineering Journal, 2017, 320: 104~115.

[150] Shokri N, Lehmann P, Or D. Characteristics of evaporation from partially wettable porous media [J]. Water Resources Research, 2009, 45 (2): 142~143.

[151] Ahmadlouydarab M, Liu Z S, Feng J J. Interfacial flows in corrugated microchannels: flow regimes, transitions and hysteresis [J]. International Journal of Multiphase Flow, 2011, 37 (10): 1266~1276.

[152] 薛振林，张有志，刘志义，等．矿石形状对浸堆结构及渗流场影响机制 [J]. 中国矿业，2018，27 (12)：131~136.

[153] 钟镇．裂隙非饱和渗流及摩擦滑动特性研究 [D]. 杭州：浙江大学，2014.

[154] Lin C L, Videla A R, Miller J D. Advanced three-dimensional multiphase flow simulation in porous media reconstructed from X-ray microtomography using the He-Chen-Zhang lattice boltzmann model [J]. Flow Measurement & Instrumentation, 2010, 21 (3): 255~261.

[155] Perez J W, Barrois M J, Mccord T H, et al. Pretreatment/agglomeration as a vehicle for refractory ore treatment: US, 07/227639 [P]. 1990-10-09.

[156] Hernandez-Lopez M F, Ortiz C, Bonilla C A, et al. Modeling changes to the hydrodynamic characteristics of agglomerated copper tailings [J]. Hydrometallurgy, 2011, 109: 175~180.

[157] Cross M, Bennett C R, Croft T N, et al. Computational modeling of reactive multi-phase flows in porous media: applications to metals extraction and environmental recovery processes [J]. Miner. Eng., 2006, 19: 1098-1108.

[158] 王补宣，张金涛．壁薄液膜流动稳定性的分析 [J]. 工程热物理学报，1999，20 (4)：457~461.

[159] Davydzenka T, Fagbemi S, Tahmasebi P. Wettability control on deformation: coupled multiphase fluid and granular systems [J]. Physical Review E, 2020, 102: 013301.

[160] Spiteri E J, Juanes R, Blunt M J, et al. A new model of trapping and relative permeability hysteresis for all wettability characteristics [J]. Spe Journal, 2008, 13 (3): 277~288.

[161] Houston A N, Otten W, Falconer R, et al. Quantification of the pore size distribution of soils: assessment of existing software using tomographic and synthetic 3D images [J]. Geoderma, 2017: 73~82.

[162] Dhawan N, Rashidi S, Rajamani R. Population balance model for crushed ore agglomeration for heap leach operations [J]. Kona, 2014, 31 (3): 200~213.

[163] Guzman A, Scheffel R, Flaherty S M. The fundamentals of physical characterization of ore for leach [C]// Hydrometallurgy 2008 6th International Symposium, Phoenix, Arizona, 2008, 937~954.

[164] Hendrickx J M H, Flury M. Uniform and Preferential Flow Mechanisms in the Vadose Zone, Conceptual Models of Flow and Transport in the Fractured Vadose Zone [M]. National Academies Press, 2001: 149.

[165] Carvalho J, Delgado J. Overall map and correlation of dispersion data for flow through granular

packed beds [J]. Chemical Engineering Science, 2005, 60 (2): 365~375.

[166] Bennett C R, McBride D, Cross M, et al. A comprehensive model for copper sulphide heap leaching: Part 1 Basic formulation and validation through column test simulation [J]. Hydrometallurgy, 2012: 127~128.

[167] Mcbride D, Gebhardt J E, Cross M. Investigation of hydrodynamic flow in heap leaching using a CFD computational model [C]// 7th International symposium on Hydrometallurgy, Victoria, Canada, 2014.

[168] Mcbride D, Gebhardt J E, Croft N, et al. Heap leaching: modelling and forecasting using CFD technology [J]. Minerals, 2018, 8 (1): 9.

[169] van Genuchten M. A closed form equation for predicting the hydraulic conductivity of unsaturated soil [J]. Soil Science Society of America Journal, 1980, 44: 892~898.

[170] 吴爱祥，刘金枝，尹升华，等. 细菌堆浸中流动-反应-传热耦合过程数值模拟分析 [J]. 应用数学和力学，2010，31 (12)：1393~1400.

[171] Li T, Wu A X, Feng Y T, et al. Coupled DEM-LBM simulation of saturated flow velocity characteristics in column leaching [J]. Minerals Engineering, 2018, 128: 36~44.

[172] 薛振林，甘德清，张友志，等. 界面微渗透作用下浸堆内部渗流场无损探测 [J]. 中国有色金属学报，2020，30 (7)：1730~1737.

[173] 凌丹. 颗粒润湿性对涓流床流体力学行为影响的研究 [J]. 上海：华东理工大学，2018.

[174] Raj Kumar S M, Malayalamurthi R. Agglomeration and sizing of rolling particles in the sago sizing mechanism [J]. Powder Technology, 2017, 320: 428~444.

[175] Liu W Y, Hashemzadeh M. Solution flow behavior in response to key operating parameters in heap leaching [J]. Hydrometallurgy, 2017, 169: 183~191.

[176] Ogbonna N, Petersen J, Dixon D. HeapSim-unravelling the mathematics of heap bioleaching [C]. Computational Analysis in Hydrometallurgy, 35th Annual Hydrometallurgy Meeting, 2005: 225~240.

[177] Petersen J, Dixon D. Modelling zinc heap bioleaching [J]. Hydrometallurgy, 2007, 85 (2~4): 127~143.

[178] Fernando W A M, Ilankoon I M S K, Rabbani A, et al. Applicability of pore networks to evaluate the inter-particle flow in heap leaching [J]. Hydrometallurgy, 2020, 197: 105451.

[179] 王贻明，吴爱祥，艾纯明. 低品位硫化铜矿超声强化浸出实验与机理分析 [J]. 中国有色金属学报，2013，23 (7)：2019~2025.

[180] Yu S F, Wu A X, Wang Y M. Insight into the structural evolution of porous and fractured media by forced aeration during heap leaching [J]. International Journal of Mining Science and Technology, 2019, 29 (5): 803~807.

[181] 张卫民，王焰新. 低品位硫化铜矿微生物强化浸出的研究进展 [J]. 中国有色冶金，2006，1：25~29.

[182] 尹升华，王雷鸣，吴爱祥，等. 一种倾角转速可调的矿石制粒装置与方法：中国，ZL2020100006976.5 [P]. 2021-03-23.

[183] 王晓东，段东平，周娥．硫化铜矿强化浸出研究进展［J］．中国有色冶金，2014，43（4）：38~41.

[184] 郑永兴，文书明，刘健，等．难处理氧化铜矿强化浸出的研究概况［J］．矿产综合利用，2011，2：33~36.

[185] Zheng W. Pore-scale considerations of the air-water interface or rough surface on flow in porous media [D]. Doctorial thesis, University of Delaware, Newark, the United States, 2014.

[186] 程冠初．岩土介质渗流以及输运从孔隙尺度到达西尺度的研究［D］．杭州：浙江大学，2014.

[187] 张琪．多孔介质中双分子反应物质运移及尺度依赖性研究［D］．合肥：合肥工业大学，2020.

[188] Godoy M, Turner R, Gonzalez J P. Mineral resources and mineral reserves, collahuasi copper mine, tarapacá region, Chile [R]. Golder Assiscaets, report number: 1292154001, Dec. 31th, 2011.

[189] Wu A X, Yao G H, Huang M Q. Influence factors of permeability during heap leaching of complex copper oxide ore [J]. Advanced Materials Research, 2012, 347~353: 1037~1043.

[190] Trujillo J Y, Cisternas L A, Gálvez E D, et al. Optimal design and planning of heap leaching process: application to copper oxide leaching [J]. Chemical Engineering Resesarch and Design, 2014, 92: 308~317.

[191] Tang Y, Yin W, Huang S, et al. Enhancement of gold agitation leaching by HPGR comminution via microstructural modification of gold ore particles [J]. Minerals Engineering, 159: 106639.

[192] Chen K Q, Yin W Z, Ma Y Q, et al. Agglomeration of fine-sized copper ore in heap leaching through geopolymerization process [J]. Minerals Engineering, 2020, 159: 106649.

[193] Benito J G, Unac R O, Vidales A M, et al. Influence of geometry on stratification and segregation phenomena in bidimensional piles [J]. Physica A: Statistical Mechanics and its Applications, 2014, 396: 19~28.

[194] Mcclelland G, Eisele J. Improvements in heap leaching to recover silver and gold from low-grade resources [R]. Bureau of Mines, the United States, 1981: 1~20.

[195] Thomson F M. "Storage and flow of particle solids", In: Handbook of powder science and technology, FAYED M and OTTEN L (eds.), 2nd ed., ch. 8, Chapman & Hall, New York, NY, USA, 1997: 389~486.

[196] Kappes D W. Heap leaching of gold and silver ores [J]. Development in Mineral Processing, 2005, 15: 456~478.

[197] Manning T J, Kappes D W. Chapter 25: heap leaching of gold and silver ores [M]. Gold Ore Processing (Second Edition), Elsevier Science, Netherlands, 2016: 413~428.